U0296950

土壤污染与防治

主编 ◎ 陈　臻　曾翠云　孙尚琛

编者 ◎ 张永合　郭宏丽　于鹏海

西南交通大学出版社
·成　都·

图书在版编目（CIP）数据

土壤污染与防治 / 陈臻，曾翠云，孙尚琛主编.
成都：西南交通大学出版社，2024.11.--ISBN 978-7
-5774-0072-3

Ⅰ.X53

中国国家版本馆 CIP 数据核字第 2024V2Z306 号

Turang Wuran yu Fangzhi

土壤污染与防治

主　编／陈　臻　曾翠云　孙尚琛

策划编辑／张　波
责任编辑／牛　君
封面设计／墨创文化

西南交通大学出版社出版发行

（四川省成都市金牛区二环路北一段 111 号西南交通大学创新大厦 21 楼　610031）
营销部电话：028-87600564　　　028-87600533
网址：http://www.xnjdcbs.com
印刷：成都蜀雅印务有限公司

成品尺寸　185 mm×260 mm
印张　16.5　　字数　411 千
版次　2024 年 11 月第 1 版　　印次　2024 年 11 月第 1 次

书号　ISBN 978-7-5774-0072-3
定价　45.00 元

课件咨询电话：028-81435775

前　言
PREFACE

　　土壤是生物和人类赖以生存和生活的重要环境，是我们大部分食物生产的基础，高达 95% 的食物产自土壤。随着现代工农业生产的发展，化肥、农药的大量使用，工业生产废水排入农田，城市污水及废物不断排入土体，这些环境污染物的数量和排放速度超过了土壤的承受容量和净化速度，从而破坏了土壤的自然动态平衡，使土壤质量下降，造成土壤污染。土壤污染作为一种隐藏的威胁已致使全球 1/3 的土壤退化。

　　本书较全面、系统地阐述了土壤污染与防治相关知识与技术，主要内容包括土壤环境概述、土壤污染现状与危害、土壤主要污染物、土壤环境污染监测与风险管控、土壤污染防治与修复、土壤学基础实验等。

　　我国现有的土壤污染与防治的主要相关法律法规、标准、技术规范是从 2015 年以后出台的，为此，本书将这些最新的相关知识融入其中。同时，结合第三次全国土壤普查工作，将土壤监测与调查的最新技术也纳入书中，使教材能够体现"四新"精神，让学生能够学习到土壤污染防治的前沿知识，从而更好地应用到未来的工作岗位。

　　本书由兰州资源环境职业技术大学陈臻副教授担任主编，并编写绪论，模块一，模块二任务一、任务二；甘肃中医药大学曾翠云副教授编写模块二任务三，模块三任务一、任务二、任务三；兰州资源环境职业技术大学孙尚琛副教授和张永合教授分别编写模块三任务四、任务五；兰州资源环境职业技术大学郭宏丽老师编写模块四实验一至实验十；武威金仓生物科技有限公司于鹏海工程师编写模块四实验十一和实验十二。全书由陈臻负责统稿和最后的修改定稿工作。在编写本书的过程中，编者查阅和参考了众多文献资料，在此对参考文献的作者致以诚挚的谢意。

　　本书可作为环境类相关专业学生的学习用书，也可作为环保、农林、资源与环境等科研、技术人员的培训参考资料。

　　由于编者水平有限，书中疏漏不妥之处在所难免，恳请广大读者批评指正，以便今后修订和完善。

编　者

2023 年 10 月

目 录

CONTENTS

绪 论

📖 **内容提要**

　　土壤污染已经成为危害人类身体健康以及环境安全的重大问题。本章将介绍土壤环境的定义，以及其与农产品质量安全、人居环境安全和生态环境安全之间的关系；阐述了我国土壤污染现状，土壤污染与防治的内容与任务。

　　土壤是人类生存和社会发展的重要基础，土壤的质量关系着农产品的生长和安全，更关系着人民的身体健康。土壤系统是人类赖以生存和发展的主要生态系统之一。土壤环境是生态环境的重要组成部分，是地球陆地地表人类生存环境的一个重要圈层。

　　土壤污染是指人类活动产生的污染物进入土壤，超过土壤自净能力，使得土壤环境质量发生恶化的现象。土壤污染是全球性的，许多污染物通过人为活动在全球扩散和迁移。土壤污染具有隐蔽性、滞后性、累积性、不可逆性和难治理性等特点。土壤污染导致农作物减产和农产品品质降低，污染地下水和地表水，影响大气环境质量，危害人体健康。

任务一　土壤环境概述

　　土壤是地球表层的一圈脆弱薄层，它关系到我们人类的生死存亡。土壤圈是人类赖以生存与发展的重要资源与生态环境条件，是在地球演化，特别是地表圈层系统形成的历史过程中，继原始岩石圈、大气圈、水圈和生物圈之后，最后出现和形成的独立自然圈层。土壤圈处于上述圈层的交接面上，是地球各圈层与生物圈共同作用的结果。由于土壤圈的特殊空间位置，其成为地球表层系统中物质与能量交换、迁移转化最为复杂、频繁和活跃的场所，同时又是自然界中有机界与无机界相互连接的纽带、陆地生态系统的基础。土壤与依赖它生存的动植物息息相关，因此，它在维持生物圈的生命过程和生物多样性、全球变化以及人类社会的可持续发展中扮演着重要而独特的角色。

　　从环境科学的角度看，土壤不仅是一种资源，而且也是人类生存环境的重要组成要素，为人类环境的总体组成要素之一。由于土壤环境的特殊物质组成、结构和空间位置，除了肥力外，土壤还有另外一些重要的客观属性，如土壤系统的缓冲性、净化性能等。这些属性使土壤在稳定和保护人类生存环境中起着极为重要的作用，在某种程度上这种重要性并不亚于土壤肥力对于人类生存发展的意义。这使人们更加深刻地认识到合理利用土壤资源和保护土壤环境对保护人类生存环境、促使人类社会持续发展的内涵及其深远意义，进而也要求人们从环境科学的角度去深入研究和认识土壤。在长期的生产过程中，人类利用和改造土壤的同时，产生了新的环境问题。

一、土壤环境的基本特征

土壤环境是指连续覆被于地球陆地表层的土壤圈层。土壤环境要素组成农田、草地和林地等，它是人类的生存环境——四大圈层（大气圈、水圈、土壤-岩石圈和生物圈）的一个重要组成，连接并影响着其他圈层。

1. 土壤是地球陆地生态系统的基础

陆地生态系统中，土壤作为最活跃的生命层，事实上是一个相对独立的子系统。土壤在陆地生态系统中的作用包括：保持生物多活性、多样性和生产性；对水体和溶质流动起调节作用；对有机、无机污染物具有过滤、缓冲、降解、固定和解毒作用；具有储存并循环生物圈及地表的养分和其他元素的功能。

2. 土壤是地球表层系统自然地理环境的重要组成部分

土壤圈覆盖于地球陆地的表面，处于其他圈层的交接面上，成为它们连接的纽带，构成了组合无机界和有机界（即生命和非生命）联系的中心环境。

3. 土壤是人类农业生产的基础

自然界中，植物的生长繁育必须以土壤为基础，土壤在植物生长繁育中有下列不可取代的特殊作用：营养库的作用；养分转化和循环作用；雨水涵养作用；生物的支撑作用；稳定和缓冲环境变化的作用。

土壤环境和大气环境、水环境不同，水和大气环境是一个流动的介质，污染物在其中存在着迁移过程，价态、浓度的变化；土壤是一个复杂的环境介质，其中包含复杂的生物、化学、物理过程，污染物在其中不仅存在价态、浓度变化，还存在吸附-解析、固定-老化、溶解-扩散、氧化-还原以及生物降解等复杂过程。

二、土壤环境的物质循环

（一）土壤矿物质的迁移转化

土壤矿物质的迁移转化过程，就是原生矿物和次生矿物的风化分解，及其产物淋溶、迁移和淀积的过程。

1. 物理崩解过程

物理崩解指岩石在外力影响下机械地破裂成碎块，仅改变大小与外形而不改变其化学成分的过程。产生物理风化的因素以地球表面的温度变化为主，其次有水分冻融、流水、风，另有冰川、雷电等。

2. 化学分解过程

化学分解包括矿物质的溶解、水化、水解、氧化等作用。

（1）溶解作用：指矿物被水溶解的作用。随温度增高，矿物盐类溶解度增大，水中溶有 CO_2 及酸性物时，溶解能力大大增强。据统计，每年被河流带入海洋的盐类达 4.0×10^9 kg。

（2）水化作用：指无水矿物与水结合成为含水矿物的作用。通常矿物水化后体积增大，硬度降低，并失去光泽，有利于进一步风化。

（3）水解作用：是化学风化中最重要的方式。水解离后产生 H^+ 从硅酸盐矿物中部分取代碱金属和碱土金属离子，生成可溶性盐类，使岩石、矿物分解。水中 CO_2 或酸性物多时，水解作用增强。土中各种生物学过程均增加 CO_2 含量，所以水解强度与生物活性密切相关。

（4）氧化作用：在潮湿条件下含铁、硫的矿物普遍进行着氧化作用。

（二）土壤有机质的转化

土壤有机质的转化是在微生物作用下进行的生物化学过程，主要向两个方向转化：有机质的矿质化和腐殖化。

1. 土壤有机质的矿质化过程

土壤有机质的矿质化过程是指土壤有机质在微生物作用下，分解为简单的无机化合物的过程。

土壤有机质的矿质化过程分为化学的转化过程、活动物的转化过程和微生物的转化过程。这一过程使土壤有机质转化为二氧化碳、水、氨和矿质养分（磷、硫、钾、钙、镁等简单化合物或离子），同时释放出能量。这一过程为植物和土壤微生物提供了养分和活动能量，并直接或间接地影响着土壤性质，同时也为合成腐殖质提供了物质基础。土壤有机质的化学转化过程含义是广义的，实际上包括生物学及物理化学的变化。

（1）水的淋溶作用：降水可将土壤有机质中可溶性的物质洗出。这些物质包括简单的糖、有机酸及其盐类、氨基酸、蛋白质及无机盐等。占 5%～10%水溶性物质淋溶的程度决定气候条件（主要是降水量）。淋溶出的物质可促进微生物发育，从而促进其残余有机物的分解。这一过程对森林土壤尤为重要，因森林下常有下渗水流，可将地表有机质（枯落物）中可溶性物质带入地下供林木根系吸收。

（2）酶的作用：土壤中酶的来源有三个方面：一是植物根系分泌酶，二是微生物分泌酶，三是土壤动物区系分泌释放酶。土壤中已发现的酶有 50～60 种。研究较多的有氧化还原酶、转化酶和水解酶等。酶是有机体代谢的动力，因此，可以想象酶在土壤有机质转化过程中所起的巨大作用。

2. 土壤有机质的腐殖化过程

土壤有机质的微生物转化过程是土壤有机质转化的最重要、最积极的进程。微生物对不含氮的有机物转化：不含氮的有机物主要包括糖类、纤维素、半纤维素、脂肪、木质素等。简单糖类容易分解，而多糖类则较难分解；淀粉、半纤维素、纤维素、脂肪等分解缓慢，木素最难分解，但在表性细菌的作用下可缓慢分解。

葡萄糖在好气条件下，在酵母菌和醋酸细菌等微生物作用下，生成简单的有机酸（醋酸、草酸等）、醇类、酮类。这些中间物质在空气流通的土壤环境中继续氧化，最后完全分解成二氧化碳和水，同时放出热量。土壤碳水化合物分解过程是极其复杂的，在不同的环境条件下，受不同类型微生物的作用，产生不同的分解过程。这种分解过程实质上是能量释放过程，这些能量是促进土壤中各种生物化学过程的基本动力，是土壤微生物生命活动所需能量的重要来源。一般来说，在嫌气条件下，各种碳水化合物分解形成还原性产物时释放出的能量，比在好气条件下所释放的能量要少得多，所产生的 CH_4、H_2 等还原物质对植物生长不利。

（1）微生物对含氮有机物的转化

土壤中含氮有机物可分为两种类型：一是蛋白质型，如各种类型的蛋白质；二是非蛋白质型，如几丁质、尿素和叶绿素等。土壤中含氮的有机物在土壤微生物作用下，最终分解为无机态氮（ NH_4^+-N 和 NO_3^--N）。

① 水解过程

蛋白质在微生物所分泌的蛋白质水解酶的作用下，分解成为简单的氨基酸类含氮化合物。

② 氨化过程

蛋白质水解生成的氨基酸在多种微生物及其分泌酶的作用下，产生氨的过程。氨化过程在好气、嫌气条件下均可进行，只是不同种类微生物的作用不同。

③ 硝化过程

在通气良好的情况下，氨化作用产生的氨在土壤微生物的作用下，可经过亚硝酸的中间阶段，进一步氧化成硝酸，这个由氨经微生物作用氧化成硝酸的作用叫作硝化作用。将硝酸盐转化成亚硝酸盐的作用称为亚硝化作用。

硝化过程是一个氧化过程，由于亚硝酸转化为硝酸的速度一般比氨转化为亚硝酸的速度快得多，因此土壤中亚硝酸盐的含量在通常情况下是比较少的。亚硝化过程只有在通气不良或土壤中含有大量新鲜有机物及大量硝酸盐时发生，从林业生产看，此过程有害，是降低土壤肥力的过程，因此应尽量避免。

④ 反硝化过程

硝态氮在土壤通气不良的情况下，还原成气态氮（ N_2O 和 N_2），这种生化反应称为反硝化作用。

（2）微生物对含磷有机物的转化

土壤中有机态的磷经微生物作用，分解为无机态可溶性物质后，才能被植物吸收、利用。

土壤表层有 20%～50%的磷是以有机磷状态存在，主要有核蛋白、核酸、磷脂、核素等、这些物质在多种腐生性微生物作用下，分解的最终产物为正磷酸及其盐类，可供植物吸收、利用。在嫌气条件下，很多嫌气性土壤微生物能引起磷酸还原作用，产生亚磷酸，并进一步还原成磷化氢。

（3）微生物对含硫有机物的转化

土壤中含硫的有机化合物如含硫蛋白质、胱氨酸等，经微生物的腐解作用产生硫化氢。硫化氢在通气良好的条件下，在硫细菌的作用下氧化成硫酸，并和土壤中的盐基离子生成硫酸盐，不仅消除了硫化氢的毒害作用，而且能成为植物易吸收的硫素养分。

在土壤通气不良的条件下，已经形成的硫酸盐也可以还原成硫化氢，即发生反硫化作用，造成硫素散失。当硫化氢积累到一定程度时，对植物根系有毒害作用，应尽量避免。

进入土壤的有机质是由不同种类的有机化合物组成，具有一定生物构造的有机整体。其在土壤中的分解和转化过程不同于单一有机化合物，表现为一个整体的动力学特点。植物残体中各类有机化合物的含量范围是：可溶性有机化合物（糖分、氨基酸）5%～10%，纤维素15%～60%，半纤维素 10%～30%，蛋白质 2%～15%，木质素 3%～50%。它们的含量差异对植物残体的分解和转化有很大影响。

据估计，进入土壤的有机残体经过一年降解后，2/3 以上的有机质以二氧化碳的形式释放而损失，残留在土壤中的有机质不到 1/3，其中土壤微生物量占 3%～8%，多糖、多糖醛酸苷、有机酸等非腐殖质物质占 3%～8%，腐殖质占 10%～30%。植物根系在土壤中的年残留量比其他地上部分稍高一些。

三、土壤环境的能量转换

土壤与其他地上部生物和地下部生物之间进行复杂的物质与能量的迁移、转化和交换，构成一个动态平衡的统一体，成为生物同环境间进行物质和能量交换的活跃场所。

万物皆有能量，生态系统中物质转换和流动的背后是能量的转换和流动。自然生态系统中的能量来自太阳能，植物通过光合作用把太阳能转为化学能，储存在植物体内，植物被动物采食，转变为动物体内的化学能。植物和动物残体被微生物分解，一方面使能量转移到微生物体内，另一方面被大量消耗释放到土壤、大气和水域等环境中，各类生物的呼吸和排泄作用也要消耗能量，使食物的能量不断在土壤生态系统各要素之间转移、分配和消耗，形成能量流通过程。能量流动不可逆，而且逐级递减，直到以能量输出、散失到空间环境中为止。

在大自然森林系统中，这些环境要素中的能量会再度被植物等生物收集、固定、利用、循环。而在开放的土壤生态系统中，循环要素大部分被带出农田生态系统而隔断，只有不断向土壤输入能量物质，才能维持土壤生态系统功能的正常运行。

由于食物链各级生物的能量是逐级减少的，故能量转化效率低于 1。土壤生态系统中的能量转化效率越高，生物产量就越多，能流速度越快，系统的生产力就越大。农田堆肥就是通过集中营造较好的水气温等环境条件，促进有机物更高效率转化为腐殖质的操作，提高能量的转化效率。能量储存在腐殖质，施入土壤中，是土壤小动物和微生物的食物。在农田生产中，一方面通过作物吸收、转化太阳能合成生物有机体，另一方面通过人工投入能量增加作物生物量。人工投入的能量包括有机能和无机能。有机能包括有机肥、劳畜力和种子等；无机能包括化肥、农药、机械折旧、燃油、电力等。根据作物生产量计算产出能量和产投比，用以衡量农田土壤生态系统中人为投能的转换效率。其中无机能依赖不可再生的化学石油能源，属于不可再生资源。应尽量减少无机能的投入，尽量实现有机物的循环，让农田生态系统生产的有机物尽可能循环回农田。轮、间作，以及适当地安排休耕、绿肥种植、果园生草等，也是尽可能增加光能储存在农田土壤生态系统，减少有机能外流的措施。

四、土壤自净作用

土壤是基本环境要素之一，又是连接自然环境中无机界和有机界、生物界和非生物界的中心环节。环境中的物质和能量，不断地输入土壤体系并在土壤中转化、迁移和积累，从而影响土壤的组成、结构、性质和功能。同时，土壤也向环境输出物质和能量，不断影响环境的状态、性质和功能，在正常情况下，两者处于动态平衡状态。人类的各种活动产生的污染物质，通过各种途径输入土壤（包括人类活动叠加进入环境的各类物质，施入土壤的肥料、农药等），其数量和速度超过了土壤环境的自净作用速度。打破了污染物在土壤环境中的自然动态平衡，使污染物的积累过程占据优势，导致土壤环境正常功能的失调和土壤质量的下降，或者土壤生态系统发生明显变异，导致土壤微生物区系（种类、数量和活性）的变化，土壤酶活性减小；同时，由于土壤环境中污染物的迁移转化，引起大气、水体和生物污染，并通过食物链最终影响人类健康，这种现象属于土壤环境污染。因此，我们说当土壤环境中所含污染物的数量超过了土壤自净能力或当污染物在土壤环境中的积累量超过土壤环境基准或土壤环境标准时，即为土壤环境污染。土壤环境的自净作用，即土壤环境的自然净化作用（或净化功能的作用过程），是指在自然因素作用下，通过土壤自身的作用使污染物在土壤环境中的浓度、毒性或活性降低的过程。土壤环境自净作用的含义所包括的范围很广，其作用的机理既是制定土壤环境容量的理论依据，又是选择土壤环境污染调控与污染修复措施的理论基础。按其作用机理的不同，土壤自净作用可划分为物理净化作用、物理化学净化作用、化学净化作用和生物净化作用等四个方面。

1. 物理净化作用

由于土壤是一个多相的疏松多孔体系，犹如一个天然过滤器，固相中的各类胶态物质——土壤胶体又具有很强的表面吸附能力，土壤对物质的滞阻能力是很强的。因而，进入土壤中的难溶性固体污染物可被土壤机械阻留；可溶性污染物可被土壤水分稀释，降低毒性，或被土壤固相表面吸附（指物理吸附），也可能随水迁移至地表水或地下水中。特别是那些易溶的污染物（如硝酸盐、亚硝酸盐等），以及呈中性分子和阴离子形态存在的某些农药等，随水迁移的可能性更大。某些污染物可挥发或转化成气态物质在土壤孔隙中迁移、扩散，以至进入大气。这些净化作用都是一些物理过程，因此，统称为物理净化作用。物理净化作用只能使污染物在土壤中的浓度降低，而不能使其从整个自然环境中消除，其实质只是对污染物迁移的影响作用。土壤中的农药向大气迁移，即是大气中农药污染的重要来源。如果污染物大量迁移进入地表水或地下水，将造成水源污染。同时，难溶性固体污染物在土壤中被机械阻留，引起污染物在土壤中累积，造成潜在的污染威胁。

2. 物理化学净化作用

土壤环境的物理化学净化作用是指污染物的阴、阳离子与土壤胶体原来吸附的阴、阳离子之间的离子交换吸附作用。这种净化作用为可逆离子交换反应，服从质量作用定律，同时，该净化作用也是土壤环境缓冲作用的重要机制。其净化能力的大小用土壤阳离子交换量或阴离子交换量来衡量。污染物的阴、阳离子被交换吸附到土壤胶体上，降低了土壤溶液中这些离子的活度，相对减轻了有害离子对植物生长的不利影响。由于一般土壤中带负电荷的胶体较多，因此，土壤对阳离子或带正电荷的污染物的净化能力较强。当污水中污染物离子浓度不大时，经过土壤的物理化学净化以后，就能得到较好的净化效果。增加土壤中胶体的含量，特别是有机胶体的含量，可以提高土壤的物理化学净化能力。此外，土壤 pH 增大，有利于对污染阳离子进行净化；相反，则有利于对污染阴离子进行净化。对于不同的阴、阳离子，相对交换能力越大的，被土壤物理化学净化的可能性就较大。但是，物理化学净化作用只能使污染物在土壤溶液中的离子浓（活）度降低，相对地减轻危害，而并没有从根本上将污染物从土壤环境中消除。例如，利用城市污水灌溉，可将污染物从水体转移入土体，对水起到了一定的净化作用。经交换吸附到土壤胶体上的污染物离子可被相对交换能力更大的或浓度较大的其他离子交换出来，重新转移到土壤溶液中去，又恢复原来的毒性和活性。因此，土壤的物理化学净化作用只是暂时性的、不稳定的。对土壤本身来说，物理化学净化作用也是污染物在土壤环境中的积累过程，将引起严重的潜在污染威胁。

3. 化学净化作用

污染物进入土壤后，可能发生一系列的化学反应，如凝聚与沉淀反应、氧化还原反应、配合-螯合反应、酸碱中和反应、同晶置换反应（次生矿物形成过程中）、水解、分解和化合反应，或者发生由太阳辐射能引起的光化学降解作用等。通过这些化学反应，使污染物转化成难溶、难解离性物质，使危害程度和毒性减小，或者分解为无毒或营养物质。这些净化作用统称为化学净化作用。土壤环境的化学净化作用反应机理较复杂，影响因素也较多，不同污染物有不同的反应过程。那些性质稳定的化合物，如多氯联苯、多环芳烃、有机氯农药，以及塑料、橡胶等合成材料，难以在土壤中发生化学净化作用。重金属在土壤中只能发生凝聚沉淀反应、氧化还原反应、配合-螯合反应、同晶置换反应等，而不能被降解。发生上述反应后，重金属在土壤环境中的活性可能发生改变，例如，富里酸与一般重金属形成可溶性的螯合物，其在土壤中随水迁移的能力便极大增强。

4. 生物净化作用

土壤中存在着大量依靠有机物生活的微生物，如细菌、真菌、放线菌等，它们有氧化分解有机物的巨大能力。当污染物进入土体后，在这些微生物体内酶或分泌酶的催化作用下，发生各种各样的分解反应，统称为生物降解作用。这是土壤环境自净作用中最重要的净化途径之一。例如，淀粉、纤维素等糖类物质最终转变成 CO_2 和水，蛋白质、多肽、氨基酸等含氮化合物转变为 NH_3、CO_2 和水，有机磷化合物释放出无机磷酸等。这些降解作用是维持自然系统碳循环、氮循环、磷循环等所必经的途径之一。土壤中的微生物种类繁多，各种有机污染物在不同条件下的分解形式也是多种多样的。主要有氧化还原反应、水解、脱烃、脱卤、芳环羟基化和异构化、环破裂等过程，并最终转变为对生物无毒性的残留物和 CO_2。一些无机污染物也可在土壤微生物的参与下发生一系列化学变化，以降低活性和毒性。但是，微生物不能净化重金属，甚至能使重金属在土体中富集，这是重金属成为土壤环境最危险污染物的重要原因。有些重金属，如 Hg 可在微生物作用下，改变价态或形态，从而影响其在土壤环境中的迁移能力和活性。土壤的生物降解作用是土壤环境自净作用的主要途径，其净化能力的大小与土壤中微生物的种群、数量、活性以及土壤水分、土壤温度、土壤通气性、土壤 pH、E_h 值、C/N 比等因素有关。为了强化生物降解作用，常采用增加碳源，通气或引入优势微生物种群等措施。例如，土壤水分适宜、土壤温度在 30 ℃ 左右，土壤通气良好、E_h 值较高、土壤 pH 偏中性到弱碱性、C/N 比在 20∶1 左右，都有利于天然有机物的生物降解。土壤环境中的污染物质，被生长在土壤中的植物所吸收、降解，并随茎叶、种子而离开土壤，或者为土壤中的蚯蚓等软体动物所食用，污水中的病原菌被某些微生物所吞食等，都属于土壤环境的生物净化作用。选育栽培对某种污染物吸收、降解能力特别强的植物，特别是对重金属超积累吸收的植物是目前土壤生物修复的研究热点。

五、环境背景值

土壤环境背景值是指在不受或很少受人类活动影响和不受或很少受现代工业污染与破坏的情况下，土壤原来固定有的化学组成和结构特征。

1. 环境背景值的影响因素

（1）成土母质：母质元素组成以及土壤元素组成。

（2）土壤类型：不同风化程度的土壤元素组成不同。

（3）气候：高温多雨，淋溶强烈，含量低。

（4）地形：凸起地形与平凹地形。

（5）植被：不同植被元素的生物富集特点不同。

2. 研究意义

（1）土壤环境背景值是土壤环境质量评价，特别是土壤是否污染综合评价的基本依据。

（2）是研究和确定土壤环境容量，制定土壤环境标准的基本数据。

（3）是研究污染元素和化合物在土壤环境中的化学行为的依据。

（4）在土壤利用及其规划方面，研究土壤生态、施肥等的重要参比数据。

3. 评价土壤环境质量的基础

（1）为工业和农业生产服务。

（2）为防治地方病服务。

六、土壤环境容量

土壤环境容量又称土壤负载容量，是一定土壤环境单元在一定时限内遵循环境质量标准，既维持土壤生态系统的正常结构与功能，保证农产品的生物学产量与质量，又不使环境系统污染超过土壤环境所能容纳污染物的最大负荷量。不同土壤其环境容量是不同的，同一土壤对不同污染物的容量也是不同的，这涉及土壤的净化能力。土壤环境容量最大允许极限值减去背景值（或本底值），得到的是土壤环境的静容量；考虑土壤环境的自净作用与缓冲性能（土壤污染物输入输出过程及累积作用等），即土壤环境的静容量加上这部分土壤的净化量，称为土壤的全部环境容量或土壤的动容量。

任务二　土壤污染现状与危害

土壤是全球 95% 粮食的产地，在植物必需的 18 种营养素中，有 15 种是由土壤提供的，土壤越健康，作物生长越好，保持健康的土壤对未来的粮食生产至关重要。健康的土壤可以封存更多的碳，储存和供应更多清洁的水，维持生物多样性，并提高抗旱和抗洪能力。而土壤状况恶化同样不容忽视，土壤就像地球的皮肤，重要但薄弱，很容易因密集耕作、森林破坏、污染和全球变暖而千疮百孔。

土壤污染指人类生产、生活产生的废气、废水和固体废物向土壤系统排放后，当数量超过土壤自净能力时，会破坏土壤成分结构的平衡和土壤功能，受污染土壤上生长的生物吸收、积累和富集土壤污染物后，出现危害动植物和人体健康的现象，并对经济产生影响。土壤由于自身的特性，能接纳一定的污染，具有缓和及减少污染的自净能力。但土壤不易流动，自净能力十分有限，所以，保护土壤不受污染十分重要。

一、土壤污染现状

土壤污染是由自然产生和人工合成的污染物造成的。在整个地球历史上，自然产生的污染物一直存在，并在空气、水、土壤和生物体之间循环。在过去的三个世纪中，由于全球工业化、合成化学品的大规模生产、城市的快速发展和农业集约化的大力推进，土壤越来越多地暴露于天然化学品和人工合成的有害化合物中。

污染物进入土壤的最常见途径是直接进入土壤，或通过大气沉降、灌溉水、雨水、径流水或河流和湖泊沉积物进入土壤。许多污染物仅留存于污染源或排放点附近，但一些污染物挥发以气态形式释放流动到全世界。大气和洋流以及风暴、洪水或海啸等气候事件也会促进污染物的重新流动和区域或全球的重新分布，从而显著加剧土壤污染并造成跨界污染。空气污染物的大气沉降是土壤污染全球扩散的主要来源，另外，土壤沙尘的全球流动也是受这些羽流影响的地区土壤污染的主要原因之一。土壤污染不是局部问题，污染物可以在排放点距离很远的国家、地区甚至半球之间移动。因此，要在全球范围内应对土壤污染，必须减少生产、使用和处置过程中的排放，并以可持续和无害化环境的方式管理产生的废弃物。同时，应对气候变化也很关键，两极温度升高会导致环境有机污染物重新挥发，成为大气中二次排放的来源。

（一）土壤无机污染物污染现状

土壤无机污染物主要包括酸、碱、重金属，盐类，放射性元素铯、锶的化合物，含砷、硒、氟的化合物等。大多数无机污染物都有天然来源，因此它们广泛存在于世界各地的土壤中。许多无机元素、稀土元素和其他原材料是从自然界提取出来，用于电气和电子设备、油漆和建筑材料等的生产，在世界各地使用并最终被丢弃，导致这些污染物在环境中重新分布，改变这些元素的自然分布，使其浓度高于自然背景值，尤其是采矿、工业和城市地区、交通网络附近、垃圾填埋场等主要污染物源周边的土壤中。在农用地的土壤中，由于使用受污染的水和废水进行灌溉，以及农用化学品和含微量元素的饲料的投入，无机污染物也发生了重新分布，采矿、工业和城市地区附近的农用地的土壤也存在较高浓度的无机污染物。无机污染物造成的点源和扩散土壤污染是一个全球性问题，但迄今为止，还没有对这些污染物在环境中的分布进行全球评估。

铜、铁、金、铅、汞、银或锌等微量元素很早以来，已被人类开采和使用。一些金属矿石迁移到表土的微量元素由于未降解，因此仍然吸附或滞留在土壤中。工业活动和运输释放出大量富含微量元素的气溶胶，这些气溶胶受当地风、水流的主导方向，以及与地形特征等因素，决定了局部范围内微量元素的分布。在矿区和工业区附近的土壤显示出更高水平的微量元素污染，这些水平随着与污染源距离的增加而降低。大气输送和沉降是农村地区微量元素的主要来源。汞是气态元素形式长距离传输潜力最大的微量元素，已发现汞在半球之间运输，因此它的分布是全球性的，人类排放的证据可以追溯到古代文明。人为汞排放主要来自手工和小规模的金矿开采、化石燃料和生物质燃烧（尤其是燃煤）、有色金属生产和水泥生产。人为排放使大气中的汞含量比自然水平高出450%。大气中的汞沉积在土壤和水体中，可以重新移动并进入其他环境区域。土壤是空气中无机汞的排放源，它也可以通过侵蚀和径流转移到水体中。人为排放加剧了汞的生物地球化学循环，尽管目前在减少人为排放，但封存在土壤、植被和海洋中的汞储量可能会重新进入大气并长期循环。因此，汞污染将在数个世纪后继续对人类健康和环境构成威胁。铅排放仍然构成巨大风险，尤其是对儿童而言，最常见的来源是铅酸电池的回收和非正规制造、采矿、金属加工和电子垃圾。

酸沉降造成土壤扩散污染，土壤酸化在污染物的迁移和生物利用度方面起着重要作用。氮氧化物（NO_x）和硫氧化物（SO_x）的排放主要来自农业和化石燃料燃烧，是造成世界许多地区空气污染和干湿酸沉降导致土壤酸化的主要原因。农业排放的 NO_2 约占全球排放量的72%，这主要与氮肥的使用有关。近年来，由于加强对工业和交通排放的控制和监管，以及其他能源逐渐替代煤炭能源，硫氧化物的排放量有所减少，但总体排放量仍不可忽视，2019年约有2900万吨，来自燃煤和燃油发电厂、冶炼厂以及与石油和天然气行业相关的人为来源。酸沉降增加了土壤溶液中 H^+ 和强酸阴离子的数量，土壤的缓冲能力通过调动土壤颗粒表面的阳离子来中和过量阴离子，从而导致阳离子浸出。但缓冲能力是有限的，如果酸沉降超过了土壤的自然中和能力，其他阳离子如 Al^{3+} 或 Fe^{2+} 可以从黏土结构和有机矿物复合物中移动进入土壤溶液，这些阳离子对植物和土壤生物有毒，降低土壤健康和生物多样性。在更酸性的条件下，土壤酸化和污染物可用性增加，加剧了点源污染带来的风险。

放射性核素也会造成土壤污染，核武器试验和重大核事故导致大量放射性核素释放到环境中，特别是大气中，造成的放射性尘埃几乎影响到世界所有地区。土壤是人为放射性核素的主要储存库。放射性核素的干沉和湿沉降造成的土壤污染，特别是锶和铯等长寿命放射性核素在土壤中的化学行为类似于微量元素。放射性核素在土壤表面沉积后，会在土壤剖面内迁移，并被黏土矿物和土壤有机质强烈吸附。土壤 pH 降低、有机质浓度低和黏土含量低导致放射性核素在土壤中的流动性增加，植物可以吸收这些元素，从而进入食物链。

根据《全国土壤污染状况调查公报》（2014年），全国土壤总的超标率为16.1%，其中轻微、轻度、中度和重度污染点位比例分别为11.2%、2.3%、1.5%和1.1%。污染类型以无机型为主，有机型次之，复合型污染比重较小，无机污染物超标点位数占全部超标点位的82.8%。从污染分布情况看，南方土壤污染重于北方；长江三角洲、珠江三角洲、东北老工业基地等部分区域土壤污染问题较为突出，西南、中南地区土壤重金属超标范围较大；镉、汞、砷、铅 4 种无机污染物含量分布呈现从西北到东南、从东北到西南方向逐渐升高的态势。镉、汞、砷、铜、铅、铬、锌、镍 8 种无机污染物点位超标率分别为7.0%、1.6%、2.7%、2.1%、1.5%、1.1%、0.9%、4.8%。近年来，我国土壤污染得到了有效管控，根据《2021中国生态环境状况公报》，2021年全国土壤环境风险得到基本管控，土壤污染加重趋势得到初步遏制。全国受污染耕地安全利用率稳定在90%以上，重点建设用地安全利用得到有效保障。全国农用地土壤环境状况总体稳定，影响农用地土壤环境质量的主要污染物是重金属，其中镉为首要污染物。全国重点行业企业用地土壤污染风险不容忽视。

（二）土壤有机污染物污染现状

污染土壤的有机物分为天然有机物和人工合成有机污染物，自然源主要包括燃烧（森林大火和火山喷发）和生物合成（沉积物成岩过程、生物转化过程和焦油矿坑内气体），未开采的煤、石油中也含有大量的多环芳烃；人工合成有机污染物包括有机废弃物（工农业生产及生活废弃物中生物降解和生物难降解有机毒物）、农药（包括杀虫剂、杀菌剂和除草剂）等污染。土壤在有机污染物的全球循环中发挥着重要作用，具有过滤、缓冲、降解、固定和解毒作用。一般在有机物生产地点和特定使用区域会检测到有机物污染物，如多氯联苯（PCB）主要用于工业化国家，因此在北半球的使用范围更大；滴滴涕（DDT）主要在工业化国家生产，但在赤道和亚热带附近地区用作疟疾媒介控制；多环芳烃在工业化地区产生，但在农村地区因生物质燃烧（木材、农作物残渣）产生。大多数持久性有机污染物（POPs）是半挥发性物质，在室温下就能挥发进入大气层。化合物的物理化学特性以及一些与冷暖有关的环境因素对POPs"全球分配"的影响甚至可能比POPs的排放地和传播途径更为重要，尤其是POPs在向高纬度迁移的过程中会有一系列距离相对较短的跳跃过程。中纬度地区季节变化明显温度较高的夏季POPs易于挥发和迁移，而温度较低的冬季POPs则易于沉降下来，总体上会表现出POPs的跳跃式跃迁。POPs可以通过周而复始地从地面蒸发到大气然后再回落到地面的跃迁，最终从地球上的某一地区（例如源排放点）而到达与之相距遥远的另一地区，这种特性被称为"蚱蜢跳效应"。因此在地球北部的许多高山，如奥地利的阿尔卑斯山、西班牙的比利牛斯山、加拿大的落基山顶及我国喜马拉雅山顶，最近也发现较高浓度的POPs污染物。而且随山高增加和温度降低，冰雪所含的农药浓度也在增加，虽然在高山上几乎是没有人烟的冰雪世界，但山顶冰雪所含农药的浓度为山下农业区域的10~100倍。

（1）多环芳烃（polycyclic aromatic hydrocarbons，PAHs）是煤、石油、木材、烟草、有机高分子化合物等有机物不完全燃烧时产生的挥发性碳氢化合物，是重要的环境和食品污染物。迄今已发现有200多种PAHs，其中有相当部分具有致癌性，如苯并[a]芘，苯并[a]蒽等。PAHs广泛分布于环境中，可以在我们生活的每一个角落发现，任何有机物加工，废弃，燃烧或使用的地方都有可能产生多环芳烃。多环芳烃代表一组数百个同系，通常多环芳烃的形成会随着燃烧温度的升高而减少，但高浓度的多环芳烃也随之形成。低分子量的PAHs同系物更易挥发，但受大气中远距离迁移的影响，高分子量的PAHs同系物在环境中更持久，并显示出被土壤有机质或生物体的脂肪组织吸收的潜力。此外，毒性、致畸性和致癌性随分子量增加而增加。PAHs在低温下具有凝结的能力，低分子量PAHs往往会在极地地区积聚，并可能在极地夏季重新挥发。近年来，PAHs排放量有所减少，但PAHs继续对生态系统和人类健康产生不利影响。土壤是PAHs的主要汇，也是PAHs的来源。PAHs在全球土壤中的浓度从高到低依次为欧洲>北美>亚洲>大洋洲>非洲>南美洲，在靠近长期排放源的位置和易受大量大气沉降输入影响的位置PAHs浓度更高，在不同区域PAHs总浓度增加：偏远地区<农业用地<牧场<森林<市区<路边用地<工业区/石化工业<垃圾填埋场/污染场地土壤中。

（2）滴滴涕（二氯二苯三氯乙烷，DDT）可作为研究环境有机污染物暴露和归趋的参考案例，其于1874年首次合成成功，1938年化学家发现了DDT的杀虫性质，曾在全球范围内大量使用。1950—1972年，全球使用DDT达450万吨，其中中国累计使用40万吨。除了防治传染病外，DDT主要用于农业害虫防治，在使用过程中，80%~90%的DDT直接或间接进入土壤，残留在表层及深层的土壤中。DDT 的化学性质稳定，难以降解，极易吸附在土壤颗粒中，造成残留，通过生物富集作用进入生物体内，并随着食物链最终进入人体。发达国家于 20 世纪 70 年代初全面禁止使用 DDT，而一些发展中国家由于传染病防治等原因，一直在使用。我国于 1983 年禁止使用 DDT 农药，但以 DDT 为主成分的三氯杀螨醇仍在使用。DDT 因生物和生态毒性，被列入《斯德哥尔摩公约》首批禁用的 POPs 名录，我国也因此加强了对 DDT 的管控。然而，20 世纪 40 年代至 70 年代使用过的 DDT 还存留在环境中，对土壤生态、人体健康的威胁依然存在。三氯杀螨醇是 DDT 禁用后的一种替代杀虫剂，它的原料及代谢产物都含有 DDT。2017 年，三氯杀螨醇已被权威机构认定为致癌物，发达国家已经禁用，但许多发展中国家仍在使用。近几年，以三氯杀螨醇为代表的 DDT 新配方农药正源源不断地将 DDT 持续输入环境，造成更大的危害。

（3）多氯联苯（PCBs）是一类有机化合物，按氯原子数或氯的质量分数分别加以标号。2017 年，世界卫生组织（简称世卫组织）国际癌症研究机构公布的致癌物清单中，将多氯联苯列入 1 类致癌物清单中。PCBs 被列入《斯德哥尔摩公约》要消除的污染物清单，该公约提出到 2028 年实现多氯联苯废物的无害环境管理。然而，生产的 PCBs 中有 83% 仍在使用，截至 2017 年，只有 17% 的 PCBs 被淘汰。除了技术使用产生的排放外，PCBs 还可能在燃烧过程中无意中产生，并作为工业活动的副产品产生。例如，二次铜冶炼过程中形成的多氯联苯被确定为我国多氯联苯的主要来源。北美、韩国和日本等北半球工业化国家是 PCBs 严重土壤污染区域，这些区域主要是工业生产、使用和泄漏过程中排放所产生。PCBs 土壤污染的另一个来源是意外释放和垃圾填埋场的排放，包括非法垃圾场，占全球 PCBs 产量的 52%~57%。火灾和土壤泄漏也可能导致意外释放。大气排放的长距离扩散以及 PCBs 废物的跨界和跨大陆处理造成了全球扩散污染加剧。据估计，全球 PCBs 向环境释放仅占总量的 4%~9%，预计在不久的将来会发生大量排放，土壤的 PCBs 负荷将长期维持。

根据《全国土壤污染状况调查公报》（2014 年），我国六六六、滴滴涕、多环芳烃 3 类有机污染物点位超标率分别为 0.5%、1.9%、1.4%，不同程度污染点位比例见表 0-1。在调查的 13 个采油区的 494 个土壤点位中，超标点位占 23.6%，主要污染物为石油烃和多环芳烃。

表 0-1　有机污染物超标情况

污染物类型	点位超标率/%	不同程度污染点位比例/%			
		轻微	轻度	中度	重度
六六六	0.5	0.3	0.1	0.06	0.04
滴滴涕	1.9	1.1	0.3	0.25	0.25
多环芳烃	1.4	0.8	0.2	0.2	0.2

引自：生态环境部网站。

（三）新污染物污染现状

新污染物是指那些具有生物毒性、环境持久性、生物累积性等特征，进入环境后对生态环境或者人体健康存在较大风险，但尚未纳入环境管理或者现有管理措施不足的有毒有害化学物质。目前，国内外广泛关注的新污染物主要包括国际公约管控的持久性有机污染物

（POPs）、内分泌干扰物（EDCs）、抗生素、微塑料等（前提是排放到环境中）。有毒有害化学物质的生产和使用是新污染物的主要来源。不同于常规污染物，新污染物的危害风险比较隐蔽，多数新污染物的短期危害并不明显，一旦发现其危害性时，它们可能通过各种途径已经进入环境中。新污染物对器官、神经、生殖、发育等方面都可能有危害，其生产和使用往往与人类的生活息息相关，在环境中难以降解并在生态系统中易于富集，对人体健康和生态系统安全的影响往往是慢性、长期的积累过程。新污染物在环境中的迁移转化路径复杂，有的是依托生态环境中的生物地球化学循环，有的随食物链逐渐从低级向高级传播，并通过各种暴露途径，如空气暴露、皮肤暴露、饮食暴露等实现对人体健康的影响。新污染物涉及行业众多，产业链长，替代品和替代技术研发较难，需多部门跨领域协同治理，实施全生命周期环境风险管控，对治理程度要求高。

新污染物是那些历史上使用过但其负面影响最近才开始研究的污染物，或者是最近生产的合成污染物或更新的用途。由于它们的新兴状态，关于它们在环境中的生产和全球分布，以及它们对环境和人类健康造成的损害的可用信息仍然有限。微塑料和纳米塑料是新兴污染物带来的潜在全球风险的一个明显例子。近几十年来，塑料大受欢迎，由于其耐受性，它们的使用已在全世界广泛使用。微塑料和纳米塑料，无论是来自大块的风化和破碎，还是来自各种材料的小颗粒和纤维的释放，几乎在所有生态系统中都被发现，包括土壤、河床、深海和冰层来自南极和北极。微塑料和纳米塑料能够跨越生物屏障，因此也广泛存在于生物体中。其他新出现的污染物，如药物和个人护理产品（PPCPs）或纳米颗粒，与微塑料和纳米塑料的情况类似，PPCPs 人口密集城市附近的水体及相应沉积物中污染较为严重，红霉素、罗红霉素、双氯芬酸、布洛芬、水杨酸、磺胺甲恶唑等 PPCPs 浓度高，危害大，分布范围广。PPCPs 容易在生物体内富集，水体中的 PPCPs 会抑制藻类等植物生长，使得鱼类、蚌类等水生动物的繁殖、生长及迁移维持在一个较低的水平。由于污水灌溉和含污染物肥料进入土壤，人们已经在食用的植物组织中发现了 PPCPs 的残留，这对人类乃至整个生态系统的健康十分不利。

二、土壤污染危害

土壤污染导致严重的直接经济损失，对当地和全球经济产生影响，生物产品品质不断下降，危害人体健康，并导致大气污染、地表水污染、地下水污染和生态系统退化等其他次生的生态环境问题。

（一）土壤污染对生态系统的影响

土壤生态系统服务由非生物土壤成分（土壤有机碳、矿物组分、土壤溶液和孔隙空气）和土壤中存在的活生物体（从基因到大型生物）相互作用提供。然而，由于不断增长的人口需要更多的服务和利益，全球土壤正在枯竭和退化。土壤也面临着全球挑战的威胁，例如生物多样性丧失、生物地球化学循环失衡、化学污染、气候变化和水文地质循环以及土地利用变化。由于污染物引起的毒性，生物体的数量可能会减少。土壤污染物可以进入食物链，导致土壤生物、陆生（包括人类）和水生生物患病和死亡。因此，生物多样性和生物量的丧失导致有机质减少以及养分输入和循环发生变化，影响自然和农业生态系统的初级生产力，并导致土壤生态系统服务的全面丧失。

　　土壤污染是土壤生物多样性丧失的驱动因素。土壤生物多样性支持并执行许多关键的生态系统服务和功能，从养分循环和控制病虫害到构建和维护土壤结构。因此，土壤生物多样性的丧失或土壤群落的改变将导致其他生态系统服务的减少。数百万年来，地球上的生命已经暴露于污染物和有毒化合物并进化以适应当地条件。然而，人为活动释放了一组新的合成污染物，给种群进化带来了巨大压力，一些物种能够相对快速地进化，但其他物种无法在短时间内适应或产生耐受性，并可能从受影响地区消失。土壤污染最先观察到的影响之一是地上和地下生物多样性的变化，其在生物体层面的影响较为明显，但在种群层面的影响并不明显。土壤污染可能导致生态系统结构和物种分布的变化，因为更敏感的物种被更耐受的物种取代。土壤污染物会导致生物量、生长和繁殖能力下降，并导致对某些土壤生物和植物的生理变化。

　　土壤微生物包括细菌、古细菌和真菌等，是土壤生物多样性的主要生物量，也参与提供许多关键的土壤生态系统服务。土壤污染物会降低土壤微生物的生物量和一些酶的活性，从而引起土壤群落的变化。土壤微生物群落的功能冗余度高，因此，尽管某些物种可能受到污染的影响更严重，但其他物种可能会继续发挥作用，而土壤中的养分和碳循环不会发生重大变化，只有在严重毒性或无群落冗余的情况下，才会出现功能多样性的变化，以及营养循环的失衡。土壤微生物显示出增加磷酸酶产量的能力，以及磷酸化微量元素和其他污染物。脱氢酶活性是土壤中最重要的酶群之一，参与土壤有机质的循环，进而影响土壤系统的氧化还原。由于微量元素、肥料和杀虫剂等污染物的抑制作用，脱氢酶活性被认为是土壤污染的良好生物指示剂。此外，硝化酶也是农药对土壤微生物影响的良好指标。土壤真菌表现出多种污染耐受机制，丛枝菌根真菌的菌丝和孢子产量增加是污染土壤中应力缓解的一种机制。但在长期微量元素污染下真菌的生物量和多样性减少。某些有机污染物，例如石油碳氢化合物，经常被细菌、真菌和蓝细菌用作碳源和营养物质，并被降解为更简单的分子。然而，并非所有微生物对污染物的反应都相同，反应取决于土壤条件和污染程度。石油碳氢化合物还可以使土壤孔隙饱和并减小氧气和水的可溶性，从而影响植物根系、土壤动物和微生物。在被原油严重污染的土壤中，细菌和真菌的活动受到抑制。农药和抗生素对土壤微生物的影响也很重要，植物保护产品（PPPs）对土壤生物的酶活性、生物量和多样性有不同的影响，最显著的影响之一是微生物群落结构的变化，减少了微生物生物量。新污染物及其对土壤生物多样性影响引起了越来越多的关注，如抗生素会减少某些微生物活动并导致群落结构和功能发生变化。对微塑料和土壤微生物之间土壤聚集空间的研究表明，由于在微塑料存在的情况下接触有机质的机会较低，微生物活动和生物量均受到抑制。总之，土壤微生物对土壤污染相对敏感，是判定土壤污染存在和程度的良好生物指示剂。

　　土壤动物是土壤生态系统的重要有机组成部分，在系统养分循环、能量流动中发挥巨大作用，土壤动物的整个生命周期或部分发育周期都在土壤中度过，暴露于土壤中的污染物，因此经常被用作土壤健康、土壤污染和生态恢复的良好指示生物。土壤原生动物的种类和数量会随着土壤污染状况的改变而发生变化。重金属污染可导致土壤原生动物的种类和数量显著减少，对原生动物的生长发育造成影响，物种多样性显著下降。土壤线虫是农田土壤中物种多样性最为丰富的土壤动物。重金属污染能显著改变土壤线虫的群落组成结构，污染越严重，线虫群落的多样性越低，线虫个体数量和形态特征也发生改变，生长发育迟缓，产卵数量减少，生殖细胞凋亡，还会对后代产生一定影响。总体来看，土壤动物群落的个体数和类群数随着重金属污染的加重而减少，在土层的垂直分布上出现了逆分布，群落多样性指数、均匀性指数和密度-类群指数均减小，优势度指数则增大。在有机物污染方面，有机磷农药与免疫系统的改变、内分泌干扰、氧化应激、生殖毒性和哺乳动物的出生缺陷有关。土壤动物的种类和数量随着有机磷农药影响程度的增加而减少，多样性指数显著下降，污染能够使土壤动物群落的常见类群和稀有类群减少。土壤动物对有机氯农药污染的响应更加复杂，土壤动物多样性指数和均匀度指数与土壤有机氯污染程度呈非线性关系，个体数量随有机氯污染程度的加重而减少，重度污染土壤中的个数少于轻度污染土壤。农药污染对土壤动物的新陈代谢及卵的数目和孵化能力均有影响。农药的大量使用导致土壤中敏感物种减少或消失，耐污种数量相对增加。土壤脊椎动物在土壤食物网上的位置较高，以昆虫、其他小型脊椎动物、蚯蚓或植物根和块茎为食，因此，它们可以积累更高浓度的土壤污染物。二噁英类化合物会导致免疫系统改变、甲状腺活动中断、生殖能力下降、脊椎动物的神经和生长迟缓。研究发现，肉食动物、食虫动物和杂食动物比食草动物更容易积累土壤污染物。一旦污染物进入它们的身体，随着生理和发育状态不同，物种之间和物种内的毒性会有很大差异。

土壤污染是土壤有机碳和养分流失的驱动因素。严重污染的土壤表明植物生物量显著减少，土壤生物多样性发生变化，随之而来的是土壤表面凋落物输入减少，有机质分解和矿化。与未受污染的土壤相比，受污染土壤的碳效率降低。在被有机污染物污染的土壤中，尽管由于使用污染物作为碳源导致微生物呼吸最初出现峰值，但由于某些微生物酶活性的抑制，微生物活性随着碳、氮的使用迅速下降，微量元素污染阻碍了植物对土壤养分的吸收。与未受污染的土壤相比，严重污染的土壤中微生物对垃圾的分解可减少 10%~80%。受污染土壤中植物氮素利用率较低，凋落物中氮含量较低也会影响生物量和分解者的活性。

土壤污染是土壤结构退化和土壤可蚀性增加的驱动因素。由于土壤生物是土壤结构的组成部分，而土壤有机碳是土壤团聚体稳定性的主体。因此，土壤污染导致土壤有机质损失以及土壤生物的存在和活动减少将导致物理结构退化和土壤可蚀性。土壤的物理结构会因微塑料、纳米材料或原油污染物的存在而退化，这些污染物占据土壤孔隙空间，改变体积密度，如果是疏水性的，将阻止水和空气的渗透。物理性质的变化会因污染物而异，例如，原油会增加土壤容重[①]，而微塑料会降低容重，微量元素污染降低了团聚体的平均尺寸和稳定性。有机污染物（如总石油烃和多环芳烃）的存在对土壤团聚体的水稳定性有积极影响，因为相关的有机碳增加了疏水性，导致土壤可蚀性，而土壤侵蚀有助于将土壤污染物输送到遥远的地区和其他环境区域。

土壤污染是酸化的驱动力。氮肥的过度使用被认为是土壤酸化的主要驱动因素，再加上工业和交通排放以及随之而来的酸沉降。在大气中 CO_2 增加的同时，大气中的氮氧化物（NO_x）和二氧化硫（SO_2）也因工业排放、燃煤和交通而增加。这些化合物通过光化学反应转化为硝酸和硫酸，并以酸雨的形式返回土壤。大气污染物在土壤上的干湿沉降会导致直接酸化和土壤缓冲能力的改变。较低的 pH 会增加许多微量元素的生物利用度，加剧土壤污染的影响。

土壤污染会对陆地生态系统和食物链产生影响。由于气候变化、自然资源的过度开发、栖息地的破碎化和破坏以及化学污染，陆地生态系统正承受着越来越大的压力。由于靠近采

① 注：实为质量，包括后文的体重、重量、风干重、称重、恒重等。但因现阶段我国农林、环境等行业的科研和生产实践中一直沿用，为使读者了解、熟悉行业实际情况，本书予以保留。——编者注

矿区、工业区、废物堆放场，以及过度施肥、不合理施用农药、使用劣质有机和无机肥料、使用劣质废水进行灌溉等，导致牧场和农作物可能受到扩散和点源污染的影响。多种污染物被植物根部吸收并转移到可食用组织，并被土壤生物积累，污染物转移到陆地食物网中，从土壤转移到牧场和农作物，被野生动物、牲畜和人类摄取，或者从土壤转移到无脊椎动物，被鸟类和家禽摄取并最终转移给人类。一般而言，许多植物物种耐受一定水平的土壤污染物并具有减轻影响的机制。植物根际中存在的微生物也有助于保护植物免受土壤污染物的侵害，如丛枝菌根真菌（AMF）促进植物生长，有助于微量元素与真菌渗出物的螯合和根际污染物的积累，从而避免转移到枝条。AMF、细菌共生体和其他在根际定植的微生物也有助于有机污染物的转化和降解。微生物利用有机污染物作为碳和能量的来源，植物根系分泌物中额外的碳供应可以通过促进微生物的生长和活动来加速污染物的生物降解。在植物发芽和发育阶段吸收微量元素和接触有机污染物（如多环芳烃、杀虫剂、石油烃、药品和个人护理产品）会抑制生长并降低产量，对在高度污染的农业土壤中种植作物的国家产生经济影响和粮食安全威胁。

陆地生态系统中存在的数千种污染物影响陆地野生动物和牲畜。通常情况下，野生动物一生中接触污染物的剂量很低（慢性接触），除非遇到大量污染物释放（急性接触）。土壤污染物会对脊椎动物产生神经毒性、致癌性、致畸性和内分泌干扰作用。土壤污染物暴露会导致基因、蛋白质和激素表达发生变化，或改变器官组织学或体重，减小个体大小，减少生殖输出或在严重中毒的情况下导致过早死亡。食草动物在接触污染物方面也不同于杂食动物，食草动物积累了更高浓度的微量元素或放射性核素，而杂食动物积累了更高浓度的亲脂性污染物。

微量元素的生物有效性在很大程度上取决于土壤特性，但它们在环境中无处不在且持久存在。因此，微量元素是植物和动物组织中最常见的污染物之一。受镉和铅污染的草料喂养的绵羊出现了贫血、厌食和虚弱等多种健康问题。砷中毒在低剂量时会导致腹泻，在较高剂量时可能对胃肠道、肾脏、甲状腺和生殖系统产生更严重的影响。在加纳金矿附近的散养鸡、山羊和绵羊的肌胃、肝脏、肾脏中也发现了高浓度的砷、镉、汞和铅。在两栖动物中，微量元素已被证明可以改变甲状腺功能并延缓发育的速度。汞以不同的氧化状态普遍存在于环境中，因其对人体健康的影响而备受关注。许多汞形态极易挥发，在土壤中汞主要以无机形态或有机金属形态（甲基汞）的形式存在，后者通过厌氧菌的甲基化作用产生。甲基汞对动物有剧毒，可以很容易地通过细胞屏障，并通过胃肠道从土壤转移到植物和动物体内，在组织器官中蓄积，从而在陆地食物链中产生生物放大作用，这占动物吸收汞的90%以上。

许多有机污染物，包括杀虫剂、PCB、某些PFAS或邻苯二甲酸盐，具有神经毒性、致癌性和内分泌干扰特性。药物和兽药广泛存在于环境中，特别是在使用废水灌溉或使用经过处理的动物粪便或污水污泥施肥的区域。用废水灌溉的土壤、用粪便或生物固体处理过的土壤中抗生素的环境浓度通常很低，而长期施用可能会导致植物组织中大量积累抗生素，虽然植物中没有明显的植物毒性症状，但可能会对以受污染植物为食的生物造成损害。

土壤污染对水生生态系统的影响。降水、洪水、融雪和灌溉增加了土壤孔隙中的含水量，一旦土壤饱和，就会导致平坦地区的水涝和斜坡的径流。溶解的有机物和夹带的污染物，以及吸附污染物的细小土壤颗粒被径流水携带，可以到达附近的湿地、河流和湖泊，最终被输送到海洋。另一方面，土壤孔隙水也有通过土壤孔隙的垂直运动，有利于溶解和颗粒污染物通过排水或淋滤运输，分别通过地下排水网络或地下水位到达地表水。水体富营养化是一种氮、磷等植物营养物质含量过多所引起的水质污染现象。磷酸盐过剩是淡水富营养化的主要驱动因素，而在海洋环境中，富营养化主要是由于氮的大量输入。这种硝酸盐和磷酸盐富营养化循环的反馈在世界上许多主要海洋水体中产生了大面积"死区"，如墨西哥湾、孟加拉湾、哈德逊湾、地中海或波罗的海。淡水富营养化的著名例子包括北美的伊利湖、加拿大的温尼伯湖或东非的维多利亚湖。此外，饮用水中的硝酸盐会对动物和人类的健康产生重大影响，导致甲状腺功能改变。

海洋环境中微塑料的存在及其对水生物种的影响已得到广泛研究。据估计，进入海洋的塑料中约有80%来自陆地。土壤是造成水生环境污染的微塑料和纳米塑料的重要存储库。在农田中，塑料来源于直接使用地膜和其他农用塑料，或通过废水灌溉和污水污泥的应用间接获得。另外，有些来自露天垃圾场或管理不善的垃圾填埋场的直接处置、轮胎磨损、废水灌溉或废水直接排放到土壤上。塑料物品的尺寸和成分千差万别，水处理厂通常无法过滤和保留这些微纤维和微米级塑料碎片，因此它们最终被释放到环境中，并且有很大一部分直接排放到水生环境中。微塑料和纳米塑料会对水生生物产生各种影响，从浮游植物和水生植物的生理变化到抑制食欲、生长减慢甚至危害消化系统。

（二）土壤污染对人类健康的影响

土壤健康与人类的健康联系紧密。土壤对人类健康既有积极影响，也有消极影响。健康的土壤为植物提供必要的养分和干净的水，以生产我们的营养食品。近年来，土壤污染在全球范围内呈上升趋势。受污染的食物摄入是土壤污染物进入人体的主要途径，占污染物摄入量的90%以上。世卫组织估计，每年世界上约有1/10的人口因食用受污染的食物而生病，每年约有42万人死于急性或慢性中毒引起的疾病。一些无机污染物，例如氡、石棉和某些形式的微量元素，主要通过吸入被人体吸收。三价铬在黏土和有机质表面被强烈吸附的土壤中相对稳定，因此植物对它的吸收较低，而六价铬是一种高度流动的阴离子，经常以颗粒结合铬或溶解在液滴中的铬形式存在于室内和室外环境中。吸入铬对呼吸道有严重的健康影响，包括急性接触时鼻黏膜损伤和鼻中隔穿孔，以及导致哮喘或肺癌的下呼吸道损伤。金属汞在室温下也极易挥发，吸入汞蒸气会导致急性呼吸系统综合征、化学性肺炎、呼吸窘迫、呼吸衰竭。吸入也是挥发性和半挥发性有机污染物的主要暴露途径，包括一些杀虫剂、二噁英、多环芳烃、邻苯二甲酸盐、苯系物、多溴二苯醚和多氯联苯。挥发性有机污染物可以从地下受污染的土壤扩散到室内空气中，其中许多污染物是内分泌干扰物、神经毒性和致癌物。皮肤接触土壤污染物会导致皮肤病，例如由刺激或过敏引起的皮炎、荨麻疹、痤疮甚至癌症。

人类暴露于各种土壤中可能危害健康的化学物质和自然元素，通常是低剂量，而且只有在长时间接触后才会产生累积效应。许多疾病，例如癌症，可能要到暴露后几十年才会出现，因此很难确定发病原因。世卫组织确定了人类健康关注的十大污染物，其中九种是土壤污染物。有机和无机污染物表现出四种主要的毒性机制，内分泌干扰、致癌、神经毒素或致畸，它们还可以诱导细胞氧化应激和应激蛋白的产生。内分泌干扰物可以降低或提高正常激素水平，模仿人体的天然激素，或改变激素的自然产生。辐射、铬、镉、镍和钴等微量元素以及多环芳烃是常见的土壤污染物，具有遗传毒性和致突变作用。致畸剂引起的胎儿发育异常可表现为畸形、生长迟缓、神经发育受损、功能障碍，甚至胎儿产前死亡。具有致畸作用的土壤污染物有砷、氡及其衰变产物的电离辐射、有机汞化合物、多氯联苯、某些杀虫剂和工业溶剂。当接触污染物会对神经系统的结构或正常活动造成不利影响时，就会发生神经毒性。铅、汞和多氯联苯是具有神经毒性潜力的土壤污染物。癌症是目前人类极为严重的一种疾病。长期以来医学界对其成因做了各种各样的探索。据报道，土壤砷暴露与结肠癌、胃癌、肾癌、肺癌和鼻咽癌死亡率显著相关，土壤镍暴露与肝癌和肺癌显著相关。土壤砷和镍暴露与结肠癌、胃癌、肾癌和肝癌的相关性男性高于女性。

接触过量的微量元素会对人体健康产生很大风险。一些微量元素，包括必需和非必需元素，已被证明在高浓度时会产生毒性作用，并可能导致不同的疾病，从血管疾病到神经和发育缺陷。用受砷污染的地下水灌溉农业土壤是一种重要的暴露途径，因为砷会从土壤中滞留并长期转移到作物中。砷可能参与 DNA 甲基化和癌症预防，但是长期接触砷会导致皮肤损伤，例如色素沉着过度、角化病和溃疡、呼吸系统问题、心血管疾病、神经和发育改变、血液学和免疫学疾病，生殖并发症和癌症。镉是与健康问题相关的主要食源性污染物之一，主要蓄积在肝脏和肾脏中，并长期存在于人体内，可引起肾脏损害、肾小管功能障碍、肺气肿和疼痛疾病，通过镉替代骨骼中的钙而导致骨质疏松症和骨骼结构磨损。最著名的案例之一是摄入被污染土壤中镉污染的食物在日本引起的"痛痛病"。铬可以气溶胶的形式从受污染的土壤中释放出来，从而导致肺癌。铜是参与氧化还原酶形成和铁代谢的必需元素，接触铜会对胎儿和新生儿造成更高的风险，过量的铜会促进活性氧的形成，导致酶失活、肠胃不适、肝坏死。铅是世界上分布较广的土壤污染物之一，不能被微生物降解，对植物和土壤生物具有剧毒，铅接触会造成脑损伤，导致智力障碍，全世界都有严重的铅中毒病例报道，每年约有 100 万人死于铅中毒。汞是分布极其广泛，自人类新石器时代开始以来，它就已被提取和实际使用，并具有显著的全球流动性。汞对人类健康有许多的影响，包括心血管、生殖和发育毒性、神经毒性、肾毒性、免疫毒性和致癌性，因此被世卫组织认为是引起健康关注的十大污染物之一。人类接触汞的主要形式是甲基汞的有机形式，甲基汞是一种强效神经毒素，很容易被胃肠道吸收。锌污染存在于矿区附近或冶金工业活动发生地附近的土壤中。火山活动、森林火灾和沙尘暴也是锌污染的重要来源。锌在土壤中具有很高的移动性和相对生物利用度。土壤中锌浓度升高会对土壤生物产生植物毒性和生态毒性影响，从而产生生理和生化变化，阻止吸收，限制进入食物链。因此，锌中毒虽然是环境污染的一个重要考虑因素，但在人类中很少见。

接触浓度和毒性较低的无机污染物会对人体健康产生影响。氮是所有生物体的必需元素，氮以有机氮、铵、亚硝酸盐和硝酸盐等多种形式存在于土壤中。摄入绿叶蔬菜是人类接触硝酸盐的主要途径，占硝酸盐摄入量的 60% ~ 80%。与氮污染相关的主要健康影响是由摄入硝酸盐污染的水引起的高铁血红蛋白血症。摄入的硝酸盐被口腔和胃部细菌转化为亚硝酸盐和一氧化氮，在酸性胃中也可转化为亚硝胺，这被认为是致癌的原因。磷也是生物体必需的常量营养素，是土壤中作物生长的第二大限制因素。磷在土壤中相对不易移动，但过度施肥会导致磷浸出并通过径流输送到水体，从而导致水体富营养化。此外，土壤中磷酸盐被植物吸收并积累在可食用部分。人体摄入的磷中约有 98% 通过粪便和尿液排出，但会对心血管系统产生重要的健康影响。氡是世界各地土壤中最常见的天然放射性核素，在土壤中具有高度流动性，并在室内环境空气中积累，氡对人类具有强致癌性。天然存在的铀几乎存在于所有母岩和土壤中，但铀可能因施肥、核电设施、核事故和采矿作业而意外释放到环境中，植物可以从受污染的土壤中吸收铀，铀会影响人体器官和组织，肾脏是受铀影响的主要器官，铀在肾脏中积累并通过尿液缓慢排出体外，导致肾小管发生变化，铀还对人体细胞产生遗传毒性作用，甚至可能影响出生性别比。石棉是具有高抗张强度、高挠性、耐化学和热侵蚀、电绝缘和具有可纺性的硅酸盐类矿物产品。石棉导致了大约一半的职业性癌症死亡和80%的间皮瘤病例，居住在天然石棉沉积物附近的人们，应避免接触可能被石棉污染的土壤。

　　有机污染物通常以低浓度存在于环境中，并且许多污染物会在环境中持续存在数十年或数百年。人类通过吸入、皮肤接触和摄入受污染的食物或受污染的土壤颗粒暴露于有机污染物。接触有机污染物与癌症、神经系统疾病和自身免疫性疾病等慢性病有关。多环芳烃（PAHs）是普遍存在的污染物，被归类为致癌物质，吸入、摄入或皮肤接触受PAHs污染的土壤颗粒是常见的与土壤相关的暴露途径，农作物也可以吸收和富集污染土壤中的PAHs，这是PAHs暴露的重要途径。PAHs具有高度亲脂性，可从肺、肠道和皮肤吸收，引起呼吸道（肺癌）、心血管和免疫系统疾病，PAHs还可以通过影响胎儿神经发育的胎盘屏障。挥发性有机化合物（VOCs）是亲脂性的，可以迅速被呼吸系统和消化系统吸收，但很容易被代谢掉，在人体中的持久性很短。苯被归类为致癌物，而乙苯被认为可能对人类致癌；甲苯和二甲苯不致癌，长期接触苯会导致骨髓细胞减少，最终会诱发再生障碍性贫血和白血病的发展。苯系物的神经毒性作用也已在实验动物和人类身上观察到，会产生头痛、头晕、注意力不集中、麻木、视力模糊等症状。酚类化合物很容易被皮肤、呼吸道和胃肠道吸收，一旦进入体内，就会在肝脏、肠道和肾脏中代谢降解，从而导致形成更具反应性的代谢物质。这些代谢产物与DNA损伤、某些蛋白质的破坏和电子传输机制的破坏有关。苯酚是一种强效的神经毒素，在土壤中相对易移动并且半衰期只有几天，但直接摄入浓度为1 g的苯酚会致命，人类接触苯酚污染土壤的概率很低，主要风险来自接触受污染的植物芽。接触杀虫剂对健康影响的研究主要涉及职业接触或自我中毒，科学证据表明接触农药与癌症、哮喘、过敏和发育障碍等慢性病之间存在关联。药品和个人护理产品（PPCP）具有潜在的生物蓄积性和毒性行为，被视为持久性、生物蓄积性和毒性污染物。与土壤相关的PPCP对人类的暴露主要是通过摄入受污染土壤上种植的受污染食物，废水处理厂无法消除所有PPCP及其衍生物的残留物，这些残留物随灌溉废水或通过将污水污泥用作土壤改良剂而释放到农业土壤中，一旦进入土壤，PPCP就会被植物吸收并进入食物链。

　　近年来，塑料由于在环境中无处不在而受到越来越多的关注，科学家们在所有环境中甚至偏远地区都检测到了塑料颗粒（微塑料和纳米塑料）。微粒塑料和纳米塑料通过植物吸收或被土壤生物体摄入，并从土壤向食物链的转移。塑料在陆地食物链中的生物积累和生物放大作用的证据表明，塑料也会在人体中积累，导致氧化应激、炎症、严重的免疫反应。邻苯二甲酸盐和其他增塑剂也广泛存在于所有环境介质中，它们用于多种日常用品，并提供可塑性、柔韧性或更高的固定性。邻苯二甲酸酯对人类健康的影响尚未完全阐明，目前研究证明邻苯二甲酸酯是内分泌干扰物和致畸物，对生殖系统和胚胎发育有诱变作用，增加患糖尿病和其他代谢紊乱的风险。

（三）土壤污染的社会经济影响

　　土壤受到污染后可通过口腔、呼吸道及皮肤等多种途径危害健康。挥发性污染物可从污染土壤中释放到室内外的空气中，进入人体呼吸系统。土壤污染和地下水联系密切，污染物可在重力和雨水的作用下向下迁移至地下水，造成更大范围的影响。土壤污染还可通过农作物进入食物链而影响人类健康。土壤污染事件由于其危害极其严重，波及的人数广，且土壤修复在资金和技术上面临的巨大难度，引起舆论的大讨论，给社会造成了很大负面影响。最容易受到土壤污染健康影响的人群是胎儿、儿童和孕妇。1955—1972 年，日本富山县神通川流域发生土壤和水体镉污染公害事件，受镉污染毒害人群终日喊痛不止，即"痛痛病"的由来。造成此次危害的主要原因是锌、铅冶炼工厂排放出含镉废水，使神通川流域水体受到污染。两岸居民用河水灌溉农田，使得稻米含镉，居民食用含镉稻米和饮用含镉水而中毒。美国拉夫运河曾发生过典型的土壤污染事件，20 世纪中叶，美国胡克化学公司向废弃的拉夫运河河道倾倒了 2 万多吨未经处理的有害化学物质。1954 年，当地政府在该填埋地上建造了第99 街学校。几年后，肝病、哮喘、癫痫、免疫系统紊乱、出生缺陷和异常等病症在该地人群中频频发生，而且居住在此地附近的妇女流产率也明显偏高。拉夫运河事件对当地居民的生命健康与安全构成了严重威胁，民众为了捍卫自身权益不断进行抗争，促使美国国会于 1980年 12 月 11 日通过了《超级基金法》，推动了美国危险废弃物场地（棕地）的污染治理，大大降低了环境风险。在国内，也发生过多起土壤污染事件。如 2009 年湖南浏阳镉中毒事件，500多人重金属含量超标，造成多人中毒身亡，工厂周边范围土壤污染十分严重。2016 年常州毒地事件，江苏常州外国语学校近 500 名学生被检查出血液指标异常、白细胞减少等症状，个别学生被查出淋巴癌、白血病等恶性疾病。经调查发现此次事件的罪魁祸首被指向该学校北边的一家化工厂旧址，而该地块地下水和土壤中的氯苯浓度分别超标达 94 799 倍和 78 899 倍。常州外国语学校的建校地址与重度污染土地仅一路之隔，在该污染土地之上曾经是 3 座大型化工厂，曾生产高毒的农药产品，且将有毒废水直接排出厂外，并将危险废旧物品掩埋地下。这些土地污染事件都引起了广泛的社会关注。

土壤污染具有直接的修复和管理成本，其造成的可量化经济损失包括土壤生产力损失和作物减产、食品污染和市场销售损失、生物多样性减少以及水质下降。土壤污染会降低作物产量，并污染粮食作物超过监管阈值，使这些产品不适合市场销售，从而影响农业经济和农民收入。据报道，土壤污染造成 15% ~ 25% 的农业生产力损失。在中国，由于生产力损失和食品污染，土壤污染每年造成价值约 200 亿元的经济损失。严重的土壤污染导致土地退化，无法将土地用于生产、居住等用途，最终导致土地废弃和相邻土地价格贬值。土壤生物多样性也受到土壤污染的威胁，生物多样性在粮食生产中起着关键作用，从授粉到害虫控制和改善植物生长。有益天敌的丧失最终会导致虫害的发生率增加，农民将越来越依赖杀虫剂来减轻虫害发生率增加产生的影响，杀虫剂过量使种植的经济成本增加，同时与杀虫剂有关患病概率也会提高。土壤污染导致水质下降，径流造成的营养物浸出导致地下水污染、湖泊和海洋富营养化，80% 以上的海洋污染是由陆地活动和土壤污染造成的。以英国农业部门为例，每年为满足饮用水标准而去除土壤污染物（硝酸盐、磷酸盐、杀虫剂和病原体）和恢复受富营养化影响的水道的生态的成本达 3.15 亿美元。

土壤污染相关疾病的经济成本和人类生产力的损失往往被忽视，主要是由于土壤污染引起的疾病是慢性的，需要多年的昂贵治疗，导致劳动力和生产能力减少或丧失。很难精确计算与土壤污染相关的疾病的总成本，因为需要考虑多个方面，包括直接医疗成本、与健康相关的间接成本，例如因学校或工作而损失的时间、经济生产力和生产下降过早死亡造成的损失。土壤污染的所有这些外部因素都会产生经济影响，但在估算土壤或环境污染的成本时，很少考虑这些间接成本。据报道，在中低收入和低收入国家，与污染相关的疾病造成的生产力损失可能分别占 GDP 的 0.6%～0.8%和 1.3%～1.9%；在中高收入和高收入国家，与污染相关的疾病每年可能造成数十亿美元的损失。

任务三　土壤污染防治的内容与任务

一、土壤中污染物的迁移转化

土壤污染不同于大气污染和水体污染，污染物在大气和水体中，一般都比在土壤中更容易迁移，而土壤中污染物质不易扩散和稀释，在土壤中不断积累而超标，同时也使土壤污染具有很强的地域性。因此，研究污染物质在土壤介质中的迁移行为和机理对土壤污染防治具有重要意义。

（一）土壤中重金属污染物的迁移及形态转化规律

土壤中的重金属迁移过程具有多变性，不仅可以从水平方面向平面迁移，还可以从竖直方向向上下实施迁移。重金属会在受到外界的影响时产生形态上的改变，比如在受到外界的物理、生物还有化学方面的影响时，改变了形态，随着这些各个方面的运动更容易从自然界的土壤中向其他介质运动和迁移。而且由于重金属污染物在从自身的土壤向其他介质实施形态迁移的同时，会被自身土壤中所携带的溶液所影响，使这些重金属污染物在土壤中发生了形态上的转化。土壤中的重金属污染物主要就是通过物理、化学和微生物等一个或者几个相互作用的情况下进行形态上的迁移转化。

土壤中重金属污染物主要迁移方式有两种：一是物理迁移，即土壤中重金属元素在受到土壤自身溶液的作用下，会在土壤中发生水平方向或者垂直方向上的迁移运动。重金属污染物的水平迁移会让重金属元素向周围不断的扩散，土壤被污染的面积越来越大。竖直迁移运动有向上和向下两个方向，向上是由于风力或者人为活动，土壤的表层被带起浮向空气当中，被重金属污染的大气进行活动的过程中带向周围，被周围的土壤胶质再次吸附，造成周围环境被重金属污染。向下迁移会深入地下的深层土壤和地下水流当中，对更深的土壤造成重金属的污染。二是化学迁移，即土壤中的重金属以不同的形式存在，其形态大体上可分为在液相物质中的形态和在固相物质中的形态。在重金属中难溶电解质的作用下，会使土壤固相和液相之间形成多相平衡的稳定状态。但是，如果土壤溶液中的 pH 等发生变化，则会打破重金属在土壤中的这种平衡，这时土壤当中的重金属元素就会实施迁移以及形态的转化。土壤中的有机物质和土壤胶体也会对重金属污染物的迁移产生影响，电解质的这种平衡状态被破坏，重金属污染物的迁移过程也会被破坏，它的存在形态也会产生变化。三是生物迁移，即土壤属于一个生态环境，土壤和周围的动植物以及大量的微生物组成了完整的一个体系，在这个体系中的生物影响下，土壤中的重金属污染物进行迁移，实现形态的转化。生物可以吸收各自特定的重金属元素，将重金属污染物有效地吸收并且改变它们的化学形态，在这个过程中，土壤中的重金属污染物进行了迁移并发生了形态的转变。因为土壤所属的生物体系非常庞大，这些生物给土壤中重金属污染物所带来的迁移也是极为复杂的。土壤中的重金属污染通过生物的固化作用而减少。土壤中的重金属元素以不同的形态存在，而这些不同的形态特征变化则又决定其在土壤中毒性的高低变化。土壤中重金属元素的形态特征差异不仅会产生众多不同的环境效应，同时也会影响其在土壤中的迁移能力变化以及其在土壤中和其他环境发生直接交换的能力。土壤中重金属元素的活跃程度一方面取决于其在土壤中的总含量，更重要的一方面则是其形态特征分布所起到的作用。只有在有效态的存在状态下，重金属元素才能在周围土壤以及土壤与生物间发生迁移转化。而重金属元素在污染土壤与植物根系土壤间形态的变化，也是其影响重金属元素在土壤植物间迁移转化的重要因素。

（二）土壤有机污染物的迁移及形态转化规律

有机污染物在土壤中迁移转化问题实质上是水动力弥散问题。溶质运移的基本理论——水动力弥散理论很好地解释了这一问题。水动力弥散是由于质点的热动力作用和因流体对溶质分子造成的机械混合作用而产生的，即溶质在孔隙介质中的分子扩散和对流弥散共同作用的结果。由于孔隙系统的存在，使得流体的微观速度在孔隙的分布上无论其大小还是方向都不均一。这主要有三方面的原因：一是流体的黏滞性使得孔隙通道轴处的流速大，而靠近通道壁处的流速小；二是由于通道口径大小不均一，引起通道轴的最大流速之间的差异；三是由于固体颗粒的切割阻挡。有机污染物进入地下水系统要经过几个阶段：通过包气带的渗漏；由包气带进一步向包水带扩散；进入包水带中污染地下水。有机污染物进入包气带中使土壤饱和后在重力作用下向潜水面垂直运移。在向下运移的过程中一部分滞留在土壤的孔隙中，对土壤也构成了污染。有机污染物通过包气带运移时、在低渗透率地层上易发生侧向扩散。而在渗透率较高的地层中原油会在重力作用下垂直向下运移至毛细带顶部。到达毛细带的原油在毛细力、重力作用下发生侧向及垂向运移，在毛细带区形成一个污染界面，部分有机污染物进含水层对地下水构成污染。

包气带和含水层介质中含有大量的有机质、矿物、胶体和微生物，为有机污染物的吸附、降解和溶解等一系列生物化学过程的发生提供了良好的基础条件。有机污染物大部分为疏水性有机化合物，水溶性较低，易于分配到土壤中。另外，吸附过程可以通过降低非水相液体在土壤中的流动性从而对有机污染物的挥发、溶解和生物降解等过程产生影响。因此，吸附过程是决定有机污染物在土壤中行为的关键因素之一，确定有机污染物在地下环境中的吸附行为特征，有助于明确有机污染物在地下环境中多相迁移转化机制。有机污染物在多孔介质中的吸附过程可以分为两类，一种是表面吸附，主要是由于土壤中的无机矿物组分造成的，可分为通过分子间作用力进行的物理吸附（可逆的）和通过化学键进行结合的化学吸附（不可逆的）。表面吸附过程与介质表面的特征（如比表面积和表面结构等）密切相关。另一种吸附机制为分配作用，指在土壤和有机污染物溶液体系中，因为有机污染物在土壤有机质和水中存在着不同的亲和力，使得有机污染物更多地从水中分配至土壤有机质中，导致水中的有机污染物浓度降低，土壤有机质中的有机污染物浓度升高的过程。研究表明，土壤中有机污染物的吸附是一个非常复杂的过程，直接或间接地受到吸附剂的介质特征（粒度分布、无机矿物组成和有机质含量等理化性质）、吸附质的性质（浓度、pH 和离子强度等）和环境条件（温度等）等条件影响。有机质在有机污染物的吸附过程中起到非常重要的作用，有机质含量越大，疏水吸附位点越多，越有利于其在土壤上的分配。无机矿物吸附有机污染物的过程主要受到表面积和粒径的影响，当无机矿物的比表面积越大或粒径越小时，矿物表面的吸附位点增加，有机污染物的吸附越强。有机污染物的性质（如密度、黏度和溶解度等）影响着其吸附性和迁移性。

由于有机污染的成分复杂，在土壤-水体系中，往往存在着两种或两种以上的有机污染物，单一污染物吸附行为常常受到其他污染物吸附行为的影响，即混合污染物之间存在竞争吸附效应。竞争吸附既可以通过点位竞争，也可以通过分配作用产生，而这两种吸附作用往往与有机污染物的性质密切相关。

挥发行为是在有机污染物与气体接触时从液相或非水相液体相到气相的传质过程，主要发生在非饱和带。由于有机污染物大多溶解性低，黏滞性高，迁移能力较弱，大部分都被土壤所截留，聚集在包气带上部土壤内，为有机污染物特别是挥发性有机污染物（VOCs）的挥发传质过程提供便利的条件。挥发产生的气相有机污染物一部分向下扩散进入更深层，另一部分则向上扩散进入空气。相比于液相和非水相液相来说，气相污染物更容易在包气带迁移，从而对生态环境和人体健康造成危害。有机污染物挥发速率的快慢受到其本身性质的影响，包括热力学状态和物理性质（水中溶解度、蒸气压、亨利定律常数和扩散系数等），如苯系物（苯、甲苯、二甲苯和乙基苯）的分子量小，水气分配系数大，挥发相对较快。同时，挥发过程还受到温度、风速、介质颗粒大小、有机质含量和含水率等因素的影响。

溶解是指有机污染物受到浓度差的驱动由非水相液体相或气相分配到液相的传质过程，在包气带和含水层均有可能发生。初期污染物的溶解浓度接近饱和溶解度，后期逐渐降低，直至溶解完成。此外，有机污染物的溶解传质过程受到地下水流速、介质的特征、流体的性质及污染物的饱和度分布等因素影响，外界因素如地下水位波动和温度变化也会影响污染物的溶解过程，如地下水位波动会加速非水相液体相的溶解，导致高浓度的污染物随着地下水不断扩散。

二、土壤环境污染的监测与评价

（一）土壤污染环境的监测

中国土壤调查和监测最先始于对农用地的监测，早期的监测偏重土壤肥力的监测。为了解和掌握全国土壤情况，中国政府先后进行了多次土壤环境调查。20 世纪 50 年代、80 年代以及 2022 年，中国先后开展了 3 次全国土壤普查，主要是了解土壤肥力，为农业生产服务。土壤普查对于摸清现有土地资源，特别是增加耕地生产潜力及促进农业发展，起到极大的推动作用。前两次土壤普查不仅查清了全国的土壤分布和土地资源，在土壤分类方面也初步建立了适合中国国情的土壤分类体系。

近年来，随着土壤污染的加剧，国家逐渐加强了对土壤环境保护的重视，各相关部门也相继开展了各自领域的土壤环境监测。其主要目的是通过多种方法测定土壤中的环境指标，掌握各地土壤环境质量状况。通过这些调查与监测还提高了对土壤污染的监控能力，同时也为改善土壤环境质量提供科学和有效的基础数据。

1. 第一次全国土壤普查

在针对土地开发利用、流域规划、水土保持等开展局部地区土壤调查的基础上，从 1958 年开始，中国政府开展了第一次全国土壤普查，历时 3 年。普查以全国的耕地为主要调查对象，以了解土壤肥力、指导农业生产为目的，完成了除西藏、台湾、香港和澳门以外的耕地土壤调查，总结了农民鉴别、利用、改良土壤的实践经验，编制了"四图一志"，即 1∶250 万全国农业土壤图、1∶400 万全国土壤肥力概图、全国土壤改良概图、全国土地利用现状概图及农业土壤志，为合理利用土地提供了大量的土壤资料。此次全国性的土壤综合调查，奠定了中国土壤地理学的发展基础。由于第一次土壤普查的调查范围和内容较窄，对耕地以外的林地、牧地、荒地土壤调查甚少，受当时历史条件所限，调查结果没能很好利用，亟须在此基础上继续开展土壤普查，促进农林牧业发展。

2. 第二次全国土壤普查

1979 年，中国开展第二次全国土壤普查，专门成立了全国土壤普查办公室，由农业、财政、测绘等有关部门与土壤科研单位等共同组成，办公室设在农业部，具体工作由当时的农业部土地利用局、中国科学院南京土壤研究所、中国农业科学院土壤肥料研究所及有关单位共同牵头负责，还聘请国内百余位著名土壤学专家组成全国和 6 个大区的土壤普查技术顾问组，负责制订规范、技术把关，推动第二次全国土壤普查工作的开展。普查工作从当时最基层的乡做起，逐级汇总成县、地、省级土壤报告与图件。各省分别完成分省土壤专著与系列分省图件，最后汇总成《中国土壤与土壤资源》专著与 6 本分大区的《中国土种志》及 1∶100 万全国土壤图与 1∶400 万土壤系列图。上海市完成了 1∶2000 的土壤详图，江苏省完成了 1∶5000 详图等。全国 2600 个县级单位大都已印刷出版了各县的土壤报告与图件。据粗略统计，第二次全国土壤普查通过逐级汇总，已编制出土壤系列图件 14 000 余幅；土壤志、土种志、土壤肥料科技论文 3200 多篇，关于土壤资源的数据达 160 多项，共 2000 多万个。第二次全国土壤普查最明显的成效是测土施肥、配方施肥。利用普查所获得的土壤养分分析数据，在节约施肥量、增加农业产量 2 个方面均发挥了显著成效。普查的另一重要成果是积累了既注重质量、又注重数量的土壤资源数据值，建立了土壤数据库。利用第二次全国土壤普查数据，1992 年在汇总全国土壤普查资料与百万分之一全国土壤图的基础上，确立了 12 个土纲、27 个亚纲、61 个土类与 230 个亚类的土壤分类系统，为中国土壤分类奠定了坚实基础。此次普查采用新的大比例尺地形图和遥感、测试、微型电子计算机等调查制图和测试化验手段，取得了 6 个方面成果：一是科技成果丰硕；二是发展了全国土壤分类科学；三是土壤测试工作取得新进展；四是推动了科学施肥，为农业合理施肥提供了服务；五是普查成果广泛用于中低产田改良和基地建设等方面，推动了农业生产全面发展；六是建立了土壤肥力长期监测网点，丰富了土壤普查成果。

3. 第三次全国土壤普查

1979—2022 年，中国社会发生了天翻地覆的变化，全国粮食产量从 3.3 亿多吨上升到 6.8 亿多吨，还有增长幅度更大的蔬菜、瓜果、花卉等。与此同时，我们也正在承受着农业高速发展、农产品极大丰富的副作用，即土壤长期超负荷利用、肥力降低、土壤退化、部分区域水资源紧张等诸多问题显现。我国的园地、林地、草地等，也在 40 多年中发生了巨大的变化。

为此，2022 年，第三次全国土壤普查正式开始，计划于 2025 年完成普查并形成成果。整个普查预计覆盖 720 多万平方千米，布点 360 多万个，动员约 17 万人，历时 4 年。普查对象为全国耕地、园地、林地、草地等农用地和部分未利用地的土壤。其中，林地、草地重点调查与食物生产相关的土地，未利用地重点调查与可开垦耕地资源相关的土地，如盐碱地等。普查内容为土壤性状、类型、立地条件、利用状况等。其中，性状普查包括野外土壤表层样品采集、理化和生物性状指标分析化验等；类型普查包括对主要土壤类型的剖面挖掘观测、采样化验等；立地条件普查包括地形地貌、水文地质等；利用状况普查包括基础设施条件、植被类型等。此次普查将全面查明查清我国土壤类型及分布规律、土壤资源现状及变化趋势，真实准确掌握土壤质量、性状和利用状况等基础数据，提升土壤资源保护和利用水平，为守住耕地红线、优化农业生产布局、确保国家粮食安全奠定坚实基础，为加快农业农村现代化、全面推进乡村振兴、促进生态文明建设提供有力支撑。

4. 全国土壤污染状况调查

近年来，中国先后实施了区域土壤污染调查、耕地地力调查与评价、农用地分等定级、地质元素调查、农田土壤养分状况调查等，对了解不同时期土壤肥力与环境质量状况发挥了作用。2006 年，中国启动全国土壤污染状况调查，调查范围覆盖除台湾和港澳地区外的各省（自治区、直辖市）所辖全部陆地国土。此次调查开展了 5 项工作：一是开展全国土壤环境质量状况调查与评价；二是开展全国土壤背景点环境质量调查与对比分析；三是开展重点区域土壤污染风险评估与安全性划分；四是开展污染土壤修复与综合治理试点；五是开展土壤环境质量监督管理体系建设。其中，工作重点是土壤环境质量状况调查（重点区域是基本农田保护区和粮食主产区）、重点区域土壤污染状况调查（长三角、珠三角、环渤海湾地区、东北老工业基地、成都平原、渭河平原以及主要矿产资源型城市）以及土壤环境质量监督管理体系建设（重点是形成土壤环境监测能力，拟定土壤污染防治法草案）。土壤环境质量调查专题确定了 22 个必测项目，16 个选测项目；土壤典型剖面背景点对比调查确定了 20 个必测项目，土壤主剖面背景点对比调查确定的必测项目包括 61 个元素全量、13 种元素的有效态、4 类有机污染物和部分土壤理化性质指标；典型区土壤污染调查确定的必测项目有 22 个，选测项目有近 70 个。此次调查发现，全国土壤环境状况总体不容乐观，部分地区土壤污染较重，耕地土壤环境质量堪忧，工矿业废弃地土壤环境问题突出。工矿业、农业等人为活动以及土壤环境背景值高是造成土壤污染或超标的主要原因。全国土壤总的超标率为 16.1%，其中轻微、轻度、中度和重度污染点位比例分别为 11.2%、2.3%、1.5% 和 1.1%。污染类型以无机型为主，有机型次之，复合型污染比重较小，无机污染物超标点位数占全部超标点位的 82.8%。从污染分布情况看，南方土壤污染重于北方；长江三角洲、珠江三角洲、东北老工业基地等部分区域土壤污染问题较为突出，西南、中南地区土壤重金属超标范围较大；镉、汞、砷、铅 4 种无机污染物含量分布呈现从西北到东南、从东北到西南方向逐渐升高的态势。

这次调查是全国首次组织开展的大规模和系统性土壤环境质量综合调查，历时 6 年，基本查明了全国土壤环境质量现状，基本掌握了中国土壤环境质量变化趋势，基本查清了主要类型污染场地和周边土壤环境特征及其风险程度，建立了全国各种土地利用类型的土壤样品库和调查数据库，对保护和改善土壤环境质量，保障农产品质量安全和人体健康，合理利用和保护土地资源，促进经济社会可持续发展具有重要意义。同时，全国环境监测系统的土壤环境监测能力得到了很大提高，为土壤环境例行监测和深入开展土壤污染防治奠定了基础。

5. 全国土壤污染状况详查

全国土壤污染状况详查是根据《土壤污染防治行动计划》的要求，经国务院批准，由生态环境部、财政部、自然资源部、农业农村部和卫生健康委共同组织开展的。包括农地土壤污染状况详查和重点行业企业用地土壤污染状况调查两部分。于 2017 年 7 月启动，历时 4 年完成。农地详查结果表明，我国农用地土壤污染状况总体稳定，但是一些地区土壤重金属污染仍比较突出。超筛选值耕地安全利用和严格管控的任务依然艰巨。重点行业企业用地调查表明，我国有色金属矿采选、有色金属冶炼、石油开采、石油加工、化工、焦化、电镀、制革等重点行业企业用地土壤污染隐患不容忽视。部分企业地块土壤和地下水污染严重。

总体来看，目前国家对土壤环境监测的需求不断增强，全国土壤环境监测工作不断推进，土壤环境监管能力不断提高。

（二）土壤环境质量评价

土壤环境质量评价是指根据不同的目的和要求，按一定的原则和方法，对一定区域内的土壤环境质量进行单项或综合的客观评价和分级。包括现状评价和预测评价。土壤环境质量的现状评价是要对土壤环境的现状做出定量或半定量的评价，包括化学物质的累积性评价和污染评价。土壤环境质量的预测评价是对未来土壤环境质量变化的预测。土壤环境质量调查与评价是为了掌握土壤环境质量总体状况，阐明土壤污染的特征，为建立土壤环境质量监督管理体系，保护和合理利用土地资源，防治土壤污染提供基础数据和信息。通常由以下几个步骤组成：① 调查区信息数据整理；② 统计单元划分；③ 数据的统计处理；④ 根据土壤环境质量评价标准进行评价；⑤ 对评价结果进行汇总与集成。土壤环境质量评价涉及评价因子、评价标准和评价模式。评价因子数量与项目类型取决于监测的目的和现实的经济和技术条件。评价标准常采用国家土壤环境质量标准、区域土壤背景值或部门（专业）土壤质量标准。评价模式常用指数法或与其有关的评价方法。

土壤环境质量的研究涉及面广、综合性强、难度大。包括：① 土壤环境的和影响评价类型、组成、结构，物理、化学和生物学特性，环境地球化学背景与化学元素背景值，土壤环境功能——自净、生产、自我调节性能、环境容量；② 影响土壤环境的外部环境因素，如自然环境因素（气候、植物、地形、母岩与母质、水文），社会经济环境因素（人口、农业生产水平、结构与布局，三废物质的排放与处理、土地利用、作物种植制度、灌溉、施肥以及农药的施用）；③ 土壤污染和生态状况：土壤污染源、污染途径、污染物的种类与数量，土壤污染的程度、范围、生态效应与环境效应，土壤生态系统的变化，土壤退化类型及其退化程度。其中既有在自然环境因素影响下形成的土壤环境的相对稳定的物质组成、结构以及元素背景值，环境容量，净化和生产功能，生态系统自我调节和抗逆特性；也有在人为活动影响下发生的土壤环境污染和生态状况的变化，后者在土壤环境质量变化中起主要作用。

土壤环境质量评价偏重土壤污染评价。如何建立既能客观反映土壤环境质量本质及其水平，同时也反映土壤污染和土壤生态状况的全面、系统的综合评价的研究尤其重要。目前，相关的标准已通过生态环境部门颁布，如《建设用地土壤污染风险评估技术导则》（HJ 25.3—2019）代替 HJ 25.3—2014，《土壤环境质量农用地土壤污染风险管控标准（试行）》（GB 15618—2018）

代替 GB 15618—1995，《土壤环境质量建设用地土壤污染风险管控标准（试行）》（GB 36600—2018）等。

三、土壤污染修复技术与应用

污染土壤修复是指利用物理、化学或生物的方法，转移、吸收、降解和转化土壤中的污染物，使其浓度降低到可接受的水平，或将有毒有害污染物转化为无害物质的过程。目前国外常用的修复技术主要包括物理化学修复技术——土壤淋洗技术、玻璃化技术、固化和稳定化技术，生物修复技术——植物稳定技术、植物刺激技术、植物转化技术、植物过滤技术、植物萃取技术和微生物修复技术。

（一）土壤污染物理修复技术

物理修复分离技术是土壤污染修复中经常使用的技术，在其发展建设过程中，更适合对小范围的土壤污染进行修复治理。在其应用过程中，主要完成土壤中沉积物污染、废渣污染的分离，根据土壤中污染物的主要特征进行污染物的修复处理，确保土壤污染物分离处理更加有效。例如，针对土壤中污染物的粒径不同，使用合理的污染物处理方法；针对污染物密度、大小不同可以选择应用沉淀和离心分离技术。依据表面特性采用浮选法进行分离等。多数物理分离修复技术都有设备简单，费用低廉，可持续高产等优点，但是在具体分离过程中，要考虑技术的可行性和各种因素的影响。

土壤污染蒸气浸提修复技术是指利用物理方法通过降低土壤孔隙的蒸气压，把土壤中的污染物转化为蒸气形式而加以去除的技术，又可分为原位土壤蒸气浸提技术、异位土壤蒸气浸提技术和多相浸提技术。土壤污染进行有机物的污染控制过程中，更能够实现对土壤污染物的有效分离处理，确保其发展建设更加合理，在土壤污染物分离中，应该落实好土壤污染的有效管控分析，在土壤污染物分析中，采用多相浸堤技术可以实现对土壤中油类物质、多环芳烃物质、二噁英物质的有效控制。在土壤污染修复过程中，选择应用蒸气浸提修复技术具有操作性强，操作效果好的特点。但是，如果是低渗透性和高地下水位的土壤进行治理中，选择采用蒸气浸提修复技术效果不佳。

热处理修复技术是一种常见的物理土壤污染修复技术，在修复技术应用过程中，热处理修复技术是通过直接或者间接的热交换原理，完成对污染介质的有效控制。热处理修复技术在应用过程中，主要是对土壤中的有机物污染物进行加热处理，一般情况下将土壤污染物加热到 $150 \sim 540\,°C$ 时，能够对土壤中污染物进行有效处理，高温能够对土壤中部分微生物以及病毒进行清除，从而减少土壤中的有害污染物质，起到净化土壤的作用。

（二）土壤污染化学修复技术

化学修复技术是根据土壤中污染物的化学性质，采用适宜的化学药剂与污染物进行反应，使其降解或者转化为低污染的物质。土壤修复中应用的化学技术较多，目前常见的有氧化还原技术、化学脱卤法、淋溶法和改良剂修复技术等。

土壤污染物以重金属和有机物为主，因此可以采用氧化还原技术和化学脱卤法进行处理。淋溶法是利用化学淋洗液将土壤中的重金属转化为液相，然后对含有重金属的废水进行处理，该方法对重金属污染物有良好的处理效果。但是，淋溶法在去除重金属的同时，还会带走土壤中的其他营养物质，存在污染地下水的风险。改良剂修复技术是在土壤中投加改良剂，使其和污染物发生氧化还原反应，改变污染物形态，实现土壤中污染物的降解，恢复土壤生态功能。该技术的关键是选择经济、有效的土壤改良剂，目前应用较多的改良剂有石灰、沸石、磷酸盐和一些有机物。针对不同的污染土壤，可以选择一种或者多种改良剂进行修复。改良剂修复技术能够在较短时间内修复重金属污染土壤，但是并不彻底，需要辅助其他处理技术。

（三）土壤污染生物修复技术

生物修复技术的种类较多，常用的修复技术主要包括微生物修复技术、植物修复技术和动物修复技术。

微生物修复技术主要是利用土壤内的微生物吸收土壤中的污染物，再采用降解的方式将复杂的污染物转化成小分子有机物，从而达到土壤修复的目的。但在使用该技术时会受到很多因素的影响，包括温度、氧气等。由于土壤内会存在多种微生物，而每种微生物都会有一定的耐受范围，如果土壤内微生物种类较多，耐受范围会相应扩大，但如果土壤的环境超过微生物的耐受范围，微生物就会停止修复工作，从而影响土壤修复的质量。因此，在修复过程中，相关技术人员要控制周围的温度以及土壤内氧气的含量，以此保障土壤修复的质量。

植物修复土壤的过程比较复杂，在修复之前，工作人员要先提取植物的样本，并对提取到的植物进行检测，以此通过植物检测来分析土壤内污染物的成分以及土壤污染的情况。由于污染物在土壤中具有一定的流动性，采用植物修复技术能够降低污染物的流动性，还能清除掉土壤内的复杂有机物，以此来实现土壤修复的目的。

当前，我国土壤污染问题在个别地方还比较严重，应对土壤污染情况进行详细调查，并及时采取相应的治理措施，防止污染扩大。污染土壤修复的主要目的是去除土壤中的污染物，并恢复其原有的生态功能。随着环保力度的提升和环保意识的觉醒，我国土壤修复技术水平不断提高，但目前还存在很多需要解决的问题，土壤修复技术还有很大的提升空间，其研发需要从实际情况出发，兼顾土壤修复功能和修复成本等。此外，还要从环保制度、清洁生产方面入手，从源头减少土壤污染，科学使用土地资源，提升可持续发展能力。

内容提要

本模块主要介绍了土壤的基本组成，土壤性质和土壤环境的物质循环与能量转换，以及土壤无机污染物和有机污染物的种类与来源，土壤污染的原因及土壤污染防治的措施。

任务一　土壤的组成与性质

"土壤"一词在世界任何民族的语言中均可以找到。虽然不同学科的科学家对什么是土壤有着各自的观点和认知，但是土壤是孕育万物的摇篮，是地球生命之本，和没有水就没有生命一样，没有土壤也就没有生命，这是毋庸置疑的。土壤是地球陆地表面能生长植物的疏松表层。其厚度从数厘米至数米不等。由矿物质、有机质、水分、空气和土壤生物（包括微生物）等组成（图1-1）。成土母岩在一定水热条件和生物作用下，经过一系列物理、化学和生物化学的作用而发育形成土壤。它可不断给植物提供水分和养分，是人类从事农业生产活动的基础。自然环境和人类活动不断影响着土壤形成的方向和过程，同时也改变土壤的基本性质。

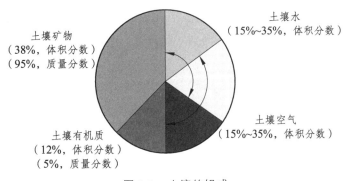

图 1-1　土壤的组成

关于土壤的定义，不同的学科的科学家解释不同：土壤学和农业科学家强调土壤是植物生长的介质，是地球陆地表面能生长绿色植物的疏松层，具有不间断、同时为植物生长提供并协调营养条件和环境条件的能力；工程专家将土壤看作建筑物的基础和工程材料的来源；生态学家认为土壤是地球系统中生物多样性最丰富、能量交换和物质循环最活跃的层面；环境科学工作者认为土壤是重要的环境要素，是具有吸附、分散、中和、降解环境污染物的缓冲带和过滤器。

　　根据不同学者的解释，对土壤的综合定义为：土壤是地球表面生物、气候、母质、地形、时间等因素综合作用下所形成的、可供植物生长的一种复杂的生物地球化学物质；与形成它的岩石和沉积物相比，具有独特的疏松多孔结构、化学和生物学特性；它是一个动态生态系统，为植物生长提供了机械支撑、水分、养分和空气条件；支持大部分微生物群体的活动，来完成生命物质的循环；维持着所有的陆地生态系统，其中通过供给粮食、纤维、水、建筑材料、建设和废物处理用地，来维持人类的生存发展；通过滤掉有毒的化学物质和病原生物体，来保护地下水的水质，并提供了废弃物的循环场所和途径或使其无害化。

　　土壤系统是自然的长期运动下自组织形成的开放有序的多层次系统。以矿物质（母材）为基础，在土壤微生物的作用下，分解有机物，进行缩合反应形成不易分解的大分子有机物（腐殖质），之后形成具有一定结构的基本系统——土壤粒子。随着不断循环运动，土壤也随着其目的性（不断向上发展）而形成更高级的有序系统——土壤系统。土壤中，固液气三相普遍存在各级子系统中，是土壤整体结构性的表现。可以通过三相比例对土壤划分出不同类型。影响三相的有系统内部的内因与环境的外因，系统和环境相对存在又相互制约。

　　不同地区的土壤类型不同，在湿润热带雨林、季雨林地区，主要为高度富铝风化、富含铁铝氧化物和三水铝矿的砖红壤。湿润亚热带常绿阔叶林下，形成多种类型的红壤、黄壤及向温带过渡的黄棕壤。半干旱热带、亚热带稀树草原景观地区为燥红土。干旱热带和亚热带为红色漠土。在广阔的湿润、半湿润温带和温带森林地区，主要为具有硅铝风化特征和不同淋溶状况的暗棕壤、棕壤和褐土，以及由森林向草原过渡的灰色森林土。当土壤湿润状况从沿海向内陆逐渐变干，植物由灌丛草原逐步过渡为草甸草原和干草原，土壤也随之由黑土、黑钙土向栗钙土过渡。极端干旱的温带荒漠地区，为多种类型的漠土，如棕漠土、灰棕漠土和灰漠土。由荒漠向草原过渡的地区，为具半漠土特征的棕钙土和灰钙土。寒温带湿润针叶林下，可见具有不同灰化特征的灰化土。寒冷、低温的极地及其边缘地区，形成苔原土和极地漠土。在高寒的高山冰川边缘，为寒漠土。与上述地带性土壤共存的还有多种类型的草甸土（潮土）、沼泽土、盐碱土、风沙土、石灰（岩）土、火山灰土、水稻土等。

一、土壤的基本组成

　　地表环境的圈层及其相互关系十分复杂，土壤圈处在大气圈、水圈、岩石圈以及生物圈的中心地带和枢纽环境。通过岩石风化、径流和渗漏、土壤水分以及大气沉降等方式相互作用（图 1-2）。

　　土壤圈是人类赖以生存与发展的重要资源与生态环境条件，是在地球演化特别是地表圈层系统形成的历史过程中，继原始岩石圈、大气圈、水圈和生物圈之后，最后出现和形成的独立自然层。土壤圈处于上述圈层的交接面上，是地球各圈层与生物圈共同作用的结果。由于土壤圈的特殊空间位置，从而使其成为地球表层系统中物质与能量交换、迁移转化最为复杂、频繁和活跃的场所；同时又是自然界中有机界与无机界相互连接的纽带、陆地生态系统的基础。土壤与依赖于它生存的动植物息息相关，因此，它在维持生物圈的生命过程和生物多样性、全球变化以及人类社会的可持续发展中扮演着重要而独特的角色。

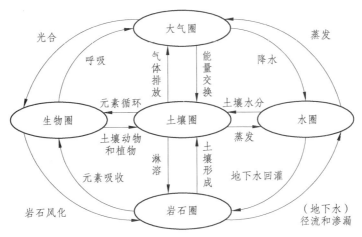

图 1-2　连接土壤圈和大气生物圈水圈岩石圈的互作过程

（一）土壤矿物质

土壤中的固体部分由许多大小不同的颗粒组成。这些颗粒主要是岩石风化的产物，其物质组成 95% 以上都是矿物质，是构成土壤的骨架和植物养分的重要来源。土壤矿物质包括原生矿物、次生矿物以及一些分解彻底的简单的无机化合物。

原生矿物是指地壳上经过物理风化而未改变化学组成和结晶结构的一些原始成岩矿物。一般土壤中原生矿物按含量多少排序主要有：石英、长石、云母、角闪石和辉石等，其中石英最难分解，常成为较粗的颗粒遗留在土壤中，构成土壤的砂粒部分。黑云母、角闪石、辉石等则容易风化成土壤的黏粒部分。

次生矿物是指原生矿物经风化和成土作用后，逐渐改变其形态、性质和成分而重新形成的一类矿物，包括各种次生层状硅铝酸盐（如高岭石、蒙脱石、伊利石等）和含水的硅、铁、铝等氧化物类。它们在土壤中均以黏粒形式存在，一般粒径小于 5 μm，具有胶体性质，是土体中最活跃的部分。次生黏土矿物具有明显的地带性分布规律，它们是在特定的气候、生物和母质等条件下形成的，比较稳定。人类的耕作、施肥等生产活动对次生黏土矿物也有一定的影响。

我国南方高温多雨，原生硅铝酸盐矿物风化比较彻底，土壤中以含高岭石和各种氧化铁、氧化铝为主，北方土壤中则以蒙脱石和伊利石较多。土壤矿物质的组成、结构和性质对土壤的物理性质（结构、水分、通气、热量和耕性等）、化学性质（吸附性、酸碱性、氧化还原性和缓冲性等）都有很大的影响。以高岭石为主的土壤其塑性、黏结性、黏着性和膨缩性都很弱，而以蒙脱石为主的土壤具有很强的可塑性、黏结性、黏着性和膨缩性，但其耕性较差。

（二）土壤有机质

土壤有机质广义的概念是指存在于土壤中的所有含碳的有机物质。它包括土壤中各种动物、植物残体，微生物及其分解和合成的各种有机物质。其狭义的概念是指有机物质残体经微生物作用形成的一类特殊的、复杂的、性质比较稳定的高分子有机化合物，即土壤腐殖质。

1. 土壤有机质的来源与组成

自然土壤的有机质主要来源于土壤中的动物、植物残体以及生活在土壤中的微生物和动物等。农业土壤的有机质主要来源于人类生产活动，包括施入土壤的各种有机肥料以及植物遗留的根茬、还田的秸秆和翻压的绿肥等有机物质。

进入土壤的有机质一般呈现三种状态：

（1）新鲜的有机质。是土壤中未分解的生物遗体。

（2）半分解有机残余物。是新鲜有机质经微生物的部分分解作用，已破坏了原始形态和结构。以上两者在一般土壤中占有机质总量的 10%～15%，是土壤有机质的基本组成部分和作物养分的基本来源，也是形成土壤腐殖质的原料。

（3）腐殖质。是有机质经过微生物分解和再合成的一种褐色或暗褐色的大分子胶体物质，它与矿物质土粒紧密结合，是有机质的主要成分，占土壤有机质总量的 85%～90%。土壤腐殖质的主要成分为胡敏酸和富里酸，其化学组成元素主要是碳、氢、氧、氮、硫等，含有羟基（—OH）、羧基（—COOH）、氨基（—NH_2）等多种功能团。腐殖质分子具有两性胶体的特性，在通常的土壤 pH 条件下，腐殖质分子带负电，因而可吸附土壤中的盐基离子，腐殖质具有较大的阳离子代换量。胡敏酸的分子量、缩合程度及交换量均比富里酸高，且酸性较小，易凝聚，可增强土壤的吸收性能，促进团粒结构的形成，培肥土壤的作用较强。我国北方大多数土壤，其腐殖质以胡敏酸占优势，而南方土壤中一般以富里酸占优势。我国土壤由东向西，腐殖质的含量逐渐减少，胡敏酸的相对含量也逐渐降低。

植物残体中含有大量的碳水化合物（单糖、淀粉、纤维素和半纤维素，容易分解）、含氮化合物（主要是蛋白质，容易分解）、木质素（带杂环的复杂结构、很难分解）和少量的树脂与蜡质（结构较复杂，难分解），它们含有植物需要的 16 种必需元素。

2. 土壤有机质的转化

进入土壤的有机质在微生物的作用下，进行着极其复杂的转化过程。这种转化可归结为两个方面：有机质的矿质化过程和腐殖质化过程。矿质化过程就是有机质经微生物作用被分解成简单的无机化合物，并释放出矿质营养的过程。腐殖质化过程是指有机物质分解产生的简单有机化合物及中间产物形成新的、更为复杂的、较稳定的高分子有机化合物，使有机质及其养分保蓄起来的过程。这两个过程是互相联系和不可分割的，随条件的改变而互相转化。矿质化过程的中间产物是形成腐殖质的基本材料，腐殖质化过程的产物——腐殖质，在一定条件下可以再经过矿化分解释放其养分。

对于农业生产而言，矿质化作用为作物生长提供充足的养分，但过强的矿化作用，会使有机质分解过快，造成养分的大量损失，腐殖质难以形成，使土壤理化性质变坏，土壤肥力水平下降。因此适当地调控土壤有机质的矿化速度，促使腐殖质化作用的进行，有利于改善土壤的理化性质和提高土壤的肥沃度。必须辩证地认识两者的相互关系。

土壤微生物在土壤有机质的合成与分解、土壤养分的转化等过程中起着决定性作用。在良好的旱地土壤，耕层上松下紧，上层有好气性微生物活动，下层有嫌气性微生物活动，在两者之间为兼气性微生物活动，即可源源不断地为作物生长供应养分。进入土壤的有机质和植物残体，在微生物的作用下，使有机物分解为简单的无机化合物，主要有二氧化碳、氨、水和矿质养分（磷、硫、钾、钙、镁等简单化合物或离子），同时释放出能量，为植物和土壤微生物提供了养分和能量，直接或间接的影响着土壤性质，并为合成腐殖质提供了物质来源。

3. 土壤有机质的作用与调节

土壤有机质虽然仅占土壤总量的很小一部分，但它在土壤肥力上却起着非常重要的作用。主要包括：

（1）土壤有机质是植物和微生物营养的重要来源。土壤有机质含有植物需要的大量元素和微量元素，尤其是碳、氮、硫、磷的含量很高，为微生物活动提供了物质和能量。我国主要土壤表土中 80%～97% 的氮、20%～76% 的磷、38%～94% 的硫，都存在于土壤有机质中。随着有机质的逐渐矿化，这些潜在养分也逐渐转化为植物可以吸收的形态。由于土壤有机质同时进行着矿质化与腐殖质化过程，这使得土壤养分的供应能持续不断地发挥作用，土壤的肥效较长久平稳，容易避免作物生长中萌发和脱肥现象的发生，这是农业化肥所不及的。有机质分解时产生多种有机酸，可提高土壤矿物质的溶解度，有利于磷、钾等养分的有效化。

（2）增强土壤的保水保肥能力和缓冲性能。腐殖质疏松多孔，具有胶体性质，能吸持大量水分，故能大大提高土壤的保水能力。腐殖质所带电性以负电荷为主，可吸附土壤中的交换性阳离子，如 K^+、NH_4^+、Ca^{2+}、Mg^{2+} 等，避免其随水流失，而且能在一定条件下被其他阳离子交换出来，供作物吸收利用。腐殖质是一种含有多种功能团的弱酸，其盐类具有两性胶体的作用，因此有很强的缓冲酸碱变化的能力。所以含腐殖质多的土壤，其缓冲酸碱变化的性能较强。

（3）改善土壤的物理性质。腐殖质在土壤中主要以胶膜形式包被在矿质土粒的外表。由于它是一种胶体，黏结力和黏着力都大于砂粒，在砂土中施入后能增加砂土的黏性，可促进团粒结构的形成。在黏土中施入，由于它松软、絮状、多孔，黏结力和黏着力均比黏粒小，所以黏粒被它包被后，易形成散碎的团粒，使土壤变得比较松软而不再结成硬块。因此有机质能使砂土变紧，黏土变松，土壤的保水、透水性以及通气性都有所改变。同时使土壤耕性也得到改善，耕翻省力，适耕期长，耕作质量也相应地提高。另外，由于腐殖质是一种暗褐色的物质，它的存在能明显地加深土壤颜色，从而提高了土壤的吸热性。因此，在同样日照条件下，腐殖质含量高的土壤，土温相对较高，且变幅不大，利于春播作物的早发速长。

（4）促进植物的生理活性。在一定浓度下，腐殖酸盐的稀溶液能改变植物体内糖类代谢，促进还原糖的积累，提高细胞渗透压，从而增强作物的抗旱能力。据报道，富里酸是某些抗旱剂的主要成分。胡敏酸的稀溶液能提高过氧化氢酶的活性，加速种子发芽和养分吸收，从而增加生长速度。一定浓度的胡敏酸能加强作物的呼吸作用及提高吸收养分的能力，加速细胞分裂，促进根系的发育。

（5）减少农药和重金属的污染。腐殖质的多种功能团对重金属有很强的配合与富集作用，从而能使有毒的金属离子有可能随水排出土体，减少对作物的危害和对土壤的污染。胡敏酸和富里酸都能与重金属生成配合物，其中富里酸的配合物水溶性大。胡敏酸对农药等有机污染物有很强的亲和力，能使残留在土壤中的某些农药，如 DDT、三氮杂苯等的溶解度增大，加速其淋出土体，减少污染和毒害。

（三）土壤溶液

土壤溶液是土壤水分及其所含溶质的总称。其浓度很低，一般仅为 200～1000 mg/kg，很少超过 1 g/kg，渗透压往往低于 0.1 MPa，是一种稀薄的不饱和溶液。它和土壤空气共存于土壤颗粒之间的孔隙中，是土壤中最活跃的组成部分。土壤溶液中含有各种无机物（如 K^+、Na^+、Ca^{2+}、NH_4^+ 的盐类），有机物（如水溶性蛋白质、氨基酸、糖类等）及胶体物质（如铁、铝氢氧化物和硅酸等）。盐碱土的土壤溶液中则含有过多的氯化物、硫酸盐及碳酸盐等。土壤溶液是不断变化的，其组成与浓度常受外界条件如灌溉、降雨、土壤温度、微生物活动及人为施肥等因素的影响，因此，土壤溶液浓度及酸碱性质常常不断变化。

（四）土壤空气

土壤空气如同土壤水分和养分一样，是土壤肥力的重要因素之一。土壤空气组成与大气相似，但有差别，表现为① 土壤空气中二氧化碳含量高，通常是大气中二氧化碳含量的几倍至几十倍；② 土壤空气中氧气含量低；③ 土壤空气中的水汽含量高于大气，其相对湿度高；④ 土壤空气中含还原性气体，在通气不良的情况下，往往有一些不利于作物生长的还原性气体的产生，如 H_2S、CH_4、H_2 等。

土壤空气的组成和数量处于变化中，常因气候条件、土壤特性、土层深度、土壤温度及农业技术措施等不同而变化。干燥土壤比潮湿土壤所含空气的量要多，在干燥土壤里又因土壤粗细、结构不同，空气含量也有差异：土粒空隙大，水分少，土壤空气含量就多；空隙小，水分多，空气就少。一般来说，随土层深度的增加，由于深层气体交换受阻，所以土壤空气中二氧化碳含量增加 10%～19%，而氧气含量减少 10%～12%。随温度的升高，土壤空气中二氧化碳含量增加，这是微生物活动的结果。同样的土质，耙松的土壤中空气要比紧实的土壤多。作物在不同生育期对空气含量和组成要求不同，人们可以通过松土、排水、镇压、灌溉、施肥等措施，调节土壤空气和水分的状况，满足作物生长发育的需要。

（五）土壤生物

土壤中微生物、动物和植物等各种生物体的总称为土壤生物，是土壤中活的有机体。土壤生物参与岩石的风化和原始土壤的生成，对土壤的生长发育、土壤肥力的形成和演变，以及高等植物营养供应状况有重要作用。土壤物理性质、化学性质和农业技术措施，对土壤生物的生命活动有很大影响。

栖居在土壤中的活的有机体。可分为土壤微生物和土壤动物两大类。前者包括细菌、放线菌、真菌和藻类等类群；后者主要为无脊椎动物，包括环节动物、节肢动物、软体动物、线性动物和原生动物。原生动物因个体很小，故也可视为土壤微生物的一个类群。

土壤生物除参与岩石的风化和原始土壤的生成外，对土壤的生长和发育、土壤肥力的形成和演变以及高等植物的营养供应状况均有重要作用。其具体功能有：① 分解有机物质，直接参与碳、氮、硫、磷等元素的生物循环，使植物需要的营养元素从有机质中释放出来，重新供植物利用。② 参与腐殖质的合成和分解作用。③ 某些微生物具有固定空气中氮，溶解土壤中难溶性磷和分解含钾矿物等的能力，从而改善植物的氮、磷、钾的营养状况。④ 土壤生物的生命活动产物如生长刺激素和维生素等能促进植物的生长。⑤ 参与土壤中的氧化还原过程。所有这些作用和过程的发生均借助于土壤生物体内酶的化学行为，并通过矿化作用、腐殖化作用和生物固氮作用等改变土壤的理化性状。此外，菌根还能提高某些作物对营养物质的吸收能力。

1. 土壤微生物

土壤微生物包括细菌、放线菌、真菌、藻类和原生动物 5 大类群。是土壤生物中数量最多的一类。

（1）细菌：单细胞生物。个体直径 0.5 ~ 2 μm，长度 1 ~ 8 μm。按体形分球菌、杆菌和螺旋菌；按营养类型分自养细菌和异养细菌。按呼吸类型分好气性细菌、嫌气性细菌和兼性细菌。细菌参与新鲜有机质的分解，对蛋白质的分解能力尤强（氨化细菌）；并参与硫、铁、锰的转化和固氮作用。每克表层土壤中含细菌几百万至几千万个，是土壤菌类中数量最多的一个类群。

（2）放线菌：单细胞生物，呈纤细的菌丝状。菌丝直径 0.5 ~ 2 μm。土壤中常见的有链霉菌属（*Streptomyces*）、放线菌属（*Actinomyces*）、诺卡菌属（*Nocardia*）和小单孢菌属（*Micromonospora*）等。放线菌具有分解植物残体和转化碳、氮、磷化合物的能力。某些放线菌还能产生抗生素，是许多医用和农用抗生素的产生菌。每克表层土壤含放线菌几十万至几千万个，是数量上仅次于细菌的一个类群。

（3）真菌：大多为多细胞生物，部分为单细胞生物。个体较大，呈分枝状丝菌体，细胞直径 3 ~ 50 μm。土壤中常见的真菌有青霉（*Penicillium*）、曲霉（*Aspergillus*）、镰刀菌（*Fusarium*）和毛霉（*Mucor*）等属。真菌参与土壤中淀粉、纤维素、单宁的分解以及腐殖质的形成和分解。每克表层土壤只含真菌几千至几十万个，是土壤菌类中数量最少的一个类群，但其生物量（指每平方米面积中菌体的重量）高于细菌和放线菌。

（4）藻类：土壤中的藻类大都是单细胞生物，也有多细胞丝状体。直径 3 ~ 50 μm，喜湿，多栖居于土壤表面或表土层中，数量较菌类少。土壤中常见的有绿藻、蓝藻和硅藻。蓝藻中有的种类能固定空气中的氮素。

（5）原生动物：单细胞生物。以植物残体、菌类为食料。土壤中常见的有根足虫、纤毛虫和鞭毛虫等。

大部分微生物在土壤中营腐生生活，需依靠现成的有机物取得能量和营养成分。土壤微生物在土壤中的作用是多方面的，主要表现在：① 作为土壤的活跃组成分，土壤微生物的区系组成、生物量及其生命活动对土壤的形成和发育有密切关系。同时，土壤作为微生物的生态环境，也影响微生物在土壤中的消长和活性。② 参与土壤有机物质的矿化和腐殖质化过程；同时通过同化作用合成多糖类和其他复杂有机物质，影响土壤的结构和耕性。土壤微生物的代谢产物还能促进土壤中难溶性物质的溶解。微生物参与土壤中各种物质的氧化-还原反应，对营养元素的有效化也有一定作用。③ 参与土壤中营养元素的循环，包括碳素循环、氮素循环和矿物元素循环，促进植物营养元素的有效性。④ 某些微生物有固氮作用，可借助其体内的固氮酶将空气中的游离氮分子转化为固定态氮化物。⑤ 与植物根部营养关系密切。植物根际微生物以及与植物共生的微生物如根瘤菌、菌根和真菌等能为植物直接提供氮素、磷素和其他矿质元素的营养以及各种有机营养，如有机酸、氨基酸、维生素、生长刺激素等。⑥ 能为工农业生产和医药卫生事业提供有效菌种，培育高效菌系，如已在农业上应用的有根瘤菌剂、固氮菌剂和抗生菌剂等。⑦ 某些抗生性微生物能防治土传病原菌对作物的危害。⑧ 降解土壤中残留的有机农药、城市污物和工厂废弃物等，降低残毒危害。⑨ 某些微生物可用于沼气发酵，提供生物能源、发酵液和残渣有机肥料。

2. 土壤动物

土壤动物是土壤生物的一个组成部分。指栖居于土壤中无细胞壁的活有机体，一般都能为肉眼所见。主要属无脊椎动物，包括环节动物（蚯蚓、千足虫等）、节肢动物（昆虫，主要是昆虫幼虫）、软体动物（蜗牛、蛞蝓等）、线形动物（钩虫、蛔虫和蛲虫）和原生动物（阿米巴、草履虫等）等。根据个体大小、栖居时间和生活方式可分为若干类型，在土壤中分布极不均匀。土壤动物在其生命活动过程中，对土壤有机物质进行强烈的破碎和分解，将其转化为易于植物利用或易矿化的化合物，并能释出许多活性钙、镁、钾、钠和磷酸盐类，对土壤理化性质产生显著影响。土壤动物积极参与物质生物小循环。某些环节动物对土壤腐殖质的形成、养分的富集、土壤结构的形成、土壤发育及通气透水性能等均有较好作用。但某些动物对土壤和农、林、牧业生产有一定危害。

土壤动物根据类群分类：原生动物门、扁形动物门、线形动物门、软体动物门、环节动物门、节肢动物门、脊椎动物门等。

根据滞留时间的长短分类：全期土壤动物，周期土壤动物，部分土壤动物，暂时土壤动物，过渡土壤动物和交替土壤动物。

根据躯体大小分类：小型土壤动物、中型土壤动物、大型土壤动物、巨型土壤动物。小型土壤动物区系（体宽 $2\sim100\ \mu m$）包括线虫、原生动物等，生活于充满水的孔隙中及土壤基质的水膜里，它们代表了不同的营养群，其中食真菌的、食细菌的和植食性的种类最丰富。中型土壤动物区系（体宽 $100\ \mu m\sim2\ mm$）包括部分跳虫、螨类及线蚓，大多出现在充满空气的孔隙中，也是不同营养关系的种类的混合。大型土壤动物区系（体宽 $2\sim20\ mm$）包括部分等足目、倍足类、蝇类幼虫、甲虫、陆生贝类及蚯蚓等，体型较大，它们的取食或掘土活动常能破坏土壤的物理结构。

根据栖居的时间，土壤动物可分为永久栖居和暂时栖居两种类型。前者主要有原生动物、线虫、环节动物、多足类动物、蜱螨、软体动物和某些无翅昆虫；后者主要有双翅类昆虫的幼虫、鞘翅类和鳞翅类等。

土壤动物还可按生活方式分为：以植物残体或与植物残体相缔合的微生物区系为食料的嗜腐动物、以活的植物体为食料的食植动物、以其他动物的排泄物为食料的食粪动物，和以其他土壤动物为食料的食肉动物。土壤中的原生动物则多以捕食细菌为生或营腐生生活。

土壤动物在土壤中的分布极不均匀，其区系组成也较复杂。许多研究者认为蚯蚓是构成土壤动物群体总重量的主体。据测算，英国的一些牧场中，每万平方米中土壤动物的总活体重为 1.9 t，其中蚯蚓占 1.4 t，线蚓占 0.15 t，大蚊科幼虫占 0.36 t。丹麦几种土壤中所测得蚯蚓的重量为每万平方米 550 kg，而森林土壤中达 1700~2000 kg；而其他土壤动物的重量每万平方米仅 40~190 kg。若以数目计，则以微型动物为最多。每平方米中，一般大型动物几十至几百，中型动物几万至几十万，而微型动物在 1 g 土壤中就高达几十万个之多。

土壤动物在其生命活动过程中，对土壤有机物质进行着强烈的破碎和分解作用。它们不仅能水解碳水化合物、脂肪和蛋白质，且能水解纤维素、角质或几丁质，并将其转化为植物易于利用的可给态化合物或易矿化化合物（尿素、尿酸、鸟嘌呤）；还能释出许多活动性钙、镁、钾、钠和磷酸盐类，对土壤的理化性质产生显著影响。土壤动物是物质生物小循环的积极参与者。某些环节动物，尤其是蚯蚓，对土壤腐殖质的形成、养分的富集、土壤结构的形成、土壤剖面的发育以及土壤的通气透水性能等，均有较好的作用。某些蚁类的活动对改善土壤通气、排水和促进植物生长，与蚯蚓具有类似的作用。但某些动物对土壤和农、林、牧业生产有一定危害。如某些土壤线虫常寄生于块根类、块茎类或禾谷类作物中；某些腹足动物（蛞蝓、蜗牛）以及节足动物中的蜱螨和环节动物中的某些蚯蚓常为畜、禽寄生虫的中间寄主；某些白蚁或蚂蚁以及鼠科动物（如中华鼢鼠等）常给作物造成危害等。

3. 土壤植物

土壤植物系统由土壤中的无机部分、有机部分和绿色高等植物或作物三部分组成，是生物圈的基本结构单元，是联系城乡生态系统的纽带，也是沟通植物和动物的桥梁。这个系统具有把太阳能转化为生物化学能贮存起来的特殊功能。但是如果受到污染，尤其是污染负荷超过它的容量，它的生物生产力就会下降，甚至全部丧失。而且土壤中的污染物还会扩散到大气和水体中，进入植物体，通过食物链危害人群的生命和健康。土壤-植物系统中的有机体密度最高，生命活动最旺盛。因而它对污染物具有很强的净化能力。它可以通过一系列的物理、化学和生物学过程，净化进入土壤中的污染物。

二、土壤性质

土壤的性质可以大致分为物理性质、化学性质及生物性质三个方面，三类性质相互联系、相互影响，共同制约着土壤的水、氧、气、热等肥力因子状况，并综合地对植物产生影响。

（一）土壤物理性质

1. 土壤质地

（1）土壤质地概念

土壤是由不同的颗粒粒级所组成的，土壤中各粒级土粒所占的质量分数称为土壤的颗粒组成，这种粒级间的重量百分比又被称为土壤的机械组成；在不同的土壤中，颗粒的粗细配比或机械组成是千差万别的，这就导致了土壤的砂黏性及与之相关的一系列性质的不同。土壤质地是土壤物理性质之一，指土壤中不同大小直径的矿物颗粒的组合状况。土壤质地与土壤通气、保肥、保水状况及耕作的难易有密切关系；土壤质地状况是拟定土壤利用、管理和改良措施的重要依据。肥沃的土壤不仅要求耕层的质地良好，还要求有良好的质地剖面。虽然土壤质地主要决定于成土母质类型，有相对的稳定性，但耕作层的质地仍可通过耕作、施肥等活动进行调节。

（2）土壤质地分类

土壤质地分类是指按照土壤颗粒组成的比例对土壤进行的分类。通常划分为砂土、壤土和黏土三大类。最常见的土壤质地分类有国际制、美国制、卡庆斯基制三种。这三种质地分类制都是与其粒组分级标准和进行颗粒大小分析时的土粒分散方法相配套的。20世纪30年代起，中国也开始从事粒组分级和质地分类研究。

① 国际制

1912 年瑞典土壤学家阿特伯提出了土粒分级标准，1930 年在第二届国际土壤学会上被采纳为国际土粒分级的基础，并制定了土壤质地分类国际制，以等边三角形（图 1-3）所示，其要点为 a. 以黏粒含量为主要标准，<15%为砂土和壤土质地组，15%~25%为黏壤土质地组，>25%为黏土质地组。b. 当土壤含粉（砂）粒达 45%以上时，在各组质地的名称前均冠以"粉（砂）质"字样。c. 当土壤砂粒含量在 55%~85%时，则冠以"砂质"字样；85%~90%时，则称为壤质砂土，其中砂粒达 90%以上者称砂土。

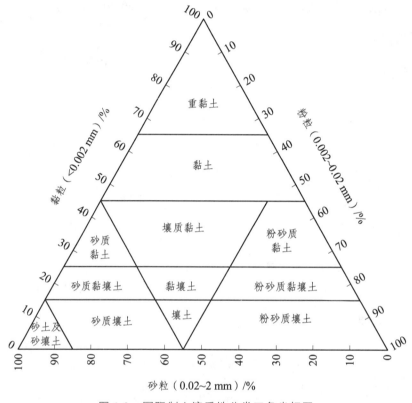

图 1-3　国际制土壤质地分类三角坐标图

② 美国制

1951 年美国农业部（USDA）根据土壤在农田中的持水保肥、通气透水特点，将土壤质地划分为 4 组 12 级，美国制的质地分类标准亦用等边三角形（图 1-4）表示。等边三角形的三个顶点分别代表 100%的砂粒（0.05~2 mm）、粉粒（0.002~0.05 mm）及黏粒（<0.002 mm）。其中 4 组分别为砂土组、壤土组、黏壤土组和黏土组。同时针对土壤剖面研究，根据土壤粒径、矿物性质、温度等特点将土壤质地划分为 7 级。

③ 卡钦斯基制

卡钦斯基制是 1957 年苏联著名土壤物理学家卡钦斯基根据苏联有关粒级性质的资料拟定的。有土壤质地基本分类（简制）及详细分类（详制）两种。简制是按直径小于 0.01 mm 的物理性黏粒含量划分（表 1-1）；详细分类是在简制的基础上，再按照主要粒组而细分的，把含量最多和次多的粒组作为冠词，顺序放在简制名称前面（表 1-2）。

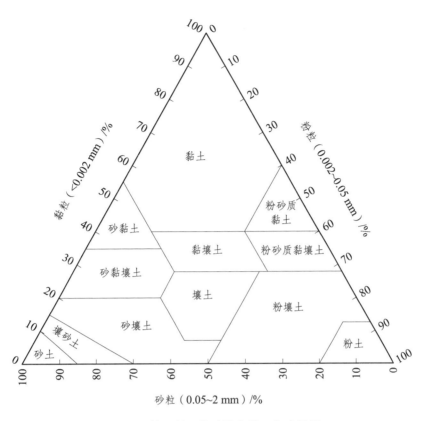

图 1-4　美国制土壤质地分类三角坐标图

表 1-1　卡钦斯基土壤质地基本分类（简制）

质地组成	质地名称	土壤类型		
		灰化土	草原土及红黄壤	碱化土碱土
砂土	松砂土	0～5	0～5	0～5
	紧砂土	5～10	5～10	5～10
壤土	砂壤	10～20	10～20	10～15
	轻壤	20～30	20～30	15～20
	中壤	30～40	30～45	20～30
	重壤	40～50	45～60	30～40
黏土	轻黏土	50～65	60～75	40～50
	中黏土	65～80	75～85	50～65
	重黏土	>80	>85	>65

表 1-2　卡钦斯基土壤质地详细分类（详制）

土壤基本质地分类	质地详称的冠词	土壤基本质地分类	质地详称的冠词
重黏土	粉黏质 黏粉质	轻壤	黏砂质 粉砂质 砂质 砾砂质
中黏土、轻黏土	粉黏质 黏粉质 粗粉黏质 黏粗粉质	砂壤	粗粉质 黏砂质 粉砂质 砂质 砾砂质
轻黏土	粉质 粗粉质 黏砂质	紧砂土	细砂质 细砂粗粉质 黏细砂质 中砂质 中砂砾质
重壤、中壤	粉黏质 黏粉质 粗粉黏质 黏粗粉质 粉质 粗粉质 砂粉质 黏砂质 粉砂质	松砂土	细砂质 中砂质 粗砂质 细砂砾质 中砂砾质
轻壤	粗粉质		粗砂砾质

④ 中国制

中国科学院南京土壤研究所和西北水土保持研究所等单位拟定了我国土壤质地分类暂行方案。1987 年《中国土壤》第二版公布了中国土壤质地分类制，分为 3 组 12 种质地名称，分类标准见表 1-3。中国制土壤质地制有以下的特点：与其配套的粒级制是在卡庆斯基粒级制的基础上修定而来的，主要是将黏粒的上限由 0.001 mm 提高至大家公认的 0.002 mm，黏粒级分为粗（0.002～0.001 mm）和细（<0.001 mm）两个粒级。

表 1-3　中国土壤质地分类（1985 年）

质地组	质地名称	颗粒组成		
		砂粒 （1～0.05 mm）/%	粗粉粒 （0.05～0.01 mm）/%	细黏粒 （<0.001 mm）/%
砂土	极重砂土	>80	—	
	重砂土	70～80		
	中砂土	60～70		
	轻砂土	50～60		

质地组	质地名称	颗粒组成		
		砂粒 （1~0.05 mm）/%	粗粉粒 （0.05~0.01 mm）/%	细黏粒 （<0.001 mm）/%
壤土	砂粉土 粉土 砂壤土 壤土	≥20 <20 ≥20 <20	≥40 <40	<30
黏土	轻黏土 中黏土 重黏土 极重黏土	—	—	30~35 35~40 40~60 >60

（3）质地与土壤肥力的关系

质地是决定土壤蓄水、透水、保肥、供肥、保温、导热和可耕性等性质的重要因素，因此，不同质地的土壤其肥力特征和生产性状有很大的差异（表1-4）。

表1-4 不同质地土壤基本性状

特性	砂土	壤土	粉砂壤土	黏土
感觉	粗砂	粗砂	滑腻	块、黏
鉴别	疏松	黏结	指纹状	光泽
内排水	强	好	正常	较差
植物有效水	低	中等	高	高
牵引力	高	高	中等	重
耕性	容易	容易	中等	困难
径流潜势	低	较低	高	较高
导水性	低	中等	高	高
风蚀性	高	中等	低	低

砂土、壤土、黏土是土壤质地的三个基本类别。

① 砂质土

水分与通气特征：由于砂粒颗粒较粗，孔隙较大，故通气透水性良好，但因毛细管少，水分易流失，抗干旱能力弱。

养分特征：砂质土的矿物成分较单一，且有机质含量低，故养分含量低，同时又由于缺乏黏粒和腐殖质等胶体物质，吸附能力差，故保肥能力差，但施少量肥料就能见效。

温度特性：由于水分少，空气易进入，所以土温上升快，尤其是春季，砂质土热容量小，降温亦快，昼夜温差大。

植物扎根和耕作性能：砂质土疏松，植物易于扎根，用作苗圃和花圃时也易起苗，耕作性能好，易耕省力，黏结性弱，易耕期长，耕后很少结块。

生产特性：砂质土由于通气性好，土温高，疏松，所以播种植物出苗早、齐、全；但由于养分含量低，保肥能力差，所以养分往往后期供应不足，植物易早衰，这种特性农民称之为"发小苗不发老苗"，所以在植物的旺盛生长季节进行适量的追肥，对砂质土来说往往是必要的。生长期短、耐旱、耐瘠的作物宜在砂质土上生长。

② 黏质土

水分特征：黏质土颗粒细小，毛管孔隙多，故保水能力强，但通气透水性差，土体内水流不畅，易受涝害。

养分特征：黏质土矿物成分复杂，且有机质含量往往较高，故养分含量丰富，由于富含黏粒和腐殖质等胶体物质，吸附能力强，故保肥能力强，肥料不易流失，肥效较长，但施肥后见效慢，施肥量少时肥效常不显著，有时还会导致肥料的无效化。

温度特性：黏质土由于保水力强，故土温变化幅度较小，温度条件比较稳定，升温、降温都较缓慢，早春土温不易升高。

植物扎根和耕作性能：黏质土紧实，且具有黏性，所以不利于植物扎根，苗圃和花圃起苗时也易断根，黏质土的黏结性、黏着性和可塑性都很强，耕作阻力大，易耕期短，且耕后易结块，耕作质量不高。

生产特性：黏质土黏重紧实，通透性差，早春土温偏低，不利于植物的出苗，常出现缺苗或苗势弱，出苗较晚，但到后期由于土温升高和养分供应的持续性，植物生长状况可能大为改善，这种特点农民称之为"发老苗不发小苗"。树苗和花苗生产中，黏土是一大忌，除了生产性能不好外，还极易使苗木在起苗时断根，严重影响苗的质量。

③ 壤质土

砂质土和黏质土虽然各有优点，但同时也各有严重的缺点，可见，无论是砂质还是黏质，都不是最理想的土壤质地。

壤质土介于砂质土和黏质土之间，兼有两者的优点，同时又在很大程度上避免了二者的缺点，具有良好的水、气、热状况和协调能力，耕作性和扎根性能大都良好，在生产上"既发小苗，又发老苗"，所以壤质土是较为理想的土质类别，适于生长的植物种类也最多，在绿化生产和绿地建植中，过砂或过黏的土壤质地往往都需要改良。

2. 土壤的结构性

土壤的结构性和孔隙性都是土壤重要的物理性质。土壤结构性的好坏，往往反映在土壤孔隙性（数量、质量）方面，结构性是孔隙性好坏的基础之一，土壤的孔隙性直接反映土壤三相物质存在状态和容积比例，对土壤水、肥、气、热、扎根条件的变化和协调，具有重要影响。

自然界中的土壤固体颗粒很少以单粒形式存在。土粒在内外因素的综合作用下，相互团聚成大小、形状和性质不同的团聚体（土团、土块、土片等）。土壤结构体是各级土粒由于不同原因相互团聚成大小、形状和性质不同的土团、土块、土片等土壤实体。土壤结构体实际上是土壤颗粒按照不同的排列方式堆积、复合而形成的土壤团聚体。不同的排列方式往往形成不同的结构体。这些不同形态的结构体在土壤中的存在状况影响土性质及其相互排列、相应的孔隙状况，进而影响土壤肥力和耕性。这些结构体在土壤中的数量、大小、形状、性质、排列情况及孔隙状况等综合特性通常称为土壤结构性。

（1）土壤结构体的形成

土壤结构体的形成，大体上可分为两个阶段：第一阶段是土壤单粒在胶体凝聚、水膜黏结以及胶结作用下形成次生单粒（或微团聚体）；第二阶段是次生单粒进一步逐级黏合、胶结、团聚，同时在干湿交替、耕作及根系的穿插、挤压等外力作用下，形成结构体。

（2）土壤结构体的类型

目前国际上尚无统一的土壤结构分类标准。按结构体的形态、大小及其对土壤肥力的影响来划分，常见的土壤结构有以下几种。

① 块状结构体和核状结构体

两者均属于立方体型，长度、宽度及高度大体相等。块状结构体直径一般大于 3 cm，而核状结构体直径较小，一般为 1~3 cm。块状结构体多在黏重而缺乏有机质的表土中出现。在黏重而缺乏有机质的心底土中核状结构体较多。由于块状结构体和核状结构体之间孔隙大，易造成水分快速蒸发跑墒，且结构体内部易干燥且紧实，遇水也不易散开，不利于种子的出苗和扎根。因此，块状结构体多有压苗作用。农业生产上消除此类结构体最根本的办法是提高土壤有机质含量，调节土壤质地的砂黏比例，改善土壤的物理性状。

② 片状结构体

横轴远大于纵轴，呈薄片状。农田土壤的犁底层，雨后或灌溉后所形成的地表结壳或板结层均属此类结构体。片状结构体垂直裂隙不发达，内部紧实，不利于通气透水。消除片状结构体的最好办法是松土，施用有机肥，适墒中耕。

③ 柱状结构体和棱柱状结构体

纵轴大于横轴，土体直立。棱角不明显的称柱状结构体，棱角明显的称棱柱状结构体。前者常见于半干旱地带的心土层和底土层中，以碱土和碱化土层最典型；后者常见于黏重而又干湿交替的心土层和底土层中，这种结构体大小不一，紧实坚硬。其内部无效孔隙占优势，根系难伸入，通气不良，微生物活动微弱；而在结构体之间形成的大裂隙，漏水漏肥。此种结构体可通过深耕施肥或深翻种植绿肥得以改良。

④ 团粒结构体

包括团粒和微团粒。是在腐殖质和其他外力作用下，形成的球形或近似球形疏松多孔的小土团，直径在 0.25~10 mm，直径小于 0.25 mm 的土团称微团粒，有人将小于 0.005 mm 的复合黏粒称为黏团。团粒结构一般在耕层较多，它在一定程度上标志着土壤肥力水平。

在上述几种结构体中，块状、核状、片状、柱状和棱柱状结构体按其性质、作用均属于不良结构体（图 1-5），不利于作物生长，生产上需要改良。团粒和微团粒都是土壤结构体中较好的类型。改良土壤结构性就是指促进团粒结构的形成。

（3）土壤团粒结构

① 团粒结构与土壤肥力

在团粒结构发达的土壤中，具有多级孔隙。团粒之间排列疏松，接触面积较小，因而形成的孔隙较大，多为空气占据，而团粒内部则为较小的毛管孔隙（图 1-6）。这使得团粒结构多的土壤在肥力因素上有很好的协调作用。

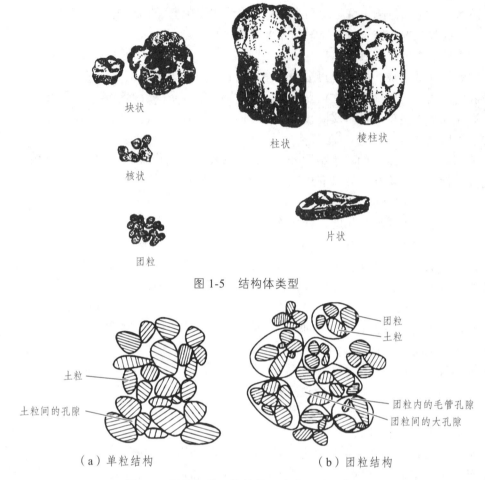

图 1-5　结构体类型

图 1-6　团粒与非团粒结构土壤中的孔隙状况

a. 能协调土壤水分和空气的矛盾

具有较好团粒结构的土壤，大大改善了土壤的透水通气和保水能力。当降雨或灌溉时，水分通过通气孔迅速进入土壤，当水分经过团粒附近时，能较快地渗入团粒内部并为毛管孔隙容纳保持，多余的水继续下渗湿润下面的土层，减少了地表径流造成的冲刷侵蚀。当降雨或灌溉停止后，粒间大孔隙迅速被外界新鲜空气占据，保证了良好的通气状况。当土壤水分蒸发时，由于团粒间毛管通路较差，而且地表层团粒干缩后，切断了与下面团粒的联系，形成保护层，使水分蒸发减缓。

由此可见，团粒结构多的土壤，不但能接纳较多的降水或灌溉水，而且蒸发也少，蓄水保水能力大大增强，起到了一个"小水库"的作用。土壤中不仅有足够的水分，而且还有充足的空气，解决了土壤中水、气之间的矛盾。

b. 能协调土壤养分的消耗和积累的矛盾

具有团粒结构的土壤，团粒内毛管孔隙经常保持较多的水分，缺乏氧气，嫌气微生物活动活跃，有机质缓慢分解使养分得以保存。而团粒间形成一定数量的通气孔隙，有充足的氧气供给，好气微生物活动活跃，有机质分解快，养料转化迅速。团粒间好气性分解越强烈，耗氧越多，团粒内部越缺乏氧气，使分解越慢。因此，具有团粒结构的土壤，是由团粒外层向内层逐渐释放养分，嫌气、好气微生物同时作用，养分累积、释放协调进行，使植物源源不断地获得营养，起着"小肥料库"的作用。

c. 能稳定土温，改善土壤温度状况

团粒结构中水、气协调，有机质较多，土色比较深暗，土壤温度变化较小，整个土层的温度得到土壤水分的调节。因为水的比热大，不易升温或降温，所以昼夜、上下土层的土温变幅小，利于植物发根生长。

d. 改良土壤耕性，改善植物扎根的土壤条件

有团粒结构的土壤，黏结性、黏着性都降低。土壤疏松多孔，大大减少耕作阻力，耕性好。同时，松软多孔的土壤，根系穿插阻力小，根系能较均匀分布，扩大吸收水分和养分面积，利于根系生长。

总之，有团粒结构的土壤，土壤肥力要素水、肥、气、热状况比较协调，耕性及扎根条件也好，能满足农作物生长发育的要求，有利于获得稳产高产。

② 团粒结构形成的条件

由土壤结构体的形成可知，由单粒形成具有多级孔隙的团粒结构体，必须具备下列条件。

a. 胶结物质

其作用是将单个土粒胶结成微团粒。土壤中的胶结物质主要有有机胶体、无机胶体和胶体凝聚物质三类。有机胶体中，腐殖质、多糖是形成水稳性团粒的最重要胶结剂。有机胶结物质的生物稳定性差，易被微生物分解，需要不断补充才能保持其胶结作用。无机胶体中，由黏土矿物胶结的团粒结构稳定性差，而由铁铝氧化物胶结的团粒结构稳定性强。含有 Ca^{2+} 的胶体物质其水稳性好，而含有 Na^+ 的胶体物质其水稳性差。

3. 成型动力

初级复粒或微团粒进一步紧密结合而成为较大的团粒结构体的外力。这些推动成型的外力主要有土壤生物的作用（根系的穿插挤压和穴居动物对土壤的搅动和松动力），干湿交替、冻融交替和晒垡作用，以及适时耕作等。

4. 土壤的孔隙特性

孔隙特性是土壤固体颗粒间所形成的大小形状、性质各异的孔隙的数量、比例及在土层中分布情况的综合反映。

土壤水分和空气同时存在于土壤孔隙中，且两者互为消长。为了满足作物对水分和空气的需要，有利于根系的伸展和活动，在农业生产上，不仅要求土壤中孔隙的容积要适当，而且要求大小孔隙的数量比例及在土层中的分布要合理。

（1）孔隙度

孔隙度是指单位土体内孔隙所占的体积分数，它表示土体中大小孔隙的总和。

由于土壤孔隙复杂多样，要直接观察并测量孔隙度是很困难的，所以通常通过土粒容重和土壤容重进行计算。

① 土粒容重

土粒容重是指单位体积（不包括孔隙体积）固体土粒的干重，单位为 g/cm^3 或 t/m^3。土壤比重是指单位体积（不包括孔隙体积）固体土粒的干重与同体积标准状况水的质量之比，无

量纲。因在 4 ℃ 时，水的密度为 1 g/cm³，故土粒容重与土壤比重在数值上是相等的。在实际工作中，常进行土壤比重的测定，并将其值作为土粒容重值。土壤比重值大小取决于组成土粒的矿物质与有机质的含量。我国大多数土壤的比重差异不大，一般在 2.6~2.7，因此土粒容重常取其平均值 2.65 为代表。

② 土壤容重

土壤容重是指自然状态下单位体积（含土粒和孔隙体积）固体土粒的干重，单位为 g/cm³ 或 t/m³。土壤容重大小与土壤的孔隙状况密切相关，疏松的土壤孔隙数量大，容重较小；紧实的土壤，孔隙数量小，容重较大。一般土壤质地细，有机质含量高，容重较小。黏性土容重多在 1.1~1.5 g/cm³，砂性土容重多在 1.2~1.8 g/cm³，壤性土介于两者之间。土壤结构性好，土质疏松容重较小。此外，土壤容重大小还受灌溉、排水及农业耕作等措施的影响。一般表层土壤的容重小而下层土壤的容重较大。

土壤容重是一个十分重要的基本参数，常用于计算土壤的孔隙度，进行土壤容积与土壤重量的换算，以及单位面积土壤的水分、有机质、养分和盐分含量等计算，为灌溉排水、养分和盐分平衡计算和施肥提供依据。

孔隙度的表示：

孔隙度（%）=（孔隙容积/土壤容积）×100%

=[（土壤容积−土粒容积）/土壤容积]×100%

=（1−土粒容积/土壤容积）×100%

=（1−土壤容重/土粒容重）×100%

一般土壤的孔隙度在 30%~60%，对旱作土壤来说，其耕层孔隙度在 50% 或稍大于 50% 较好。

（2）孔隙比

孔隙比指原状土壤中孔隙容积与土粒容积的比值。其值为 1 或稍大于 1 为好。

（3）孔隙的分级

孔隙度和孔隙比只能说明土壤"量"的问题，而不能反映孔隙"质"的好坏。为了更好地分析孔隙大小、分布及性质等，通常按孔径的大小和作用进行分级。

① 孔隙分级标准

由于土壤孔隙的形状和连通情况十分复杂，孔径大小变化多样，无法测定真实孔径，因此通常是采用与一定水吸力相当的孔径，称为"当量孔径"或"实效孔径"。

它与孔隙的形状及其均匀性无关。其计算公式为

$$d=3/S$$

式中　d——孔隙的当量孔径，mm；

　　　S——土壤水所承受的吸力（土壤水吸力），hPa。

从上式可以看出，当量孔径与土壤水吸力成反比，孔隙越小，土壤水吸力越大。每一当量孔径与一定的土壤水吸力相对应。如土壤水吸力为 10 hPa，当量孔径为 0.3 mm 时，土壤水分保持在孔径 0.3 mm 以下的孔隙中，大于 0.3 mm 孔径的孔隙中则无水。

② 土壤孔隙的分级

根据当量孔径的大小及其作用，将孔隙分为以下三类：

a. 非活性孔隙（无效孔隙）。一般将孔径小于 0.002 mm 的孔隙规定为非活性孔隙。由于

此类孔隙过小，几乎总是被土粒表面的吸附水所充满，孔隙水受土粒吸力很大，在 1.5×10^5 Pa 以上，水分移动困难，植物难以利用，因此称为无效水。这类孔隙没有毛管作用，也不能通气，植物根毛难以伸入，微生物在此类孔隙中活动困难，因此又称为无效孔隙。非活性孔隙占土壤体积的百分数称为非活性孔隙度。

b. 毛管孔隙。是指当量孔径为 0.02 ~ 0.002 mm 的孔隙，相应的土壤水吸力为 1.5×10^4 ~ 1.5×10^5 Pa，具有明显的毛管作用，能将水分保持在毛管中，并且水分能在其中迅速运动，供给植物不断的需求，所以毛管水是对植物最有效的水分。毛管孔隙的数量用毛管孔隙度来表示，是指毛管孔隙体积占土壤体积的百分数。毛管孔隙度大，则蓄水性能强。

c. 通气孔隙。指当量孔径大于 0.02 mm 的孔隙，相应的土壤水吸力小于 1.5×10^4 Pa。这类孔隙孔径较大，水分不受毛管力吸持作用，难以保持，因而成为通气透水的通道。通气孔隙占土壤体积的百分数，称通气孔隙度（或空气孔隙度）。其大小和数量直接影响土壤通气透水性能。通气孔隙发达的土壤，可大量吸纳雨水、灌溉水，减少地面径流或上层滞水，有利于水土保持。

土壤孔隙度是以上三种孔隙度的总和。土壤的通气性、保水保肥性、透水性以及植物根系的伸展，不仅受大小孔隙搭配的影响，而且与孔隙在土体中上下土层的分布密切相关。对于旱耕地，当土壤上层（0 ~ 15 cm）质地较轻，具有适当的通气孔隙，通气透水性好；而下层（15 ~ 30 cm）质地较重，毛管孔隙占优势时，保水保肥性好。这种"上虚下实"的土体中，具有上层通气孔隙较多而下层毛管孔隙较多的层次分布，土壤的水、肥、气、热状况协调，是生产上较为理想的孔隙分布类型，群众常称为"蒙金土"。在生产中，犁底层土壤黏重而紧实，非活性孔隙多而通气孔隙少，影响通气、透水，妨碍根系下扎，不利于作物根系的生长。因此在生产中要注意采取相应措施打破犁底层，为作物根系生长创造有利条件。

5. 土壤物理机械性

土壤物理机械性是指土壤的黏结性、黏着性、可塑性以及其他受外力作用（农机具的剪切、穿透压板等作用）而发生形态变化的性质。

（1）土壤的黏结性

土壤中的无机、有机颗粒，通过各种力的作用，互相黏结起来的特性，称为土壤黏结性。

土壤黏结性的强弱，可用单位面积上的黏结力来表示，单位是 g/cm^2。

土壤的黏结性强，对农业生产来说通常是不利的，应该加以改善。改良的途径，包括改变土壤的质地，增加有机质含量，改变阳离子组成等。

（2）土壤的黏着性

土壤黏着性，是土壤在一定含水量条件下黏着外物的性能。土壤黏着性强弱，用黏着力表示，单位是 g/cm^2。

当土壤干燥时，没有黏着性，当含水量增加到一定程度时，才显出黏着性，这时的土壤含水量称作土壤的黏着始限，或黏着点。黏着点的出现要比开始出现黏结性的含水量高些。随着土壤水分的增加，土壤黏着性随之增加。当土壤黏着性达到最高时，土壤的含水量称为土壤的黏着高限。土壤黏着性强，一般对生产也是不利的。

（3）土壤的可塑性

土壤在一定含水量范围内，在外力作用下可以任意改变形状，当外力取消，土壤干燥后，仍能保持所获得的形状，这种性质称为土壤可塑性。

（4）土壤胀缩性

土壤吸水后体积膨胀，干燥后体积缩小的性质，称为土壤的胀缩性。一般而言，土壤的胀缩性越大，对作物生长发育越不利。土壤膨胀时，对周围土壤产生强大的压力，阻塞孔隙，透水困难，影响气体交换；而当土壤收缩时，易拉断植物根系。

6. 土壤水分

土壤中的水分主要来自降水、灌溉和地下水的补充。"有收无收在于水"，任何作物在其生长发育期间，都要求土壤持续不断地供给一定数量的水分，以满足生命活动所需。通过生产措施调节土壤水分的含量，以满足植物生长发育之需，对高产、优质、高效农业的建设十分重要。

（1）土壤水分类型

水分由于在土壤中受到重力、毛管引力、水分子引力、土粒表面分子引力等各种力的作用，形成不同类型的水分并反映出不同的性质。

固态水，土壤水冻结时形成的冰晶。气态水，存在于土壤空气中。束缚水，包括吸湿水和膜状水。自由水，包括毛管水、重力水和地下水。重力水，由于地心引力向下渗透的水。

① 吸湿水

干土从空气中吸着水汽所保持的水，称为吸湿水。土壤吸湿水的含量主要决定于空气的相对湿度和土壤质地。空气的相对湿度越大，水汽越多，土壤吸湿水的含量也越多；土壤质地越黏重，表面积越大，吸湿水量越多。此外，腐殖质含量多的土壤，吸湿水量也较多。吸湿水受到土粒表面分子的引力很大，最内层可以达到 pF 值 7.0，最外层为 pF 值 4.5。所以吸湿水不能移动，无溶解力，植物不能吸收，重力也不能使它移动，只有在转变为气态水的先决条件下才能运动，因此又称为紧束缚水，属于无效水分。其主要吸附力为分子引力和土壤胶体颗粒带有负电荷产生的强大的吸引力。

② 膜状水（薄膜水）

膜状水指由土壤颗粒表面吸附所保持的水层，其厚度可达几十或几百个以上的水分子。

薄膜水的含量决定于土壤质地、腐殖质含量等。土壤质地黏重，腐殖质含量高。膜状水含量高，反之则低。膜状水的最大值叫最大分子持水量。

由于膜状水受到的引力比吸湿水小，一般为 pF 值 4.5～3.8，所以能由水膜厚的土粒向水膜薄的土粒方向移动，但是移动的速度缓慢。薄膜水能被植物根系吸收，但数量少，不能及时补给植物的需求，对植物生长发育来说属于弱有效水分。又称为松束缚水分。吸附力为土粒剩余的引力。

③ 毛管水

毛管水是靠土壤中毛管孔隙所产生的毛管引力所保持的水分，称为毛管水。毛管水又可以分为两种类型：

a. 毛管悬着水。土体中与地下水位无联系的毛管水称毛管悬着水。在毛管系统发达的壤质土壤中，悬着水主要存在于持水孔隙中，但毛管系统不发达的砂质土壤，悬着水主要围绕着砂粒相互接触的地方，称为触点水。

b. 毛管支持水（毛管上升水）。土体中与地下水位有联系的毛管水称毛管支持水。毛管支持水与地下水有密切联系，常随地下水位的变化而变化。其原因是地下水受毛细管作用（毛管现象）上升而形成的。其运动速度与毛细管半径有密切联系。

毛管水是土壤中最宝贵的水分，因为土壤对毛管水的吸引力只有 pF 值 2.0～3.8，接近自然水，可以向各个方向移动，根系的吸水力大于土壤对毛管水的吸力，所以毛管水很容易被植物吸收。毛管水中溶解的养分也可以供植物利用。

④ 重力水

当进入土壤的水分超过田间持水量后，一部分水沿着大孔隙受重力作用向下渗漏，这部分受重力作用的土壤水称重力水。重力水下渗到下部的不透水层时，就会聚积成为地下水。所以重力水是地下水的重要来源。地下水的水面距地表的深度称为地下水位。地下水位要适当，不宜过高或过低。地下水位过低，地下水不能通过毛管支持水方式供应植物；地下水位过高不但影响土壤通气性，而且有的土壤会产生盐渍化。若重力水在渗漏的过程中碰到质地黏重的不透水层可透水性很弱的层次，就形成临时性或季节性的饱和含水层，称为上层滞水。这层水的位置很高，特别是出现在犁底层以上会使植物受渍，通常把根系活动层范围的上层滞水叫潜水层，对植物生长影响较大。重力水虽然能被植物吸收，但因为下渗速度很快，实际上被植物利用的机会很少。

上述各类型的水分在一定条件下可以相互转化，例如，超过薄膜水的水分即成为毛管水，超过毛管水的水分成为重力水，重力水下渗聚积成地下水，地下水上升又成为毛管支持水；当土壤水分大量蒸发，土壤中就只有吸湿水。

（2）存在形态

土壤水存在于土壤孔隙中，尤其是中小孔隙中，大孔隙常被空气所占据。穿插于土壤孔隙中的植物根系从含水土壤孔隙中吸取水分，用于蒸腾。土壤中的水气界面存在湿度梯度，温度升高，梯度加大，因此水会变成水蒸气蒸发逸出土表。蒸腾和蒸发的水加起来叫作蒸散，是土壤水进入大气的两条途径。表层的土壤水受到重力会向下渗漏，在地表有足够水量补充的情况下，土壤水可以一直入渗到地下水位，继而可能进入江、河、湖、海等地表水。

（3）土壤含水量相关指标

土壤含水量有三个重要指标。

① 土壤饱和含水量，表明该土壤最多能含多少水，此时土壤水势为 0。

② 田间持水量，是土壤饱和含水量减去重力水后土壤所能保持的水分。重力水基本上不能被植物吸收利用，此时土壤水势为-0.3 Pa。

③ 萎蔫系数，是植物萎蔫时土壤仍能保持的水分。这部分水也不能被植物吸收利用，此时土壤水势为-15 Pa。

田间持水量与萎蔫系数之间的水称为土壤有效水，是植物可以吸收利用的部分。当然，一般在田间持水量的 60% 时，即土壤水势-1 Pa 左右就采取措施进行灌溉。

7. 土壤通气性

土壤的通气性是指土壤空气与近地面大气之间以及土体内部的气体交换的性能。

（1）土壤通气性的重要性

通气性是土壤的重要特性之一。其重要性在于，通过土壤空气与大气交换，不断排出 CO_2，同时从大气中获得新鲜 O_2，使土壤空气不断得到更新；土体内部的气体交换，可使土体内部各部分的气体组成趋向均一。这是保证土壤空气质量，使微生物能进行正常生命活动，作物能够大量吸收水分，作物根系和地上部分能够正常生长等必不可少的条件。如果土壤没有通气性，土壤空气中的氧在很短时期内就可能被全部耗尽，作物根系无法正常生长，更谈不上作物的产量了。土壤通气性不良时，会降低有机质的分解速度及养分的有效性，若长期处于这种状态，还会使土壤酸度提高，引起致病霉菌的发育，易使作物感染病虫害。

（2）土壤通气性的机制

土壤通气性产生的机制有两种：一是气体扩散，即个别气体成分由于该成分的分压梯度而产生的移动；二是气体的整体流动（对流），即土壤空气与大气之间所存在的总压力梯度而产生的气体整体流动。其中气体扩散是主要的。

① 气体扩散

是由组成空气的各个气体成分本身的分压而引起的。通常情况下，土壤空气和大气的总压力是相等的。由于土壤中生物活动不断消耗 O_2、产生 CO_2，使土壤空气中的 CO_2 浓度上升，O_2 浓度下降，于是就出现了土壤空气与大气的 CO_2、O_2 分压不等，从而产生了 CO_2 分压梯度和 O_2 分压梯度，这两个梯度的方向相反，它们分别驱使 CO_2 分子不断从浓度高的土壤空气向大气扩散，而 O_2 分子不断从大气向土壤空气扩散。这种扩散（土壤从大气中吸 O_2，同时排出 CO_2）称为"土壤呼吸"，其结果使土壤空气不断得到更新。

② 气体的整体流动

气体的整体流动方向总是从高压区流向低压区，是受温度、气压、风力以及降水和灌溉水的挤压作用等的影响而产生的。大气压的变化、温度梯度、地表风力等都能产生总压力梯度。大气压上升使一部分大气进入土壤孔隙，大气压下降，土壤空气膨胀而进入大气。气温高，压强大；气温低，压强小。因此，气体从高温处向低温处流动。白天，大气温度高于土壤空气温度，大气流向土壤空气；相反，夜间土壤空气流向大气。

降水和灌溉也能引起土壤空气的整体流动。降雨或灌溉时，水分能快速占领大孔隙，排出其中的土壤空气。降雨或灌溉结束后，大孔隙中的重力水很快排出土体，大气又进入其中，实现了整体流动。

（3）土壤通气性的指标

通常采用的土壤通气性指标有以下几项。

① 土壤呼吸系数（RQ）

指定时间内，一定面积土壤表面扩散出的 CO_2 容积与消耗 O_2 容积的比例。它可用来衡量土壤中生物活动的总强度。正常情况下，RQ 接近于 1。

② 土壤中氧的扩散率（ODR）

每分钟内扩散通过每平方厘米土层的氧的质量（单位：g 或 μg）。其大小反映了土壤空气中氧的补给更新速率的快慢。一些研究表明，当 ODR 降至 20×10^{-8} g/($cm^2 \cdot$ min)时，大多数植物的根系停止生长；当 ODR 保持在 $30 \times 10^{-8} \sim 40 \times 10^{-8}$ g/($cm^2 \cdot$ min)时，植物生长正常。

③ 土壤通气量

土壤通气量指在单位时间内，单位压力下，进入单位体积土壤中的气体总量（CO_2 和 O_2）。土壤的通气量大，表明土壤通气性好。

④ 土壤通气孔隙度

通气孔隙的数量是影响土壤气体交换快慢的主要因素之一，因此常采用土壤的通气孔隙度作为通气性能好坏的一个指标。实践表明，当土壤通气孔隙度小于 10% 时，多数作物会减产，茶树在通气孔隙度小于 8% 时就死亡。小麦、燕麦的最适通气孔隙度为 10%～15%，大麦、甜菜、马铃薯为 15%～20%，棉花为 30%。因此，10% 常作为土壤的临界通气孔隙度。

（二）土壤化学性质

土壤是由多相态物质如固相物质、液相物质、气相物质及生命体构成的复杂综合体。当某种土壤物质微粒子分布在土壤液态水之中，就构成了土壤分散系。它包括土壤溶液、土壤胶体和土壤浊液。

1. 土壤胶体及性质

土壤胶体是土壤中最活跃的部分，对土壤的物理性质、化学性质和土壤发生过程都有重要的影响，如对土壤保肥能力、土壤缓冲能力、土壤自净能力、养分循环等都有影响，土壤化学性质也深刻影响着土壤的形成与发育过程。

（1）土壤胶体的种类

土壤胶体的成分比较复杂，包括无机胶体、有机胶体和有机无机复合胶体。

① 无机胶体

无机胶体（即土壤黏粒）的矿物组成复杂，除少部分较大颗粒是原生矿物外，较细的胶体，特别是小于 100 nm 的胶体，几乎都属于原生矿物在地表风化和成土过程中产生的次生矿物，包括黏土矿物、氧化物组等。其中黏土矿物是组成土壤无机胶体的主要成分。

a. 黏土矿物：包括次生的铝硅酸盐黏土矿物和氧化物，前者是晶体结构，后者一般呈非晶体结构，其中次生铝硅酸盐黏土矿物是组成土壤无机胶体的主要成分。

b. 层状硅酸盐类矿物：从外部形态上看是极细微的结晶颗粒，从内部构造上看，都是由两种基本结构单位硅氧四面体和铝氧八面体所构成，并且都含有结晶水只是化学成分和水化程度不同而已。

c. 土壤氧化物：土壤中的氧化物类矿物又称为非硅酸盐黏土矿物。土壤中的氧化物主要是铁、铝、锰、硅等氧化物及其水合氧化物类。土壤氧化物有的是晶型矿物，如三水铝石、水铝石、针铁矿、赤铁矿、α-石英等。非晶型的氧化物如蛋白石、水铝英石等。土壤氧化物的表面积较大，表面活性高，其电荷数量随土壤酸碱度而变化，对土壤的理化性质影响很大，尤其在南方的红色土壤中对土壤养分、重金属元素的形态、活性、迁移和有效性有重大的影响。这些矿物都是在高温多湿条件下形成的，南方土壤呈红色主要是由于土壤中赤铁矿染色的结果。

② 有机胶体——腐殖质

腐殖质是土壤有机物质在微生物的作用下形成的一类结构复杂、性质稳定的特殊性质的高分子化合物。这类化合物都具有三种基本成分，即芳核结构、含 N 有机化合物及复环形式碳水化合物，其特殊性在于其主体不同于生物体中已知的高分子有机化合物。它是一种经微生物作用重新合成的棕褐色富有小孔隙的胶体物质，这些特殊的物质在形成过程中，往往和微生物本身及其代谢。产物结合得很紧密，以致难以完全分离。它是土壤有机质的主体，一般占土壤有机质的 60%～80%。土壤腐殖质分子质量大，结构复杂，性质稳定，具有明显的胶体性质。土壤腐殖质是非晶态物质，它具有高度的亲水性，吸水量最高可达自身重量的 500%。

③ 有机-无机复合体

土壤中无机胶体和有机胶体往往很少单独存在，而是相互联结在一起的。有机胶体与矿质胶体通过表面分子缩聚、阳离子桥接及氢键合等作用联结在一起的复合体称为土壤有机-无机复合体。通常把土壤有机-无机复合体中的有机碳数量占土壤全碳的比例称为复合度。一般有 50%~90%的有机质与无机胶体复合在一起。土壤中的黏土矿物有巨大的表面积，而腐殖质的性质也十分活跃，二者之间可以通过范德华力、氢键、静电引力、阳离子键桥、水膜等方式结合起来。但有机无机-复合体的形成机制十分复杂，主要取决于土壤腐殖质类型、黏土矿物类型、胶体表面的离子组成、表面酸度、含水量等。

有机-无机复合体是土壤团聚体形成的基本单元，通过有机无机复合体的不断复合可以形成不同大小的微团聚体。土壤中的团聚体被分为大团聚体（粒径>250 μm）和微团聚体（粒径<250 pm）。微团聚体主要由有机无机复合体组成，大团聚体则主要是植物根系和微生物菌丝体黏结了许多微团聚体后形成的。大团聚体中起黏结作用的植物根系和菌丝体被称作颗粒有机质（particulate organic matter，POM）。POM 不但增加了大团聚体中的有机质数量，同时也增加了大团聚体的稳定性。土壤被扰动之后，大团聚体中的有机质含量迅速减小，而微团聚体的数量增加，但所含的有机质数量不变，表明 POM 发生损失。大团聚体中有机质（POM）含量的减少速率是各级初级颗粒中有机质含量减少速率的几十倍，而 POM 的存在时间也只有几个月到 2 年，然后就被更新的 POM 代替。

（2）土壤胶体的性质

土壤胶体具有很高的表面活性，土壤胶体的表面类型、表面性质与表面上发生的物理化学反应是土壤胶体表面化学的主要研究内容，也是土壤化学性质的重要基础。具有以下 3 个主要特性。

① 有巨大的比表面和表面能。对于次生层状铝硅酸盐矿物来讲，不但具有较大的外表面，而且内表面也很大。但黏粒矿物类型不同，内外表面积不一样，比表面积大小顺序为：蒙脱石>伊利石>高岭石。另外腐殖质胶体是疏松网状结构，具有较大的外表面和内间表面。由于表面的存在而产生的能量称为表面能。土壤胶体的比表面越大，表面能就越大，对分子和离子产生的吸引力也越大，吸附能力越强。因此质地越黏重的土壤，其保肥能力越强；反之，越弱。

② 带有一定的电荷。根据电荷产生机制不同，可将土壤胶体产生电荷分为永久电荷和可变电荷。

a. 永久电荷。由黏粒矿物晶体内发生同晶代换作用所产生的电荷称为永久电荷。永久电荷的产生与溶液的 pH 无关，只与矿物类型有关。对于次生层状铝硅酸盐矿物来讲，蒙脱石所带负电荷最多，高岭石最少，伊利石介于二者之间。

b. 可变电荷。土壤胶体中电荷的数量和性质随溶液 pH 变化而变化，这部分电荷称为可变电荷。在某一 pH 条件下，土壤胶体产生的正电荷数量等于负电荷数量，其净电荷数量为零，此时称为该土壤胶体的等电点 pH。当土壤溶液的 pH 大于等电点时，胶体带负电荷；小于等电点时带正电荷。我国北方大多数土壤的 pH 均高于等电点，故带负电。

③ 具有一定的凝聚性和分散性。土壤胶体有两种存在状态，一是胶体微粒分散在介质中形成胶体溶液，称为溶胶；另外一种是胶体微粒相互团聚在一起而呈絮状沉淀，称为凝胶。胶体的两种存在状态在一定条件下可以进行转化。

生产上采取耕翻晒垄、烤田、冻垄等措施，就是提高土壤溶液中的电解质浓度，促使土壤胶体的凝聚和团粒结构的形成。当土壤胶体处于凝胶状态时，有助于团粒结构的形成；而当土壤胶体处于溶胶状态时不利于良好结构的形成，通气透水性能受到影响。

（3）土壤胶体的离子交换作用

① 胶体表面的离子组成

土壤胶体表面吸附的离子与溶液中离子相互交换空间位置，胶体上被吸附的离子解吸后进入溶液，而溶液中的某离子则被吸附到土壤胶体表面，这一过程被称为土壤的离子交换过程。由于土壤胶体表面带有大量的电荷，它可以利用静电引力将土壤溶液中的带反号电荷的离子吸附到胶体的表面附近，而被吸附的离子在胶体表面附近仍然在不停地运动。当该吸附离子某一瞬间（微秒）运动到离胶体表面稍远一点地方时，溶液中的其他水化离子就有可能扩散到离胶体上的该电荷吸附点附近而被吸附，而前一离子则扩散到土壤溶液中。这就是土壤的离子交换作用。

土壤胶体上可以被交换的阳离子称为交换性阳离子。交换性阳离子是土壤胶体吸附的阳离子的一部分。土壤吸附的交换性阳离子可分为两类：

a. 致酸离子。H^+和Al^{3+}类，这是因为H^+和Al^{3+}往往导致土壤呈酸性反应。

b. 盐基离子。指K^+、Na^+、Ca^{2+}、Mg^{2+}、NH_4^+等阳离子。

当土壤胶体上吸附的阳离子全部是盐基离子时，称为盐基饱和土壤；反之则为盐基不饱和土壤。

② 盐基饱和度（base saturation percentage，BSP）

盐基饱和度指土壤中交换性盐基占全部交换性阳离子数量的比例。

我国土壤的盐基饱和度的分布规律是由北向南逐渐降低。一般随着降雨量的增加而减小，因为降雨量越大，土壤盐基的淋失程度越大。在干旱、半干旱地区的土壤盐基多是饱和的；在南方多雨地区土壤盐基不饱和。盐基饱和度常常被作为判断土壤肥力水平的重要指标，盐基饱和度≥80%的土壤，一般认为是很肥沃的土壤；盐基饱和度为50%～80%的土壤为中等肥力水平；而饱和度低于50%的土壤肥力较低。

③ 土壤阳离子交换作用（cation exchange）

土壤胶体吸附的阳离子可以被溶液中的另一种阳离子交换而从胶体表面上解吸，这一过程叫作土壤的阳离子交换过程。如果发生交换的离子是阴离子，则这一过程就叫作阴离子交换过程。

在自然条件下，土壤胶体一般带负电荷较多，故在土壤中阳离子吸附作用更为普遍。阳离子吸附作用是土壤保肥和供肥性的机理所在。阳离子交换反应可用下面的反应式表示：

$$\begin{array}{l} K^+ \\ K^+ \\ H^+ \end{array} \begin{array}{c} NH_4^+ NH_4^+ \\ \boxed{土壤胶体} \\ Mg^{2+} \end{array} \begin{array}{l} Na^+ \\ Na^+ \end{array} 3Ca^{2+} \rightleftharpoons Ca^{2+} \begin{array}{c} Ca^{2+} \\ \boxed{土壤胶体} \\ H^+ \quad Mg^{2+} \end{array} Ca^{2+} + 2K^+ + 2Na^+ + 2NH_4^+$$

a. 阳离子交换作用的特征

（a）可逆性。阳离子交换反应是土壤溶液中的离子与胶体表面上的离子之间的离子吸附和离子解吸反应，吸附与解吸之间是动态平衡。当溶液中的离子组成或浓度发生改变时，胶体上的交换性阳离子就和溶液中的离子发生交换，达到新的平衡。离子可以被吸附在胶体上，也可以被交换下来，进入溶液。在农业生产上，向土壤中加入阳离子养分时，溶液中的养分离子浓度提高，使部分养分离子被吸附到土壤胶体上保存起来，而不会随水流失；当土壤溶液中该养分离子浓度降低时，吸附在胶体上的养分离子就逐渐地进入溶液供植物吸收利用。因此，阳离子交换作用是土壤施肥的理论基础之一。

（b）遵循等离子价数交换的原则。即等量电荷对等量电荷的反应。一个二价的钙离子可以交换两个一价的钾离子。

（c）符合质量作用定律。在一定温度下，对于任何一个平衡反应，根据质量作用定律，假定参与土壤阳离子交换的阳离子在土壤胶体上的吸附强度和被交换的机会是相同的，对于离子价数较低、交换能力较弱的离子，如果提高其浓度，也可交换出离子价数较高、吸附力较强的离子。如较高浓度的 Na^+ 可将土壤胶体吸附的 Ca^{2+} 解吸下来，土壤碱化过程就是这个原因。土壤阳离子的数量测定也是利用这个原理来进行的。在利用交换反应来测定土壤的交换性阳离子数量或电荷点位时，必须加入足够高浓度的电解质才能使交换进行得更彻底。

b. 阳离子交换能力

一种阳离子把其他阳离子从胶体颗粒上交换下来的能力，称为该离子的交换能力。影响土壤阳离子交换能力大小的因素主要有：

（a）阳离子的价数。价数越高的阳离子，受胶体的静电吸附力越大，其交换能力也越强。因此，阳离子的交换能力一般是 $M^{3+}>M^{2+}>M^+$。

（b）离子的水化半径与水化度。在电荷数量相等的同价离子中，其交换能力主要决定于离子的半径及水合度。一般情况下，对于化合价相同的离子而言，离子半径增大使单位面积的电荷密度减小，对极性水分子的吸引力减弱，水合半径减小，其交换能力较强。

（c）离子浓度。阳离子交换作用受质量作用定律的支配，因此，对交换能力较弱的低价阳离子而言，在其浓度足够高的情况下，也可以交换那些交换能力较强的高价阳离子。如铵态氮肥施入土壤中后，NH_4^+ 可以将土壤胶体上的 Ca^{2+} 发生交换而吸附在土壤胶体上。

土壤中常见的阳离子交换能力顺序是：$Fe^{3+}>Al^{3+}>H^+>Ca^{2+}>Mg^{2+}>K^+ \geqslant NH_4^+>Na^+$

在上述序列中 H^+ 是个例外。因为 H^+ 的半径极小，其水化度极弱，运动速度快，易被胶粒吸附，故交换能力很强。

c. 阳离子交换量（cation exchange capacity，CEC）

土壤阳离子交换量是指土壤所能吸附的可交换性阳离子的总量。用每千克土壤中一价离子的物质的量（单位：cmol）来表示，即 cmol(+)/kg。土壤阳离子交换量是土壤交换性阳离子的容量，代表土壤有效养分库容。影响土壤阳离子交换量的因素有：

（a）土壤胶体类型。有机胶体（腐殖质）的 CEC 最大，2∶1 型黏土矿物比 1∶1 型黏土矿物的 CEC 大，氧化物的 CEC 很小（表 1-5）。在质地相同的情况下，北方的土壤比南方的土壤 CEC 大，有机质含量高的土壤 CEC 也较大。

（b）土壤质地。土壤黏粒是土壤胶体的主体部分，也是土壤电荷的主要提供者。因此，质地越黏的土壤，一般 CEC 也越大。CEC 大小顺序：砂土<壤土<黏土。

（c）土壤 pH。随着土壤 pH 的升高，土壤可变电荷增加，土壤阳离子交换量增大（图 1-7）。因此，在测定土壤阳离子交换量时要严格控制土壤 pH。

表 1-5 不同类型土壤胶体的阳离子交换量

土壤胶体	CEC/cmol(+)·kg⁻¹
腐殖质	200~500
蛭石	100~150
蒙脱石	70~95
伊利石	10~40
高岭石	3~15
倍半氧化物	2~4

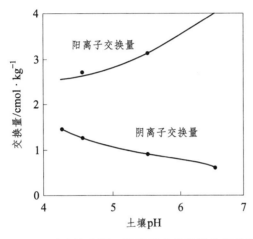

图 1-7 pH 对土壤中阴、阳离子交换吸附作用的影响

土壤 CEC 是土壤的重要化学性质，它直接反映了土壤的保肥、供肥性能和缓冲能力的大小。土壤 CEC 也是土壤分类的重要参考指标。一般认为 CEC 小于 10 cmol(+)/kg 的土壤保肥力较低；大于 20 cmol(+)/kg 的土壤保肥力高。对 CEC 大的土壤（黏质土类），一次施肥量可以大些；对保肥力小的土壤（砂质土类），施肥要少量多次。

我国土壤阳离子交换量的分布规律是：由北向南呈逐渐减少趋势。这主要是由土壤中的黏土矿物类型的差异造成的。

④ 土壤交换性阳离子的有效性

由于交换性阳离子的性质不同，与胶体的吸附强度不同，胶体上的交换性阳离子的有效性也不同。影响阳离子有效性的因素有：

a. 离子饱和度。某种交换性阳离子在胶体上所占的比例越高，其被解吸的概率越大，则其有效度也越高。

b. 陪伴离子效应。在土壤胶体上存在着很多种阳离子，一个离子的有效性往往受其相邻离子性质的影响。对于土壤胶体表面上的某离子 A 来说，在胶体表面存在与其相邻的 B 离子，则 B 离子称为 A 离子的陪伴离子。如果 B 离子与胶体表面结合得比 A 离子松，则 B 离子往往比 A 离子优先解离进入溶液被植物吸收，从而使 A 离子的解吸机会降低而降低其有效性。在碱性土壤上，钠离子的饱和度较高，往往导致 Ca^{2+} 和 K^+ 的有效性降低，从而导致植物缺钙、钾。同样道理，由于胶体吸附了较多的交换能力较强的 Al^{3+} 和 H^+，在相同的 K^+ 饱和度下，酸性土壤上 K^+ 的有效性比中性土壤和碱性土壤上的有效性高，但也更容易淋失。

c. 土壤胶体类型。不同土壤胶体对离子的吸附力不同。在相同离子饱和度下，蒙脱石胶体的电荷密度比较大，对钙离子的吸附力远比高岭石强，因此，只有当蒙脱石表面的盐基饱和度上升到 70% 以上时，钙离子才能比较容易被解吸为植物吸收利用。两种黏土矿物不同的酸性土壤的石灰需要量不同也与此有关。

⑤ 土壤的阴离子吸附

土壤阴离子的吸附有三种情况。第一种情况与阳离子的吸附相似，土壤中的阴离子被土壤胶体上的正电荷所吸附，成为阴离子的交换吸附；第二种是阴离子的负吸附作用；第三种情况是土壤中的阴离子与胶体表面的氧化物或水合氧化物形成更稳定的内圈化合物，称为阴离子专性吸附。

⑥ 土壤的专性吸附作用（specific adsorption）

专性吸附作用是指非静电因素引起的土壤对离子的吸附。而土粒表面由静电引力对离子的吸附都称为土壤非专性吸附。专性吸附是由于土壤溶液中的离子与固相表面的物质发生化学反应而吸附在固相表面。

它与前面讲的静电作用下的吸附过程的显著差异是：静电吸附是一个物理化学过程，是可逆的，没有新物质的形成；而专性吸附过程往往是不可逆的，可形成复杂的化合物。

土壤中产生专性吸附的物质主要是铁、铝、锰等氧化物及其水合物、腐殖质以及高岭石晶面的边缘基团。而专性吸附的机制主要是发生在胶体表面上的化学反应。专性吸附一般发生在胶体双电层的内层，而交换性吸附一般发生在扩散层中。

2. 土壤酸碱性

土壤酸碱性又称为土壤反应，是指土壤溶液中 H^+ 浓度和 OH^- 浓度比例不同而表现出来的酸碱性质，是土壤的重要化学性质。它对土壤肥力有多方面的影响，而高等植物和土壤微生物对土壤酸碱度都有一定的要求。

我国土壤的 pH 大多数在 4～9，在地理分布上有"东南酸而西北碱"的规律性，即由北向南，pH 逐渐减小。大致以长江为界（北纬 33°），长江以南的土壤多为酸性或强酸性，长江以北的土壤多为中性或碱性。

（1）土壤酸性

土壤溶液中 H^+ 浓度大于 OH^- 浓度，土壤呈酸性；如 OH^- 浓度大于 H^+ 浓度，土壤呈碱性；两者相等时，则呈中性反应。土壤酸碱性的形成与气候、母质、农业措施、环境污染等都有关系。土壤溶液中游离的 H^+ 和 OH^- 的浓度和土壤胶体吸附的 H^+、Al^{3+}、Na^+、Ca^{2+} 等离子保持着动态平衡关系。研究土壤溶液的酸碱反应，必须联系土壤胶体和离子交换吸收作用，才能全面地说明土壤的酸碱情况和其发生、变化的规律。

土壤酸度化学的研究最早可追溯到 19 世纪初 Edmund Ruffin 在缺钙土壤上施用石灰大幅度提高产量的实验。以后关于土壤酸度的研究持续很多年，其中一派认为土壤酸度是由土壤中铝作用的结果，而另一派则认为是由交换性 H^+ 造成的。最后研究表明，土壤酸度应归结为交换性 H^+ 和 Al^{3+} 共同作用的结果，建立了氢铝学说，揭示了土壤酸化机制。

① 土壤中 H^+ 的来源

在多雨的自然条件下，降水量大大超过蒸发量，土壤及其母质的淋溶作用非常强烈，土壤溶液中的盐基离子易于随渗滤水向下移动。这时溶液中 H^+ 取代土壤胶体上的金属离子，而为土壤所吸附，使土壤盐基饱和度下降，氢饱和度增加，引起土壤酸化（soil acidification）。

在交换过程中，土壤溶液中 H^+ 可以由下述途径补给。

a. 水的解离

$$H_2O \rightleftharpoons H^+ + OH$$

水的解离常数虽然很小，但由于 H^+ 被土壤吸附而使其解离平衡受到破坏，所以将有新的 H^+ 释放出来。

b. 碳酸解离

$$H_2CO_3 \rightleftharpoons H^+ + HCO_3^-$$

土壤中的碳酸主要由 CO_2 溶于水生成，CO_2 由植物根系、微生物呼吸以及有机质分解产生。所以，土壤活性酸在植物根际要强一些（那里的微生物活动也较强）。

c. 有机酸的解离

土壤中各种有机质分解的中间产物有草酸、柠檬酸等多种低分子有机酸，特别在通气不良及真菌活动下，有机酸可能累积很多。土壤中的胡敏酸和富里酸分子在不同的 pH 条件下可释放出 H^+。

d. 土壤中铝的活化与交换性 Al^{3+} 和 H^+ 解离

盐基饱和度与土壤的酸碱性有密切关系，土壤盐基饱和度的高低也反映了土壤中致酸离子的含量。盐基饱和的土壤具有中性或碱性反应，而盐基不饱和的土壤则呈酸性反应。南方土壤中 H^+ 和 Al^{3+} 等致酸离子较多，土壤的盐基饱和度小，故一般呈酸性；北方土壤中盐基呈饱和状态，故一般呈中性或碱性。

随着阳离子交换作用的进行，H^+ 被土壤胶体吸附，土壤盐基饱和度逐渐下降，而 H^+ 饱和度渐渐提高，当土壤有机矿质复合体或铝硅酸盐黏粒矿物表面吸附的 H^+ 超过一定限度时，这些胶粒的晶体结构就会遭到破坏，有些铝氧八面体解体，Al^{3+} 脱离八面体晶格的束缚变成活性铝离子，被吸附在带负电荷的黏粒表面，转变为交换性 Al^{3+}。土壤胶体上吸附的交换态 Al^{3+} 和 H^+ 被交换进入溶液后，Al^{3+} 水解后释放出 H^+，是土壤 H^+ 的重要来源。

我国土壤的盐基饱和度有自西北、华北往东南、华南逐渐减小的趋势。在干旱、半干旱和半湿润气候地区，盐基淋溶作用弱，土壤的盐基饱和度大，养分含量较丰富，土壤的 pH 也较高，偏碱性。而在多雨湿热的南方地区，因盐基淋溶强烈，土壤盐基饱和度较小，多属盐基不饱和土壤，有的红壤和黄壤盐基饱和度低到 20% 以下，甚至小于 10%，土壤 pH 很低，呈强酸性。

土壤胶体上阳离子的组成和盐基饱和度是土壤在自然条件下长期平衡的结果，随着土壤条件的变化，土壤所吸附的阳离子的组成也经常变化，如灌溉、施肥和作物的吸收均可影响土壤胶体的阳离子组成，基本上决定着土壤酸碱性的变化。

由上可知，土壤酸化过程始于土壤溶液中活性 H^+，土壤溶液中 H^+ 和土壤胶体上被吸附的盐基离子交换，盐基离子进入溶液，然后遭雨水的淋失，使土壤胶体上交换性 H^+ 不断增加，并随之出现交换性 Al^{3+}，形成酸性土壤。

e. 酸性沉降

一是通过气体扩散，使固体物质降落到地面，称为干沉降；另一种是随降水夹带大气酸性物质到达地面，称为湿沉降。pH<5.6 的降雨称为酸雨。大气中的酸性物质最终都进入土壤，成为土壤氢离子的重要来源之一。

f. 其他来源

农业生产上的施肥、灌溉措施也会影响土壤 pH。例如$(NH_4)_2SO_4$、KCl 和 NH_4Cl 等生理酸性肥料施到土壤中后，因为阳离子 NH_4^+、K^+ 被植物吸收而留下酸根；硝化细菌的活动可产生硝酸以及植物根系的酸性分泌物等；另外在某些地区有施用绿矾的习惯，可以产生硫酸；施用石灰则可中和土壤中的 H^+。灌溉硬度较高的水质也会改变土壤的 pH。

$$FeSO_4 + 2H_2O \Longrightarrow Fe(OH)_2 + H_2SO_4$$

② 土壤酸性的类型

根据 H^+ 在土壤中存在的位置不同，一般将土壤酸性分为活性酸度和潜在酸度两种类型。

a. 活性酸度

活性酸度是指土壤溶液中氢离子的浓度直接表现出的酸度。通常用 pH 表示，pH 是氢离子浓度的负对数值。根据 pH 的大小，可将土壤酸碱性分为以下几个级别（表1-6）。我国土壤的酸碱性范围在 4~9。土壤 pH，由北向南呈逐渐降低的趋势，大致以长江为界，长江以南的土壤多为酸性或强酸性，长江以北的土壤多为中性或碱性。

表 1-6　土壤酸碱度的分级

土壤 pH	<4.5	4.5~5.5	5.5~6.5	6.5~7.5	7.5~8.5	8.5~9.5	>9.5
级别	极强酸性	强酸性	酸性	中性	碱性	强碱性	极强碱性

b. 潜在酸度

潜在酸度是指土壤胶体上吸附的致酸离子 H^+、Al^{3+} 所引起的酸度。在未被交换时，酸性并不显现，只有当土壤胶体上吸附的 H^+、Al^{3+} 通过离子交换作用进入土壤溶液时，才显示出酸性，所以称为潜在酸度。潜在酸度通常用 100 g 烘干土中氢离子的物质的量（单位：mmol）表示。土壤潜在酸度又可分为交换性酸度和水解性酸度，两者测定时所使用的盐类不同。

（a）交换性酸度

用过量的中性盐溶液（如 1 mol KCl 或 NaCl 等）与土壤作用，将土壤胶体表面上的大部分 H^+、Al^{3+} 交换出来，再以标准碱液滴定溶液中的 H^+，这样测得的酸度称为交换性酸度。

$$[土壤胶体]H^+ + KCl \Longrightarrow [土壤胶体]K^+ + HCl$$

$$[土壤胶体]Al^{3+} + 3KCl \Longrightarrow [土壤胶体]K^+ + AlCl_3$$

$$AlCl_3 + 3H_2O \Longrightarrow Al(OH)_3 + 3HCl$$

应当指出，用中性盐溶液浸提而测得的酸量只是土壤潜在酸量的大部分，而不是它的全部。

（b）水解性酸度

用弱酸强碱盐溶液（如 pH 8.2 的 1 mol NaOAc）浸提土壤，从土壤中交换出来的 H^+、Al^{3+} 所产生的酸度称为水解性酸度。由于醋酸钠水解生成 NaOH，呈碱性反应（pH 8.5），其 Na^+ 可使胶体上更多的 H^+ 和 Al^{3+} 解离出来，所以土壤的水解性酸度一般高于交换性酸度。

$$CH_3COONa+H_2O \Longrightarrow CH_3COOH+NaOH$$

$$[土壤胶体]H^++CH_3COOH+NaOH \Longrightarrow [土壤胶体]Na^++H_2O+CH_3COOH$$

$$[土壤胶体]Al^{3+}+3NaOH+CH_3COOH \Longrightarrow [土壤胶体]Na^++Al(OH)_3+CH_3COOH$$

改变土壤的酸度，必须中和土壤的总酸量，其中潜在酸是最主要的，通常用水解性酸度代表土壤的总酸量，改良酸性土施用石灰的量一般以水解性酸度作为计算依据。

土壤中的潜在酸比活性酸要大得多，但两者是处于一个平衡系统中的两种酸度。活性酸是土壤酸性的强度指标，而潜在酸则是土壤酸性的容量指标，两者可以相互转化，潜在酸被交换出来即成为活性酸，活性酸被胶体吸附就转化为潜在酸。

（2）土壤碱性

① 土壤碱性的来源

土壤碱性反应一是由于土壤中有弱酸强碱的水解性盐类存在，其中最主要的是碳酸根和重碳酸根的碱金属（Na、K）及碱土金属（Ca、Mg）的盐类存在，它们水解后均呈强碱反应。二是当土壤胶体上交换性钠离子和钙离子的饱和度增加到一定程度时，引起钠离子的交换水解作用，而使土壤溶液呈碱性反应。

$$[土壤胶体]Na^++H_2O \Longrightarrow [土壤胶体]H^++NaOH$$

不同盐类对土壤碱性大小的影响不同。在石灰性土壤中，因含有大量的碳酸钙，水解后产生 OH^-，但其溶解度小，使土壤呈弱碱性反应。故一般石灰性土壤的 pH 不高，多为 7.5～8.0，最高达 8.5 左右。

$$CaCO_2+2H_2O \Longrightarrow Ca(HCO_3)_2+Ca(OH)_2$$

$$Ca(HCO_3)_2+2H_2O \Longrightarrow 2H_2CO_3+Ca(OH)_2$$

土壤中含有碳酸钠、碳酸氢钠等盐类时，其水解能力强，可使土壤的 pH 高达 8.5 以上。

$$Na_2CO_3+2H_2O \Longrightarrow H_2CO_3+2NaOH$$

$$NaHCO_3+H_2O \Longrightarrow H_2CO_3+NaOH$$

② 土壤碱性的表示方法

土壤碱性除用 pH 表示外，常用总碱度和碱化度来表示。

a. 总碱度

总碱度是指土壤溶液或灌溉水中碳酸根和重碳酸根的总量，用中和滴定法测定，是土壤碱度的容量指标，常以百克土壤中该物质的量来表示。

我国碱化土壤的总碱度占阴离子总量的 50% 以上，高的可达 90%。总碱度一定程度上反映土壤和水质的碱性程度，故可作为土壤碱化程度分级的指标之一。

b. 碱化度

碱化度是指土壤胶体吸附的交换性钠离子占阳离子交换量的比例，也称为土壤钠饱和度、钠碱化度、钠化率或交换性钠百分率。

$$碱化度（\%）=（交换性钠/阳离子交换量）\times 100\%$$

当土壤碱化度达到一定程度，可溶盐含量较低时，土壤就呈极强的碱性反应，pH 大于 8.5 甚至超过 10.0。这种土壤土粒高度分散，湿时泥泞，干时硬结，结构板结，耕性极差。土壤理化性质发生的这些恶劣变化，称为土壤的"碱化作用"。

土壤碱化度常被用来作为碱土分类及碱化土壤改良利用的指标和依据，见表1-7。

表1-7　碱化土的划分标准

碱化程度	非碱化土	轻度碱化土	中度碱化土	强碱化土	碱土
钠化率/%	<5	5~10	10~15	15~20	>20

3. 土壤氧化还原反应

土壤中存在一系列参与氧化还原反应的物质，氧化还原反应始终存在于岩石风化和母质成土的整个土壤形成发育过程中，对物质在土壤剖面中的移动和剖面分异、养分的生物有效性、污染物质的缓冲性等有深刻影响。这一过程在土壤中特别是土壤溶液中一直在广泛进行着。

（1）土壤中的氧化还原反应

① 土壤的氧化还原电位

凡是元素氧化数发生变化的反应统称氧化还原反应。元素氧化数增加的过程为氧化，元素氧化数减少的过程为还原反应。氧化还原反应实际上是电子在氧化剂和还原剂之间传递的过程。

土壤中有多种氧化还原物质共存，有的呈氧化态，有的呈还原态。无机矿物主要呈氧化态，而有机质主要呈还原态，其中新鲜的植物残体和有机质是主要的电子供体，其他还原性物质也可以成为土壤中的电子供体，如 Fe^{2+}、Mn^{2+}、S^{2-}、H_2 等，这些物质都是土壤中的还原剂。O_2 是土壤中最主要的电子受体（氧化剂），其他高价氧化态物质也是土壤中的电子受体，如 Mn^{4+}、Fe^{3+}、NO_3^-、SO_4^{2-} 等。表征土壤氧化还原反应的主要指标有氧化还原电位和电子负对数值等。

土壤溶液中氧化物质和还原物质的相对比例，决定着土壤的氧化还原状况。这种由于溶液中氧化态物质和还原态物质的浓度关系而产生的电位称为氧化还原电位（E_h），单位为mV。

$$E_h = E^\ominus + \frac{RT}{nF} \lg \frac{[Ox]}{[Red]} = E^\ominus + \frac{0.059}{n} \lg \frac{[Ox]}{[Red]}$$

式中　$E^\ominus$——标准氧化还原电位；

$\dfrac{[Ox]}{[Red]}$——氧化剂与还原剂的活度比；

n——氧化还原反应中的电子转移数目；

R——气体常数；

T——绝对温度；

F——法拉第常数。

$E^\ominus$ 是指在体系中氧化剂活度与还原剂活度比值为 1 时的 E_h 值，它也是一个强度指标，由该氧化还原体系的本质所决定。各体系的 $E^\ominus$ 值可在化学手册中查到。

对于一给定的氧化还原体系，由于 $E^\ominus$ 和 n 为常数，所以氧化还原电位由氧化剂和还原剂的活度比所决定，比值越大，该体系的氧化强度就越大，则 E_h 值就越高，故也可以把 E_h 作为该体系的氧化强度的一个指标。因此，知道一个体系中的氧化剂和还原剂的浓度，就可以计算出它的 E_h 值。

② 电子活度负对数（pe）

氧化还原反应是一个平衡反应系统，其平衡常数可通过平衡体系中产物与反应物的浓度（或活度）来计算。而 E_h 的单位 mV，不便于应用于化学平衡计算。因此，在电化学平衡计算中一般使用 pe 来描述氧化还原反应的特征。

pe 的定义是：在氧化还原过程中溶液内自由电子活度的负对数值。用数学式表示为

$$pe=-lg\alpha$$

酸碱反应是质子在物质间的传递过程，而氧化还原反应则是电子的传递过程。一般半电池反应为

$$氧化态+ne \rule[0.5ex]{2em}{0.1pt} 还原态$$

用平衡常数 K 处理则为

$$K=[还原态]/\{[氧化态][e]n\}$$

取对数得

$$pe=lgK/n+lg\{[氧化态]/[还原态]\}/n$$

当（氧化态）与（还原态）的比值为 1 时，$pe=\dfrac{1}{n}lgK$，即 $pe^\ominus$。

$$E_h=RTnFlgK$$

由于 $\dfrac{1}{n}lgK=pe$，故得 $pe=\dfrac{FE_h}{2.303RT}$

$$E_h=2.303RTpe/F=0.059pe$$

$$pe=E_h/0.059$$

E_h 和 pe 都是氧化还原的强度指标，E_h 大小是由 $E^\ominus$ 和数量因素氧化态与还原态的浓度比决定的。E_h 高低表示氧化还原的难易，习惯上已长期使用，但计算比较麻烦。pe 以电子活度表示，不需换算，可从平衡常数 K 直接计算，比较方便。在氧化体系中 pe 值是正值，氧化性越强，则 pe 值越大；在还原体系中 pe 是负值，还原性越强，pe 的负值也越大。

（2）土壤中主要的氧化还原体系

土壤溶液中发生氧化还原的物质很多，有着多种氧化还原体系，主要的氧化还原体系有氧体系、锰体系、铁体系、氮体系、硫体系、有机碳体系等。

大气中的氧是土壤中主要的氧化剂，它进入土壤与土壤中的化合物起作用，从土壤物质中得到电子被还原为 O_2^-。土壤中生物化学过程的方向与强度在很大程度上取决于土壤气体和溶液中氧的含量。当土壤中 O_2 被消耗掉，其他氧化态物质如 NO_3^-、Fe^{3+}、Mn^{4+}、SO_4^{2-} 依次作为电子受体被还原，这种依次被还原的现象称为顺序还原作用。

土壤中主要的还原性物质（还原剂）是有机质，尤其是新鲜未分解的有机质，它们在适宜的温度、水分和酸碱条件下还原能力极强。其他低价形态的元素也是土壤中的还原剂，如低价的铁、锰等。土壤中易氧化物质如 Fe^{2+}、Mn^{2+} 等含量多，说明该土壤还原性强，抵抗氧化物质的能力也强；反之，易还原物质如 Fe^{3+}、Mn^{4+} 较多时，抗还原的能力强。含铁、锰较多的土壤渍水后 E_h 不易迅速下降，具有较强的缓冲作用。

土壤中氧化态或还原态物质的相对浓度直接受土壤通气性的控制。通气条件良好，土壤气体中氧的含量就高，则氧的分压大，土壤溶液中氧的浓度也高，氧化态物质的浓度与还原态物质浓度的比值增大，氧化还原电位也高；反之则低。

由于多种多样氧化还原体系存在，并有生物参与，土壤中的氧化还原反应较纯溶液复杂，其共同特点为

① 土壤中氧化还原体系有无机体系和有机体系两类。在无机体系中，重要的有氧体系、铁体系、锰体系、硫体系和氢体系等。有机体系包括不同分解程度的有机化合物、微生物的细胞体及其代谢产物，如有机酸、酚、醛类和糖类等化合物。

② 土壤中氧化还原反应虽有纯化学反应，但很大程度上是由生物参与的。如 NH_4^+ 氧化成 NO_3^- 必须在硝化细菌参与下才能完成，亚铁的氧化在土壤中常在铁细菌的作用下引起。

③ 土壤是一个不均匀的多相体系，即使同一田块不同点位，其氧化还原反应都有很大的变异，测 E_h 时，要选择代表性土样，最好多点测定求平均值。

④ 土壤中氧化还原平衡经常变动，不同时间、空间，不同耕作管理措施等都会改变 E_h，土壤 E_h 的高低主要受土壤通气状况控制。

（3）土壤 E_h 的变化范围

通常把 300 mV 作为土壤氧化还原状况的分界线，E_h>300 mV 时土壤呈氧化状态，<300 mV 时土壤呈还原状态；E_h 过高或过低都对植物生长不利。当 E_h>750 mV 时，土壤中好气条件太强，有机质分解过旺，易造成养分的大量损失。而 Fe、Mn 完全以高价化合物的形式存在，溶解度极小，植物易造成缺 Fe 而发生失绿病，也会因缺 Mn 而发生灰斑病、白斑病。当 E_h<200 mV 时，Fe、Mn 化合物呈还原态，土壤溶液中 Fe^{2+} 浓度高，会使水稻田秧苗中毒。我国南方有些地区，水稻受害的水溶态 Fe^{2+} 的临界浓度为 50 ~ 100 mg/kg。随着 Fe、Mn 的还原，土壤颜色由红棕、黄褐色变为青灰色。当 E_h 降为负值后，某些土壤可能出现 H_2S，对作物产生毒害。

旱地土壤 E_h 变动在 200 ~ 750 mV 时，如果 E_h 低于 200 mV，则表明土壤水分过多，通气不良。土壤的 E_h 在 400 ~ 700 mV 时，旱地多数作物可以正常发育，过高或过低均对植物营养不利。

水田土壤 E_h 变动较大，在排水期间，其 E_h 可达 500 mV 以上，在淹水期间，可低至 150 mV 以下。通常水稻适宜在 E_h 200 ~ 400 mV 的条件下生长。如果土壤 E_h 经常处在 180 mV 以下甚至低于 100 mV，水稻分蘖就会受阻。如果长期处于 100 mV 以下，水稻甚至会死亡。

（4）影响土壤氧化还原电位的因素

对土壤氧化还原电位影响最大的因素有土壤的通气状况、生物代谢强度、还原性物质的数量等，pH 只是影响土壤 E_h 电位的影响因素之一。通气良好的土壤，E_h 较高；通气不良的土壤 E_h 较低，如沼泽土、排水不良的水稻田。微生物活动旺盛以及根系呼吸越强烈，耗氧越多，使土壤溶液中的氧分压减低，氧化还原电位降低。在一定的通气条件下，土壤易分解的有机质越多，耗氧越多，氧化还原电位越低。所以，在淹水条件下施用新鲜的有机肥料，土壤 E_h 剧烈下降，这种现象在绿肥还田早稻苗期经常发生。植物根系分泌多种有机酸，造成特殊的根际微生物的活动条件，有一部分分泌物能直接参与根际土壤的氧化还原反应。水稻根系分泌氧，使根际土壤的 E_h 较根外土壤高。根系分泌物虽然主要限于根域范围内，但它对改善水稻根际的土壤营养环境有重要作用。

（三）土壤生物学性质

1. 土壤酶特性

土壤酶是指土壤中的聚积酶，来源于植物、动物和微生物及其分泌物，并且主要来源于

微生物，包括存在于活细胞中的胞内酶和存在于土壤溶液或吸附在土壤颗粒表面的胞外酶。土壤酶是土壤组分中最活跃的有机成分之一，是土壤生物过程的主要调节者，其参与了土壤环境中的一切生物化学过程，与有机物质分解、营养物质循环、能量转移、环境质量等密切相关，并且酶的分解作用是物质循环过程的限制性步骤，土壤酶的分解作用参与并控制着土壤中的生物化学过程在内的自然界物质循环过程，酶活性的高低直接影响物质转化循环的速率，因而土壤酶活性对生态系统功能有很大的影响。而土壤酶活性是土壤中生物学活性的总体现，它表征了土壤的综合肥力特征及土壤养分转化进程，且对环境等外界因素引起的变化较敏感，因此土壤酶活性可以作为衡量生态系统土壤质量变化的预警和敏感指标。

（1）土壤酶的来源

① 植物根系分泌释放土壤酶。一些研究表明，植物根系不仅能够分泌释放淀粉酶，还能分泌出核酸酶和磷酸酶。植物残体的分解也能继续释放土壤酶，但要定量植物残体分解过程中释放的酶还是很困难。

② 微生物释放分泌土壤酶。微生物释放酶的大体过程是：细胞死亡，胞壁崩溃，胞膜破裂，原生质成分进入土壤，酶类必然释放进入土壤。植物根际酶活性的优势问题，除了根系本身的作用外，与根际微生物是分不开的。植物根系是微生物的特殊生境，根际内微生物的数量总比根际外高，当微生物受到环境因素刺激时，便不断向周围介质分泌酶，致使根际内外酶活性存在很大差异。

③ 土壤动物区系释放土壤酶。土壤是为数极多的动物居住的环境，土壤动物区系提供的土壤酶数量较少。

④ 动物、植物残体释放酶。半分解和分解的根茬、茎秆、落叶、腐朽的树枝、藻类和死亡的土壤动物都不断向土壤释放各种酶类。

（2）土壤酶的分类

土壤酶的种类很多，仅参与土壤氮素循环的土壤酶就有 200 种左右。已知的酶根据酶促反应的类型可分为六大类：

① 氧化还原酶类：酶促氧化还原反应。主要包括脱氢酶、过氧化氢酶、过氧化物酶、硝酸还原酶、亚硝酸还原酶等。

② 水解酶类：酶促各种化合物中分子键的水解和裂解反应。主要包括蔗糖酶、淀粉酶、脲酶、蛋白酶、磷酸酶等。

③ 转移酶类：酶促化学基团的分子间或分子内的转移同时产生化学键的能量传递的反应。主要包括转氨酶、果聚糖蔗糖酶、转糖苷酶等。

④ 裂合酶类：酶促有机化合物的各种化学基在双键处的非水解裂解或加成反应。包括天门冬氨酸脱羧酶、谷氨酸脱羧酶、色氨酸脱羧酶。

⑤ 合成酶类：酶促伴随有 ATP 或其他类似三磷酸盐中的焦磷酸键断裂的两分子的化合反应。

⑥ 异构酶类：酶促有机化合物转化成它的异构体的反应。

（3）土壤酶的作用

土壤酶是土壤生物化学过程的积极参与者，主要作用体现在土壤质量的生物活性指标与土壤肥力的评价指标 2 个方面。

① 土壤质量的生物活性指标

土壤酶能积极参与土壤中营养物质的循环，在土壤养分的循环代谢过程中起着重要的作用，是各种生化反应的催化剂。土壤酶活性与土壤生物数量、生物多样性密切相关，是土壤生物学活性的表现，可以作为土壤质量的整合生物活性指标。土壤酶活性作为农业土壤质量的生物活性指标已被大量研究。有研究表明，农田的耕作方式会影响酶活性的高低，如土壤蔗糖酶、脲酶和磷酸酶活性在单作方式下低于轮作方式。另外，不同土地利用类型的酶活性也会有不同的表现，如森林土壤磷酸单脂酶和 β-葡萄糖苷酶活性高于农田。土壤改良过程中应注意对各类凋落物的保护，凋落物在腐解过程中会向土壤中释放酶，从而增强土壤酶活性，这对于促进营养物质的循环代谢和提高有效养分具有重要意义。

② 土壤肥力的评价指标

土壤酶活性是维持土壤肥力的一个潜在指标，它的高低反映了土壤养分转化的强弱。土壤酶学的研究与土壤肥力的研究联系非常紧密。有关研究表明，土壤过氧化氢酶、蔗糖酶活性可以用来评价土壤肥力的状况，土壤酶活性可以作为衡量土壤生物学活性及其生产力的指标。土壤酶活性可以作为土壤肥力的辅助指标。过氧化氢酶作为土壤中的氧化还原酶类，其活性可以表征土壤腐殖质化强度大小和有机质转化速度。过氧化物酶在有机质氧化和腐殖质形成过程中起着重要作用。土壤蔗糖酶可以增加土壤中的易溶性营养物质，其活性与有机质的转化和呼吸强度有密切关系。土壤脲酶活性能够在一定程度上反映土壤的供氮能力。土壤磷酸酶是活性高低直接影响着土壤中有机磷的分解转化及其生物有效性。纤维素酶可以表征土壤碳素循环速度的重要指标。

③ 土壤酶的研究前景

土壤酶作为土壤质量的生物活性指标和土壤肥力的评价指标，在土壤生态系统中扮演着重要的角色。在农业生产过程中，应以活化土壤养分、改善土壤肥力和提高养分利用效率为目的，充分利用土壤酶生物化学特性，发挥土壤酶生物活性优势。随着科学的发展和新技术的引进，土壤酶的研究已取得巨大的进步。但在未来一段时间内，将土壤酶与农业生产实践和土壤环境生态保护、污染治理相结合，用土壤酶学知识处理农林业生态环境的实际问题，仍是土壤酶学的发展前景和趋势。由于土壤酶活性对农业生态环境的污染，如化肥、除草剂、杀虫剂等的敏感性，因而将土壤酶系统分异作为污染土壤修复的生物活性指标对于保护农业生态环境具有重要意义。由于酶活性的高低可作为微生物降解污染物的指标，因而应用土壤酶活性与植物、土壤微生物的关系及其在降解农业有机污染物方面的作用，可以为污染土壤修复提供切实可行的技术策略。另外，全球气候变化，尤其是大气 CO_2 升高对生态系统的影响成为全球关注的焦点问题，各国科学家竞相参与到这个极具挑战性的研究领域。土壤生态系统是大气 CO_2、CH_4、NO_x 等温室气体的"转换器"，而这些温室气体的转换过程与土壤酶系统的生物化学过程（如凋落物的分解、纤维素半纤维素的降解、土壤有机质的矿质化、土壤 N 的氧化还原反应等生态过程）密切相关。因此，从植被、土壤微生物、土壤酶系统和 C、N、P 循环等的互动机理过程探讨土壤酶对全球气候变化的响应及其互动机制可能是未来土壤酶学面临的新的挑战

2. 土壤微生物特性

土壤微生物是土壤生态系统的重要组分之一，几乎所有的土壤过程都直接或间接地与土壤微生物有关。在土壤生态系统中土壤微生物的作用主要体现在：① 分解土壤有机质和促进腐殖质形成；② 吸收、固定并释放养分，对植物营养状况的改善和调节有重要作用；③ 与植

物共生促进植物生长，如豆科植物的结瘤固氮和植物菌根的形成；④ 在土壤微生物的作用下，土壤有机碳、氮不断分解，是土壤微量气体产生的重要原因；⑤ 在有机物污染和重金属污染治理中起重要作用。另外，土壤微生物特性对土壤基质的变化敏感，其群落结构组成和生物量等可以反映土壤的肥力状况。因为土壤微生物特性与土壤质量的关系密切。

（1）土壤微生物群落结构与土壤质量

土壤微生物群落结构主要指土壤中各主要微生物类群（包括细菌、真菌、放线菌等）在土壤中的数量以及各类群所占的比率，其结构和功能的变化与土壤理化性质的变化有关。土壤的结构、通气性、水分状况、养分状况等对土壤微生物均有重要影响。在熟化程度高和肥力好的土壤中，土壤微生物的数量较多，细菌所占的比例较高；而在干旱及难分解物质较多的土壤中，土壤微生物总数较少，细菌所占比率相对较低，而真菌和放线菌的比率相对较高。

土壤退化或受损会影响到土壤微生物的多样性。土壤微生物数量、种类及其组成会随土壤受污染与退化的程度发生变化，由此可以反映出一个受损生态系统的受损程度或恢复潜力。一般来说，土壤退化或受损对土壤微生物的数量及种类产生的是负面影响，但某些耐性微生物种类在被污染土壤中的数量反而增加。

（2）土壤微生物生物量与土壤质量

土壤微生物生物量是土壤有机质中有生命的部分，它的大小反映了参与调控土壤中能量和养分循环以及有机物质转化的微生物数量。通常情况下，土壤微生物生物量与土壤有机碳含量关系密切：土壤碳含量高，土壤微生物生物量也相应较高。由于土壤微生物生物量碳、氮能够敏感且及时地反映或预示土壤的变化，因而被越来越多地用作土壤质量的生物指示指标。

土壤微生物生物量可以敏感地反映出不同土壤生态系统间的差异。草地或林地开垦为耕地后会导致土壤微生物生物量的下降，这可能是由于耕作使土壤有机物很快分解，进而土壤微生物活性降低。

土壤微生物对土壤中有害物质如重金属、农药、酸害、除草剂等反应敏感，因此可借助土壤微生物生物量的分析诊断土壤环境的健康状况。在指示土壤过程或土壤健康状况时，土壤微生物生物量碳与土壤有机碳的比值（C_{mic}/C_{org}）和土壤微生物代谢熵（即土壤微生物基础呼吸与土壤微生物生物量之间的比值，qCO_2）等也被用作土壤性质或健康的生物指标。qCO_2伴随着生态系统由初级向高级的演替而呈现下降趋势，在 qCO_2 较低的土壤中微生物对碳的利用效率较高，维持相同微生物生物量所需的能量就少，土壤质量也越好。

（3）土壤微生物与酶活性的关系

活体微生物对土壤酶的影响相当大。特定的土壤酶活性与细菌和真菌类群密切相关。土壤微生物数量，尤其是土壤细菌的丰富度与土壤磷酸单酯酶、β-葡聚糖酶、脱氢酶和 FDA 水解酶等酶活性呈显著正相关。一般认为，脲酶、脱氢酶、蛋白酶、磷酸酶和纤维素酶的活性与微生物生物量有较密切的关系，会随着微生物生物量的增加而不断增强，能够表征土壤碳、氮、磷等养分的循环状况。在受污染或退化的生态系统中，随着土壤有机质含量的降低和土壤微生物生物量的减少，土壤酶的活性也会降低。

任务二　土壤环境无机污染物

土壤无机物污染是指有毒有害的无机物质进入土壤后，其数量和速度超过了土壤的净化作用的速度，破坏了自然动态平衡，使污染物的积累过程逐渐占据优势，从而导致土壤自然正常功能失调，土壤质量下降，并影响到作物的生长发育，以及产量和质量下降。

硝酸盐、硫酸盐氯化物、可溶性碳酸盐等是常见的且大量存在的无机污染物。这些无机污染物会使土壤板结，改变土壤结构，导致土壤盐渍化和影响水质等。

无机污染物主要有重金属和放射性核素物质，以及有害的氧化物、酸、碱、盐、氟等。重金属和放射性物质污染最难彻底清除，对人体最具潜在危害性。

一、土壤重金属污染

重金属指比重大于 5.0 g/cm³ 的金属元素。一般指汞、镉、铅、铬、锌、铜、钴、镍、锡、钡、锑等，从毒性角度通常把砷、铍、锂、硒等也包括在内。目前最受关注的 5 种重金属元素是汞、砷、镉、铅、铬。根据《全国土壤污染状况调查公报》（环境保护部，2014）显示，土壤污染类型主要以无机型为主，超标的无机污染物中，按照污染点位超标率排序依次为镉（Cd，7.0%）、镍（Ni，4.8%）、砷（As，2.7%）、铜（Cu，2.1%）、汞（Hg，1.6%）、铅（Pb，1.5%）、铬（Cr，1.1%）、锌（Zn，0.9%）。重金属污染是我国土壤污染防治面临的主要问题。

（一）汞

汞（Hg）作为一种全球性的重金属污染物，广泛分布于多种环境介质中，其中土壤是全球汞最大的储存库。土壤中的汞可通过多种暴露途径进入人体，危害人类健康。伴随着全球气候变暖和人为活动加剧，全球土壤汞污染问题日益严重。

土壤是全球最大的汞储存库。土壤汞的主要形式为：单质汞、无机汞和有机汞。汞具有极强的神经毒性和生物富集性，即使是较低剂量的暴露也会引发严重的健康问题。常温常压下，汞可以气体形式稳定存在，土壤中释放出来的汞可以在大气中长距离迁移。因此，汞是一种全球性污染物，引起了国际上的广泛关注。为了保护人类和环境健康，联合国环境规划署颁布了《关于汞的水俣公约》，对汞的排放及处置制定了一系列措施。

土壤中汞的赋存和污染情况与生态环境安全直接相关。土壤汞含量过高会影响植物生长和微生物活动。土壤中的汞还会通过消化吸收、皮肤接触、呼吸其他暴露途径进入人体，危害人类健康，特别是对孕妇和胎儿。中国环境科学研究院调查结果表明，汞的环境暴露来源以膳食为主（贡献比为 61.23%~99.77%）。大米是汞的重要膳食来源。在许多内陆国家，食用稻米是人体汞暴露的主要途径。伴随着工业化与城市化，土壤汞污染日益严重。近年来，伴随着长距离的大气迁移，化石燃料的燃烧造成土壤和沉积物中的汞增加了 3~10 倍。2014年，环境保护部联手国土资源部公布的《全国土壤污染状况调查公报》显示，在实际调查的约 6.30×10⁶ km² 土壤中，汞的点位超标率为 1.6%。

研究表明，中国每年有 565.5 Mg 的零价汞从土壤排放到大气中。在全球范围内，北半球的土壤汞污染较南半球更为严重。这可能是由于北半球人口较多，经济较为发达，人类生活生产造成了人为汞排放量的增加。其中，亚洲和欧洲土壤汞污染相对严重。在欧洲，生产活动对当地土壤污染的贡献较大；塞浦路斯和斯洛伐克等欧洲国家进行了大量的采矿活动，这可能是造成该地区土壤汞污染的主要原因。我国为亚洲土壤汞污染较为严重的地区。我国范围内的土壤总汞浓度大多满足早期的三级标准。但是，仍然有部分地区出现了较为严重的土壤汞含量超标现象，这可能与某些区域土壤汞背景值较高有关。

总体来看，中国土壤总汞浓度呈现南高北低的趋势。我国中南和西南地区土壤汞污染较为严重，这可能和我国几大汞矿和有色金属冶炼厂的地理位置分布有关，如万山、务川、丹寨、滥木厂汞矿和株洲有色金属冶炼厂均位于我国南部。此外，中国还有大量含汞废物进入垃圾填埋场。

（二）镉

镉（Cd）是一种生物毒性极强的重金属元素。联合国粮食及农业组织（简称联合国粮农组织）和世卫组织还曾议定了人体能摄入镉的最低剂量，对镉的限制十分严格。由于土壤是连接生物界与非生物界的纽带，所以镉一旦进入土壤，势必会引起生物圈的污染。近年来，随着工矿业"三废"的排放与堆放、农化产品的不当使用及污水灌溉、城镇化发展伴生问题的发生，重金属镉通过各种途径进入土壤并造成污染，在影响植物产量和质量的。同时，也会通过能量流动最终富集到人体中造成危害。

镉是植物生长过程中的非必需元素。对植物的影响可分为 2 个层次：植物细胞、植物体。镉进入植物细胞内会影响核酸、细胞内蛋白的合成，破坏细胞中的膜结构，还能与酶形成共价键而结合影响其活性，降低细胞中的叶绿素含量。当种子进入镉污染的土壤后，镉会降低种子活力，抑制种子的有丝分裂、萌发率、根的生长速率。当种子发芽长成植株后，镉还会影响其植物根系的生长、降低对水分和养分的吸收，由于镉在细胞中的累积，光合、蒸腾作用也受到阻碍，影响植物正常生长，最终导致减产。镉离子进入植物体后，在植物的各个器官之间迁移，并渐进累积到果实、籽粒中，进而影响其质量、产量。

对于人体来说，镉元素同样不是必需微量元素。由于人类位于食物链的顶端，镉便随着物质循环、能量流动，通过饮食、饮水、呼吸等途径进入人体。人体内的镉均源于外界，主要通过呼吸道进入人体，一旦进入人体就很难再排出体外，随着年龄的增长逐渐积累。镉对人体的毒害，分为急性毒害和慢性毒害 2 种。急性毒害主要损伤肝脏，慢性毒害主要损伤肾脏。吸入含镉的气体能造成急性中毒，表现出胸闷气短、咽痛咳嗽、全身酸痛无力等症状，严重者会出现肺水肿、肺炎，有明显的呼吸困难，甚至会因急性呼吸衰竭而死亡。若食物中含有镉，误食后也可引起急性镉中毒，10 ~ 20 min 后就会发生恶心、呕吐、腹泻等症状，严重者甚至出现抽搐、休克等症状，需要经过 3 ~ 5 d 才可恢复。长期暴露于低镉环境中的人体则会慢性中毒，尿中含大量低分子量蛋白质，导致肾小管功能障碍、损害肾脏。在人体内的镉还会替代部分骨质中的钙，造成骨质疏松、骨骼变形，甚至死亡。这就是痛痛病的原因。此外，镉元素还有较强的致癌、致畸和致突变作用。由于镉的生物半衰期长达 10 ~ 30 年，而且目前还没有对于镉有效的药物，对人体生命健康产生严重的影响。

土壤镉污染来源包括工业生产污染、农业生产污染、城市发展污染 3 个方面，具体可以细分为以下 4 点：① 干湿沉降。大气中的镉主要是以气溶胶的形式存在，其通过自身重力作用或者雨水淋洗而进入土壤。干湿沉降夜以继日地进行着，土壤中的镉不断累积而产生污染。大气的干湿沉降是土壤镉污染的主要原因，每年耕地中大约有 15 g/hm² 的镉输入，占全部镉污染来源的 88%左右。② 污水、污泥农用。由于我国水资源缺乏，特别是北方，随着工业的发展，用水量不断加大，导致农业用水紧缺，人们就想到了用污水进行灌溉。而在多数情况下，用于灌溉的水质并不达标，便造成了污染。污水灌溉镉污染土壤的事例也不在少数，如沈阳张士污灌区、甘肃白银污灌区。另外，为了实现废物再利用，盲目地将富含氮、磷、钾的污泥用作有机肥施入土壤，由于其中也含有大量的重金属镉，从而造成污染。③ 农化产品的使用。由于人口的不断增加，人们对粮食的需求量也在不断增加，由于过度用地，导致土壤肥力下降。为了提高土壤肥力、增加粮食产量，人们便开始向土壤中施加化肥。众所周知，磷是植物生长的必需元素，镉伴随磷肥不断施入土壤而导致土壤污染。进口磷肥中的镉含量是国内磷肥含量的 10 ~ 20 倍，成为一个重要的镉污染源。同时，人们为了提高产量，还向植物喷洒农药以防治病虫害，而高镉含量的农药并不占少数。此外，大量使用农膜造成白色污染的同时也造成了镉污染，这是由于在农膜生产过程中添加了含镉的热稳定剂。总而言之，农化产品的不当使用是镉污染土壤的一个主要来源。④ 生活、生产垃圾的堆放。日常生活的大量垃圾未及时收集、处理而随意堆放，其中所含的镉元素经雨水溶解、沉淀作用，大多渗入周围土壤中并累积，导致土壤中镉含量增加。采矿厂、冶炼厂等重工业厂矿产生的废渣乱堆乱放，其中的镉也与生活垃圾一样，受到雨水冲刷、沉淀等作用而污染土壤。此外，人们对于肉类需求量的增加也促使全国规模化养殖场的数量不断增加，由于镉很难被畜禽吸收，即随粪便排出体外。堆积的粪便也如同生活垃圾、废渣，逐渐污染土壤；而用作有机肥施入土壤的粪便直接造成镉污染。

（三）砷

砷（As）虽非重金属元素，但由于它的高毒性，且地球化学性质与重金属相似，常常将它作为准金属与重金属一同进行研究讨论。砷及重金属由于无法被生物降解极易在环境介质和食物链中富集，并通过饮用水、膳食等途径进入人体，在肾脏、肝脏等器官累积而造成慢性中毒。同时，砷及重金属也会对人体神经系统、内分泌系统、呼吸系统和心脑血管等造成严重损害，故砷及重金属暴露一直是威胁人类健康的主要杀手。

自然环境中砷及重金属来源十分广泛，岩石风化、残落生物体等自然来源和工业、生活、农业等人类活动是土壤中砷及重金属的主要来源。砷及重金属污染是指人类活动将砷及重金属带入土壤，导致土壤中砷及重金属含量明显高于背景值，并造成现存的或潜在的土壤质量退化、生态与环境恶化的现象。因人类活动导致土壤砷及重金属污染的途径主要有大气沉降、污灌、工业固体废物不当堆置、矿产活动、农药和化肥的使用等。例如，高 As 地下水被用于农业灌溉是土壤富集 As 的最主要途径。

环境中的砷分为有机态与无机态两种，有机态砷包括一甲基砷、二甲基砷和三甲基砷，无机态砷主要包括+5 价及+3 价砷，无机态是土壤中砷的主要存在形态，且一般而言无机态砷的毒性大于有机态，此外无机态砷中，+3 价砷的毒性大于+5 价砷。不同生物对砷的吸收利用及耐受度不同，研究表明植物对水溶性砷的吸收率最高，亚砷酸钙次之，亚砷酸铁最低。就耐受度而言，有研究显示不同种类砷对生菜的毒性大小为三价砷>二甲基砷>五价砷>一甲基砷。土壤理化性质如矿物组成、酸碱度、阳离子交换量及氧化还原电位（E_h）的不同导致土壤对砷的吸附固定能力存在一定的差异，因此不同土壤类型中砷存在形式及各形态含量占比存在差异。

砷的环境毒性及迁移转化特性不仅与其价态有关，也与其形态密切相关，为了方便研究，有研究者对于砷的形态进行不同方式的分类，如 Wenzel 等的分类方法中，砷被分为非专性吸附态、专性吸附态、无定形和弱结晶铁铝或铁锰水化氧化物结合态、结晶铁锰或铁铝水化氧化物结合态及残渣态共 5 种。非专性吸附态砷通过离子交换或者静电引力吸附在介质颗粒外表面，专性吸附态砷主要指的是被羟基吸附形成内层配合物的砷，以上 2 种形态的砷与介质结合程度弱，迁移性强，易被生物体吸收；无定形和弱结晶形态砷在土壤理化性质变化或生物影响下可以发生活化；而结晶态和残渣态砷被矿物晶格固定，不易被生物体吸收。因此，可考虑通过改变土壤环境条件促进砷向结晶态和残渣态转化以降低土壤中砷的环境风险。

砷作为类金属，Tessier 分级提取分类方法同样适用，且目前砷的形态划分多采用 Tessier 法。按照 Tessier 分级方法，砷可分为可交换态、碳酸盐结合态、铁锰氧化物结合态、有机态和残渣态。可交换态砷的生物活性最强，极易随着土体环境的改变从土壤固相进入土壤液相被生物体吸收；碳酸盐结合态、铁锰氧化物结合态、有机态分别指的是与土壤中碳酸盐、水合氧化铁锰、有机质结合的砷，可能随土壤 pH 及 E_h 的降低，有机物的降解而被活化，同样存在一定的环境风险；残渣态的砷稳定存在于矿物晶格中，生物活性很弱，环境风险较低。一般而言，土壤中可交换态砷含量占总砷比例不高，仅为 5%～10%，土壤中的砷大部分以残渣态存在。

（四）铬

铬（Cr）污染作为重金属污染中的一种，是危害人类生存环境的重要元素之一。由于含铬污水的不当排放、污水灌溉、垃圾渗滤等造成了土壤铬污染问题。有研究表明，土壤重金属铬的迁移转化规律、其生物毒性和生物可利用性不仅和土壤中铬的含量有关，而且取决于土壤中铬的赋存状态。例如，土壤中的铬主要以 2 种稳定的氧化态存在，即三价铬[Cr（Ⅲ）]和六价铬[Cr（Ⅵ）]。Cr（Ⅲ）在土壤中易被吸附固定，对动植物和微生物的危害小，而 Cr（Ⅵ）易溶于水，具有较高的活性，并且被认为对人体具有诱变性和致癌性。有研究表明，残渣态铬性质稳定，能长期存在于土壤中，不被植物利用，而交换态铬极易被植物吸收。土壤环境中铬的存在状态不同，会产生不同的化学行为和迁移特性。

土壤中铬的赋存形态及其迁移转化规律。环境中铬（包括各种铬酸盐）在自然界的迁移十分活跃，其迁移主要是通过大气（气溶胶和粉尘）、水和生物链来完成。大气中的含铬粉尘颗粒物降落到地面及含铬工业废水的排放是土壤中重金属铬的主要来源，也是铬污染的主要迁移扩散途径。

Tessier 将土壤中的重金属铬分成交换态铬、碳酸盐结合态铬、铁锰结合态铬、有机结合态铬和残渣态铬 5 种形态。在未受重金属铬污染和轻度重金属铬污染的土壤中，重金属铬主要以残渣态存在；重金属铬污染严重的土壤中，重金属铬主要以铁锰结合态存在。不同污染程度的土壤中水溶态铬、交换态铬和碳酸盐结合态铬的含量都很低。可溶性铬和残渣态铬在 0～40 cm 的土层富集，有机结合态铬和铁锰结合态铬在 40～60 cm 的土层富集。可见有生物作用的重金属铬主要存在于土壤的有机质层、腐殖质层和淋溶层。土壤理化性质也会对铬的形态有一定的影响，以往的研究表明，土壤中有机结合态铬与有机质含量存在极显著正相关，而残渣态铬存在极显著负相关。在酸性较大的土壤中，水溶态和交换态铬含量增大，会增加铬向植物迁移的风险，而土壤残渣态铬也有着随土壤碱性增强而增大的趋势。半沙化土壤中有机结合态以及铁锰氧化态铬含量明显少于农田土壤，相反其水溶态、可交换态的游离铬和碳酸盐结合态铬含量显著高于农田土壤。有机结合态铬和碳酸盐结合态占总铬的含量分别为棕壤>潮土>褐土和潮土>褐土>棕壤。

铬在土壤环境中主要以 Cr（Ⅲ）和 Cr（Ⅵ）2 种形式存在，Cr（Ⅲ）通常以 CrO^{2-} 和 Cr^{3+} 形式存在，Cr（Ⅵ）以 $Cr_2O_7^{2-}$ 和 CrO_4^{2-} 的形式存在。铬的价态分布也会受到土壤母质和土壤自身性质的影响：

（1）土壤 pH：不同的 pH 条件下，Cr（Ⅵ）的存在形态不同，pH 较低时为 $Cr_2O_7^{2-}$，pH 较高时以 CrO_4^{2-} 形式存在。与碱性条件相比，Cr（Ⅵ）在酸性条件下更易被还原为 Cr（Ⅲ）。总体上，Cr（Ⅵ）的含量随 pH 的降低而减少。

（2）土壤中有机质与土壤吸附 Cr（Ⅵ）的含量呈负相关。有机质对土壤 Cr（Ⅵ）有明显的还原作用，Cr（Ⅵ）含量随有机质含量的增大而减小，Cr（Ⅲ）则增加。另外，土壤中活性氧化铝和活性氧化铁含量越高，对 Cr（Ⅵ）吸附量越大。对水稻土和潮土两种土壤研究发现，吸附 Cr（Ⅵ）的浓度随黏土、粉粒、砂粒的顺序而增加，其中粒径在 0.075～0.005 mm 的土壤对 Cr（Ⅵ）的吸附贡献率最大。随着粒径减小，总铬和六铬含量总体呈现同步上升趋势，发现 Cr（Ⅵ）的含量与土壤的深度成正相关，绝大部分都分布在 40～100 cm 的深层土壤中，原因可能是较高含量的土壤黏粒与 Cr（Ⅵ）结合，使 Cr（Ⅵ）富集，而总铬含量的变化趋势则相反。

Cr 的 2 种主要形式可以在由 3 种不同类型的反应调节的动态平衡中互换和共存：① 氧化和还原作用：土壤中存在有机物质和还原性硫化物时，Cr（Ⅵ）会被还原为 Cr（Ⅲ）。② 沉淀和溶解作用：土壤中的 Cr（Ⅲ）以氢氧化物形式存在，容易被土壤吸附固定，非常稳定且不易进行迁移；而 Cr（Ⅵ）具有较强的活性，很难被吸附，在酸性和碱性土壤中均易于迁移。③ 吸附和解吸作用：Cr（Ⅲ）强烈吸附在土壤颗粒表面，它不易与土壤中存在的其他阳离子交换，它只能在酸性土壤中部分迁移。

（五）铅

铅（Pb）是一种金属化学元素，是原子量最大的非放射性元素。铅是柔软和延展性强的弱金属，有毒，也是重金属。全世界平均每年有大约 500 万吨铅蓄电池被报废。而这造成了在过去的 50 年里，进入环境的铅量大约有 7.83×10^5 t，其中大部分进入了土壤，从而对土壤造成了重金属铅污染。铅不仅污染城市环境，随着工业的发展和农药化肥的大量使用，农业生产中铅污染的风险也在加大。

1. 重金属铅污染的来源

（1）铅的开采、冶炼和精炼

金属铅的物理、化学性质，如延展性、耐腐蚀性等，在古代就被人们所熟知。铅矿的开采、冶炼、精炼过程对周围的大气和土壤有很大的影响。在此过程中排出的重金属粒子尺寸为 $0.001 \sim 100 \ \mu m$，烟气粒子尺寸为 $0.01 \sim 2.00 \ \mu m$，在冶炼厂周围的表土中，铅含量可达 $1000 \ mg/kg$。这些铅经过风吹雨淋，流入周边环境和地下水，使污染面积进一步扩大。铅矿主要是伴生矿，在开采和冶炼过程中，不仅会造成铅元素的污染，由于其伴生其他元素的存在，还会造成重金属和铅元素的复合污染，造成农业的进一步减产。

（2）工业"三废"

生产、使用铅和铅化合物的工厂排出的废气、废水、废渣污染环境，进而污染食物，对人类造成危害。特殊的微生物，可将环境中的无机铅转化为有机铅，从而增加了铅在环境中的毒性。世界上很多地方，特别是工业发达的地区，大气中的铅含量极高。

（3）蓄电池

18 世纪 50 年代末，法国物理学家加斯顿·普兰特（Gaston Plante）发现，将氧化铅和铅金属电极浸泡在硫酸电解液中会产生电能，之后可以反复充电。从那时起，技术逐渐成熟，铅酸电池于 1889 年实现商用化。电池市场随着汽车的发展在 20 世纪迅速发展，最终消耗了世界约 75% 的铅产量。铅酸蓄电池用于汽车的启动、照明、点火。如果没有安全有效地回收铅酸电池的措施，就会浪费资源，污染环境。同时，铅酸蓄电池的随意丢弃，不仅造成土壤污染，也造成周围水体的污染。

（4）汽油添加剂

四乙基铅作为高压引擎高温运转时的爆震声问题的汽油添加剂被使用，因此废气中含有大量的铅，成为公路干线附近铅污染的主要原因。四乙基铅随着汽车工业的发展，产量在 20 世纪 50 年代以后达到顶峰。其对环境的毒性是无机铅的 100 倍。目前，随着经济的发展，汽车成为重要的交通工具，私人汽车的数量增加，进一步增大了汽油使用量，周边环境污染严重。另外，随着汽车的普及，汽油的燃烧，铅污染的范围也扩展到了城市郊区和农村地区。一直到 2002 年之后，伴随着联合国环境署开始发起全面叫停含铅汽油的运动，过去的 10 多年时间里，含铅汽油的使用才逐渐减少。我国于 1998 年 2 月颁发文件，规定从 2000 年 7 月 1 日起全国所有加油站一律停止销售车用含铅汽油，所有汽车一律停止使用含铅汽油。

（5）含铅肥料

随着矿产冶炼的发展，将矿产废料应用于肥料生产中具有重要的意义，且符合绿色发展的要求。然而，以矿物为基础辅料的磷肥中含有多种有害重金属元素，其中以铬、铅、砷的含量最高。如果磷肥在农业生产中过量施用，土壤中就会积累重金属，达到一定量就会危害农作物，并通过食物链威胁人类健康。从磷肥带入土壤中的铅污染物具有多种形态，都会不同程度地危害农业生产。除了磷肥，其他含铅矿物肥料的施用均会引起重金属在土壤中积累。

（6）污泥、城市垃圾的农业利用

工业污泥或城市道路污泥中会含有大量的铅，当这些污泥被用于农业肥料施入土壤中时，就会引起土壤中铅含量超标，从而产生污染。城市垃圾中也会有铅污染物，当大量城市垃圾经过处理以后，虽然其中铅含量会显著降低，但长期施用后也会造成土壤重金属铅超标，进而随着植物吸收和土壤流失造成周边环境污染及加大对人体健康危害的风险。

2. 土壤中铅的存在形态及植物对其的吸收作用

土壤中的铅主要以 $Pb(OH)_2$、$PbCO_3$ 和 $PbSO_4$ 等固体形式存在，绝大多数的铅盐均是难溶或不溶于水的，在土壤溶液中的水溶性铅含量很低。比较华北石灰性土壤对几种元素的吸附强弱顺序为 Pb>Hg>Cd>As>Cr。并且土壤有机质对铅具有配合作用。土壤有机质的—SH、—NH$_2$基团能与铅离子可形成稳定的配合物；另外，土壤黏土矿物对铅也具有吸附作用，黏土矿物的阳离子交换官能团可对铅离子进行交换性吸附。铅离子进入土壤中，可进一步进入水合氧化物的配位壳，直接通过共价键或配位键结合于固体表面。因此，铅元素进入土壤中大部分被吸附固持，以固定态形式存在。但在特定的酸碱及生物的作用下，又可被植物吸收，从而进入植物体，不同作物对铅的积累不同，研究表明，作物对铅的耐性依次为小麦>水稻>大豆。不同种类或不同基因型的植物吸收铅的能力也不同。不同种类的作物，生长期长的作物含铅量高于生长期短的作物含铅量，研究表明，杂交晚稻籽粒对铅的富集能力比早稻强，在同一生长期，作物不同部位对铅的吸收表现不同的效果，一般情况下，植物地下部分对铅的积累大于地上部分。

3. 土壤中铅对人体的健康风险

近年来，国内外大量研究证明，风险评估为环境管理的重要决策提供了支持。生物有效性是评估土壤污染物是否直接进入人体的重要参数。铅元素在环境中不仅会降低农作物的产量和质量，还可通过食物链，在生态链上积累，影响动物和人类的健康。研究发现，在德国铅锌冶炼厂周边 5 km 范围内放牧的马和牛都会产生铅中毒。这些动物在中毒后，身体变得消瘦、关节肿痛，部分还出现喉返神经麻痹、呼吸急促等症状。在日常生活中，人体通过呼吸道、消化道、皮肤吸收铅，但进入呼吸道的铅有 20%～40%留在体内。空气中的铅浓度为 1 μg/m^3，血管中的铅浓度为 1～2 μg/dL。无论摄入途径如何，儿童对铅化合物的敏感性都高于成人。有数据显示，儿童摄入铅化合物的比例高达 50%，是成人的 5 倍。铅严重影响幼儿的智力发展，由 Peter Baghurst 领导的澳大利亚研究人员发现，初期血铅在 10～30 μg/dL 的 7 岁儿童，智力比血铅含量低的同龄儿童低 5%。

铅对人体的主要影响表现：造血系统，引起血红蛋白合成改变、红血球改变、易产生贫血；中枢神经系统，铅对中枢神经系统有重要影响，会引起一般性的抑郁性脑障碍，并伴有微妙的生理和行为变化。铅污染源从无机铅转变为有机铅可能会产生不同的影响；外部神经系统，麻痹导致抑郁症，甚至瘫痪，其主要外部表现为双手无力。此外，人体受土壤及周边环境中铅的影响，泌尿系统、生殖系统、胃肠系统、内分泌系统、心血管系统、关节等生理系统也会受到破坏。

（六）镍

镍（Ni）是一种硬而有延展性并具有铁磁性的金属，它能够高度磨光和抗腐蚀。镍属于亲铁元素。地核主要由铁、镍元素组成。2017 年 10 月 27 日，世卫组织国际癌症研究机构公布的致癌物清单初步整理参考，镍金属和镍合金在 2B 类致癌物清单中。镍是生物必需微量营养元素之一，但过量的镍会对植物造成危害。镍是具有潜在毒性的元素，土壤中过量的镍能阻滞作物生长发育，同时造成作物体内镍过量。

镍污染是由镍及其化合物所引起的环境污染。镍在微量元素中是含量比较丰富的元素。由于镍具有良好的物理化学性能，在生活领域和工业领域中获得了广泛的应用。随着我国电镀业进入快速发展的黄金时代，进而产生了大量的电镀废液。镍矿的开发利用也在快速进行中，我国四川、甘肃、新疆、云南等地均有镍矿。由人类活动带来的含镍及其化合物的污水、废渣大量产生，直接污染大气、水体，进而间接对土壤造成污染；矿山开采带来的粉尘、尾矿则能够直接污染土壤。重金属被植物吸收后，最终通过食物链进入人体并富集，当镍在人体中的积累达到一定程度就会显现出致病毒性。研究显示镍可以对人体产生相应的功能性和器质性，特异性和非特异性损伤等不良影响，包括神经系统、呼吸道、心脑血管系统、血液系统、代谢系统、生殖系统。

土壤中镍的来源是多途径的，首先是成土母质本身含有镍元素，此外人类工农业生产活动也造成金属镍对大气、水体、土壤的污染。含镍的大气颗粒物沉降、含镍废水灌溉、含镍固体废弃物、动植物残体腐烂等都是土壤中镍的来源。大气中镍的主要来源为次煤、石油产品的燃烧、镍矿石及含镍金属矿石的冶炼产生的废气及矿产开采产生的粉尘。废水中的镍主要以二价离子存在，比如硫酸镍、硝酸镍以及与许多无机和有机配合物生成的镍盐。含镍废水的工业来源很多，其中主要是电镀业，此外，采矿、冶金、石油化工、纺织等工业，以及钢铁厂、印刷、造纸、玻璃制造等行业排放的废水中也含有镍。

（七）铜、锌

铜（Cu）、锌（Zn）是土壤中自然存在的金属元素，主要来源有大气沉降、工业污染、施肥带入等。根据我国"七五"土壤环境背景值调查结果，我国土壤铜和锌的环境背景含量范围分别为 0.33～272 mg/kg 和 2.60～593 mg/kg，不同省份土壤中两种金属背景含量差异较大。一般情况下，因人为活动进入土壤中的铜和锌有一个缓慢累积的过程，达到一定含量后，可对作物生长、土壤微生物等产生负面影响，铜锌含量特别高之后，也可能造成部分农产品中铜锌含量异常。调查研究表明，土壤中的铜和锌主要影响作物生长，对农产品质量安全的影响总体可忽略。

土壤是一个复杂的生态系统，影响土壤环境质量的因素很多。铜、锌等重金属一旦进入土壤后不易降解，部分重金属可被植物吸收移除，相当一部分在土壤中积累。土壤中的铜大部分与土壤组分以牢固的结合态存在，少部分铜可被植物根系吸收；土壤中锌大部分是以结合态存在，植物主要吸收水溶性、可交换态或部分酸溶性的锌。铜和锌均是植物生长必需的微量营养元素，土壤中铜、锌含量过低，会影响植物正常生长，但过多又会危害作物生长。

2018 年发布实施的《土壤环境质量农用地土壤污染风险管控标准（试行）》（GB 15618—2018），针对铜和锌制定了土壤污染风险筛选值标准，铜和锌的筛选值沿用了《土壤环境质量标准》（GB 15618—1995）中铜和锌的二级标准值，主要考虑因素是铜和锌对作物产量的影响。土壤中铜和锌含量超过污染筛选值时，表明农用地土壤污染可能对作物生长、土壤微生物等存在生态风险，而非影响农产品的质量安全，是否存在生态风险需开展进一步调查研究，依据结果确定是否采取土壤污染修复等管制措施。土壤标准与农产品质量安全标准不同，农产品超标了，人群食用后可影响身体健康，土壤污染超筛选值（标准）了，农产品不一定都超标（与重金属生物有效态、作物品种、农艺措施等有关），需具体情况具体分析。

研究表明，土壤中铜和锌含量异常增高会明显影响作物产量。铜和锌对作物产量的影响与土壤类型有关。石灰性土壤、中性土壤和酸性土壤中引起作物产量下降10%的土壤铜的临界含量分别为 100 mg/kg、100 mg/kg 和 50 mg/kg，而显著影响微生物效应的土壤铜临界含量分别为 160 mg/kg、130 mg/kg 和 60 mg/kg，制定铜的土壤环境质量标准值时，主要依据我国土壤铜对作物产量影响的研究。对于土壤锌，石灰性土壤上导致作物减产 10% 的土壤锌临界含量为 300 ~ 1000 mg/kg，中性土壤约为 600 mg/kg。在制定石灰性土壤锌的标准值时，主要依据我国土壤锌对作物产量影响的研究，在制定中性和酸性土壤中锌的标准值时，参考了国外相关标准值和锌对蔬菜质量的影响研究结果。

土壤铜和锌对农产品质量安全又会有怎样的影响呢？研究表明，不同作物对土壤中铜和锌的吸收能力不同，蔬菜吸收能力较强，粮食吸收能力较弱。土壤中铜、锌含量异常时，通常其生长毒害作用优先显现，导致作物生长障碍、减产或绝收。

铜、锌是人体的必需微量元素，但过量摄入会对人体产生一定的危害。1982 年，联合国粮农组织（FAO）/世卫组织（WHO）食品添加剂联合专家委员会（JECFA）评估认为，人群对锌的每日最大耐受量范围（PMTDI）是 0.3 ~ 1 mg/kg bw（毫克锌每千克体重，下同），即每人每天膳食锌的需要量为 0.3 mg/kg bw，最大耐受量为 1 mg/kg bw。食品添加剂联合专家委员会对铜进行评估后认为每日最大耐受量范围为 0.05 ~ 0.5 mg/kg bw。2009 年，《中华人民共和国食品安全法》颁布实施，原卫生部结合 1982—2002 年间中国营养与健康调查结果进行评估，结果表明我国居民锌的摄入量呈下降趋势，铜、锌的摄入量远低于可耐受的最高摄入量。2011 年 1 月 10 日，原卫生部和国家标准化管理委员会决定废止食品中铜、锌的限量卫生标准，表明铜、锌对农产品质量的影响已不再是管理关注的首要问题。

当前，我国部分有色金属采矿、冶炼活动影响区和高背景值地区，土壤铜、锌对作物生长等的毒性危害，是农用地土壤环境风险管控的工作重点。铜和锌被广泛应用于饲料添加剂，为促进畜牧业发展发挥了重要作用，但其对环境的影响也日益受到重视，需要进行系统科学的分析和评估。调查发现，动物仅能有效利用饲料中铜和锌的 10% 左右，其他部分随粪便排出体外。研究人员利用 2015 年统计数据，开展了华东地区土壤施用畜禽粪肥相关研究，据报道数据测算：每年畜禽粪肥施用可造成表层土壤（0 ~ 20 cm）的铜、锌的增量分别约为 0.06 mg/kg 和 0.14 mg/kg；另一方面，作物生长会吸收移除土壤中的铜和锌，移除量跟作物种类和生物量有关。我国土壤复种指数较高，作物能够带走的量也相对较高，据此，达到土壤铜和锌污染风险筛选值一般需要经过若干年的时间。

2017 年，新的饲料添加剂安全使用规范进一步调低了铜和锌的限量值。从严格农用地土壤环境保护考虑，应该严格畜禽粪便中铜锌的源头管控，规范畜禽粪肥施用与土壤环境监测预警，更好保障农作物产量安全，有效遏制铜、锌长期累积造成的土壤污染生态风险。

二、土壤非金属污染物

土壤非金属污染主要指氟、碘、硒等非金属元素过量造成的污染。地壳中氟的平均含量在 270 ~ 800 mg/kg，我国大部分土壤氟含量在 191 ~ 1012 mg/kg。地壳中硒的平均含量在 0.05 ~ 0.09 mg/kg，我国大部分土壤的硒含量在 0.047 ~ 0.993 mg/kg。地壳中碘的平均含量在 0.3 ~ 0.6 mg/kg，我国大部分土壤碘含量在 0.39 ~ 14.71 mg/kg。土壤中的氟、碘、硒水平在很大程度上取决于成土母质的组成和性质。因此，不同地区由于地质过程与地质背景的差异，氟、碘、硒的含量水平差异较大。此外，氟、碘、硒的含量还与土壤的成土过程、土壤有机质含量、大气沉降等有密切关系。氟、碘、硒均是人体必需的微量元素，摄入过量或过少都会影响人体的正常发育和健康。在地球地质历史的发展过程中，由于地壳的不断运动及各种地质作用，逐渐形成了地壳表面不同地域、不同地层和类型的岩石和土壤中矿物元素分布的不均一性，使某种地球化学元素在某一地区高度富集或极度缺乏，即正异常或负异常。地球化学元素的异常在一定程度上控制和影响着不同地区的人类、动植物的生长和发育，这些地区的人群因对个别微量元素长期的摄入过量或严重不足而直接或间接引起生物体内微量元素平衡严重失调，导致各种生物地球化学性疾病发生，即通常所说的"地方病"。

（一）氟

氟（F）为浅黄色卤族元素，也是成矿元素之一，多以萤石（氟化钙）、氟磷灰石（氟磷酸钙）、冰晶石（六氟合铝酸钠）等化合态存在于自然界中，作为化工原料广泛应用于磷肥、煤制品、炼钢、炼铝等行业。土壤氟化物一方面来源于地球自然地质化学作用，一方面来源于工业企业生产经营过程中排放进入自然环境的大量含氟废弃物，过量的人为源含氟废弃物通过含氟粉尘沉降、废水废渣排放、降雨径流等途径对土壤造成严重氟污染，进而造成农产品污染、危害人体健康，近年来引起广泛关注。研究表明，土壤是环境中氟最为重要的汇集地，氟化物生产及其加工厂是环境中氟的重要来源，氟及其化合物生产及利用期间工厂含氟三废通过大气沉降等方式进入自然环境中并在土壤中逐步汇集积累，并造成土壤、地下水和植物氟污染。氟作为人体必需的微量元素，在 1990 年被世卫组织列入"人体可能必需但有潜在毒性的微量元素"。氟对人体的双阈值效应说明人体需吸收适量的氟，合理的氟吸收，可以促进人体骨骼生长，研究表明饮水中氟的适宜浓度范围为 1.0～1.5 mg/L（最大不超过 2.0 mg/L）。若人体长期摄入过量氟化物会导致氟斑牙或氟骨病、皮肤灼伤、免疫系统紊乱、畸形等严重后果。土壤氟污染不仅会影响土壤质量，还将对人体及生态环境造成持续影响。

地壳氟元素以化合物形式广泛分布，平均丰度 825 mg/kg，占地壳总量的 0.077%。中国是全球最主要的萤石（主要含氟矿物）生产国和出口国之一。氟作为人体必不可少的微量元素，其对人体的双阈值效应导致人体受自然环境特别是工业地块氟元素影响较大，故工矿氟污染地块的治理研究成为近年来的一个热点。研究表明，世界土壤氟背景值的平均含量约 200 mg/kg。中国表层土壤氟背景值平均含量约 440 mg/kg，深层土壤氟背景值中位数为 535 mg/kg。受成土母质影响，我国土壤氟含量呈现地带性变化，不同区域土壤氟含量差异较大。如西南地区（云南、贵州、四川、重庆、广西）土壤氟元素含量平均值达 579 mg/kg，普遍高于全国背景值，该区域也是中国氟病高发的区域之一（其中以贵州省最为严重）。黔西北高含氟区域土壤全氟含量平均值约 945 mg/kg，也是土壤高氟区域之一。

土壤氟污染一方面来源于地球自然地质化学作用，一方面来源于炼铁、制铝、氟加工等工业企业生产经营过程中排放进入自然环境的大量含氟废弃物，过量的人为源含氟废弃物通过含氟粉尘沉降、废水废渣排放、降雨径流等途径对生态环境造成严重的土壤氟污染。如电解铝长期排放的含氟废气和粉尘会导致周边土壤氟和地下水氟超标；含氟矿区因降雨淋溶、废渣废水排放等原因导致土壤及周边农耕用地存在严重的氟超标；燃煤使用区域往往因含氟废气的排放形成人体氟暴露区。基于氟元素对人体的双阈值效应，适量的氟补充可以预防龋齿和骨质疏松，但过量氟会导致牙质病变、关节畸形、人体代谢紊乱、神经系统损害等。同时，氟污染还将对生态环境及动植物产生持续危害。

环境土壤氟一般以水溶性、有机态、可交换态、铁锰氧化物态和残余固定态 5 种离子或化合物形态存在，其中对人体存在健康风险的主要是水溶性氟化物，故在工业地块氟污染土壤治理中，控制可溶性氟含量是关键。研究表明，土壤氟化物在 pH 低于 5.0 时形态更为稳定，并随土壤 pH 的提高土壤水溶性氟含量呈增加趋势。土壤中的氟离子易与钙镁等离子反应生成难溶的胶体氟化物，并在表层积累（该反应可逆）；同时也易与土壤有机质、腐殖质和有机酸、铁系等金属水合氧化物配合反应形成螯合稳定态。

通常认为氟与土壤黏土矿物晶格羟基（—OH）发生交换以达到吸附的作用，硅酸盐、铁铝氧化物、有机质及腐殖质等共同组成了土壤黏土矿物晶格。故酸性土壤氟通常以较为稳定的形态存在，碱性土壤氟的活性较强，易于溶出。因此，土壤黏粒、土壤有机质、土壤腐殖质、土壤 pH 均会对土壤氟吸附强弱产生影响。

氟对土壤的影响主要在土壤酶活性、土壤容重、植物危害（食物链）三方面。土壤酶的存在使得腐殖质的分解及合成、微生物的生存及繁殖等复杂生物化学活动能够顺利开展。氟化物对土壤酶的活性影响与土壤类型、酶的种类有关，低浓度氟对土壤酶活性无影响，但高浓度氟会对土壤酶产生抑制作用。研究表明，黄棕壤中氟化物浓度超过 600 g/kg 会对过氧化氢酶活性产生抑制作用、超过 1000 mg/kg 会对酸性磷酸酶活性产生抑制作用，潮土中氟化物浓度超标 400 g/kg 时会对磷酸酶活性产生抑制作用。

（二）碘

碘（I）是人体必需的微量元素之一，是合成甲状腺激素的重要成分。人体碘缺乏或摄入过量均会引起甲状腺疾病。环境中碘含量的高低直接影响各种生物机体的健康，而土壤是结合无机界和有机界的纽带，是人类直接或间接获取食物的载体，土壤碘的含量和形态直接影响着植物对碘的吸收，进而通过食物链影响人类健康。

1. 土壤碘的来源

碘是地壳中一种典型的稀有分散元素，也是较活泼的卤族元素，在地表的迁移能力很强。碘容易升华成碘蒸气迁移，其在土壤环境中的存在形态一般可分为可溶态、可交换态、Fe 和 Mn 氧化物态、有机束缚态和残余态。其中，可溶态和可交换态碘对植物、动物、微生物及人均有效。土壤中碘的平均含量为 0.5 ~ 20.0 mg/kg，且多分布于土体表层或表下层。

（1）成土母质

成土母质或母岩是土壤形成物质基础的最初来源。碘在内生条件下不能形成矿化富集，仅在富含卤素的某些矿物中伴生，主要分散于岩石中。除了煤炭和页岩中碘的浓度可达 2.0 ~ 5.0 mg/kg 外，大部分母质中碘的浓度约为 0.5 mg/kg。土壤中碘的平均浓度约为 5.0 mg/kg，远高于成土母岩。一般认为土壤中碘主要来源于大气和海洋，土壤中的碘含量与成土母岩中的碘含量基本无关，主要决定于母岩风化产物对大气干湿沉降碘的吸收和保持能力。而有人坚持认为岩石的风化作用、生物富集作用是土壤碘的主要来源。有关我国主要土壤类型中碘的分布特性的研究表明，部分土类的碘含量受母质的影响，如火山喷发物、海相沉积物及磷质石灰土等发育，土壤碘的含量相对较高，而黄土母质及风积母质等发育的土壤碘含量较低。李日邦等研究了我国地带性土壤表层中碘含量与母质碘含量的相关性，发现两者呈显著正相关，说明母质对土壤碘含量具有一定的补给作用。

（2）大气和海

洋戈尔德施密特认为，空气中来自海水中的碘沉降是土壤中碘的主要来源。海洋中的碘主要存在于海底沉积物中，海底沉积物中碘的含量远高于空气、海水及各种岩浆岩。海水水体中碘的含量也超过 800 亿吨，说明海洋是地球上最大的碘库。由于碘的挥发性强，在常温下易升华，光化学氧化及海洋生物可使海水中的碘化物转化为元素碘或甲基碘释放到大气中。海水中的碘主要为碘化物和碘酸盐，在碱性条件下，特别是在热带和亚热带地区，海水中的碘很容易向大气中转移。已测得海洋上空 1 m³ 空气中碘含量达 10.0 μg 以上，而内陆上空仅为 0.5 μg。降水中碘含量范围为 0.5 ~ 5.0 μg/L，一般 1 L 雨水中含碘 1.0 ~ 2.0 μg，1 年中随降水补给的碘可达 9.0 ~ 50.0 g/kg。其中，内陆仅为 10.0 g/kg 左右。因此，空气中的碘对碘的地球化学过程起着重要作用。空气中的碘大多以游离气体碘的形式通过沉降和降水补给土壤。大气中碘的浓度是来自海洋和陆地的碘与以干湿沉降方式失去的碘平衡的结果。空气中 I/Cl 比值大于海洋，这是由于海水中的碘易向大气逸散。D. C. Whitehead 认为，大气碘主要来自海水。一般认为，由于空气中碘受海洋蒸发的影响很大，降水中碘的含量自沿海向内陆逐渐减少。但有学者对我国沿海与内陆降水碘含量进行研究时发现，两者之间的差异不十分明显。这可能与季风、气流等活动的影响有关。空气干沉降也是土壤碘的来源之一，空气和海洋中元素态的碘或以蒸气形式或与灰尘结合随风传播，在合适的条件下沉降到土壤中。研究表明，土地平均每年干沉降碘 96.0 g/hm²。

（3）植物体

植物不仅可通过土壤吸收碘，而且可通过叶片吸收沉降的碘颗粒，也可通过气孔吸收空气中悬浮的气态碘。研究发现，附着在树干和树枝上的地衣中的碘含量高于同一地点草丛中碘的含量，说明大气是植物碘的主要来源之一。据报道，植物叶片吸收的碘可向根部转移，再通过根部的置换作用向土壤迁移。此外，植物也可通过植物组织的死亡和枯萎向土壤转移碘。另外，郑宝山等提出了新的假设，即土壤中碘挥发后存在于空气中，被植物茎叶吸收富集，进而随植物的腐烂和死亡返回土壤中。所有陆生植物中碘的含量均低于土壤，因此陆生植物对土壤中碘的补给仅起次要作用。

2. 影响土壤中碘元素迁移转化的因素

碘元素在不同区域地质地理条件下的迁移能力极不相同，其在剖面中的迁移除了受生物气候因素制约外，还受土壤类型、土壤黏粒、土壤微生物、有机质、铁铝氧化物、水分含量、pH 等多种因素的影响。此外，人为因素也在一定程度上影响了土壤中碘元素的含量及空间分布。

（1）土壤类型

土壤受成土因素及其他环境因素的影响，不同土壤类型中碘的含量不同。Fuge 对不同母质类型土壤对比研究后得出，土壤中碘远比母岩中碘丰富的主要因素是土壤类型和所处的位置。我国主要土壤类型中，火山灰土、磷质石灰土等碘含量较高，红壤、赤红壤、黄壤等次之，而紫色土和潮土碘含量较低。这主要是由于潮土、紫色土为砂质，这类土壤中水分比较通畅，有利于碘的迁移淋失。

（2）微生物及土壤酶

土壤中的微生物主要有细菌、真菌、放线菌、藻类和原生动物，这些微生物与土壤肥力有关，并在自然界物质循环中起着重要作用。土壤酶参与土壤中各种生物化学过程，间接影响土壤碘的迁移转化。研究表明，微生物可显著提高土壤对 I⁻的吸附量，而主要的土壤酶对 I⁻的吸附并无促进作用。细菌对富含碘生物体的分解释放作用是土壤碘的来源之一。

（3）土壤 pH

在地表环境中，pH 可影响元素或化合物的溶解与沉淀，决定着元素迁移能力的大小。研究表明，在 pH 1~8 时，被淋滤的碘量随淋溶液 pH 升高而增加，pH>5 时被淋溶的 IO_3^- 大幅度提高，而 I⁻变化较小。在质地比较黏重的土壤中，当土壤 pH<6.9 时，酸性越强，土壤对碘的吸附越强；当土壤 pH>6.9 时，随着 pH 的升高，土壤碘含量下降，这是土壤离子置换作用的结果。

（4）有机质

土壤有机质对碘具有很强的吸附作用。席冬梅等对云南省主要家畜饲养基地巍山、洱源、丽江、永胜、元江、通海、陆良、宜良和昭通 9 个市（县）的 147 个样点土壤碘的分析结果表明，土壤中碘含量与有机质含量呈正相关。三峡地区植被较多的土壤中碘含量较高也印证了这一结论。但表层土壤中有机质含量和碘总量之间的相关性随着深度增加而减小，这是由于在土壤表下层，有机质含量逐渐减少，土壤胶体中铁铝氧化物对碘的吸附占主导作用。土壤有机质对碘的吸附作用一方面减少了土壤中碘的淋失，另一方面也限制了植物对碘的吸收，因而在土壤中碘充足但有机质含量较高的区域也可能存在碘缺失人群。

（5）土壤含水量

由于土壤中碘的多种存在状态易溶解于水，因此土壤中水分含量和地下水水位也是影响土壤中碘含量的因素之一。土壤中碘经过水淋溶后，易随流水迁移扩散和淋溶。富含水的土壤中碘的分布深度较深，这是由于土壤水饱和率较大时，碘化物的溶解率增加并与水分向下淋滤有关。可见土壤水分含量是导致土壤中碘淋失的主要因素之一。

（6）土壤黏粒

由于土壤中碘的化合物易溶于水，并且随水迁移，因而土壤中碘的含量与土壤颗粒的粒径成反比。对澳大利亚 38 个地点影响土壤中碘浓度向谷物转移的试验发现，土壤中黏粒含量越高，土壤碘含量越高，但由土壤转移到谷物中的碘浓度与土壤黏粒含量成反比。崔晓阳等研究了外源碘对山野菜的施用效果，发现土壤黏粒对栽培植物碘吸收量起着重要作用。因而，土壤黏粒是影响土壤碘含量的重要因素之一。

（7）与海洋的距离

环境中的碘有 70%存在于海洋地壳及海水中，而大气中的碘主要来自太阳辐射下海水自由碘的汽化。大气中的碘通过降水又沉降到陆地，成为影响土壤碘含量的重要因素。朱发庆对我国东南沿海到西北内陆的降水及降尘碘含量进行了研究，结果表明，我国降水碘含量为沿海略高于内地，但趋势不明显。这可能是大气碘在各种不同水热条件、植被状况、季风等因素影响下含量变化差异造成的。

（8）人为活动

人为活动也是大气碘的来源之一。人为耕作活动可导致土壤中的碘向大气中挥发，而一些化石燃料的燃烧也会排放部分碘到大气中，大气中的碘又可通过干湿沉降的方式补充土壤中的碘。如煤炭和石油中碘的含量为 1.0~4.0 mg/kg，国外部分学者测定了部分国家煤中碘的含量，发现其含碘量相对较高。段荣祥等发现室内燃煤释放的碘可附着在食物和水中，增加人体碘供给量，而减少缺碘病的发生。但化石燃烧释放到大气中的碘量远小于从海域中挥发的碘。

3. 碘与人体健康

人们早就发现，碘是人体及哺乳动物必需的营养元素，人体缺碘会导致碘缺乏病，最常见的表现为地方性甲状腺肿，而胎儿及出生一年内的婴儿若碘缺乏，将引起地方性克汀病，表现为发育不良和智力低下。碘缺乏病是人类发现的第一个与环境地球化学有关的地方病，由于疾病特征明显，病因清楚，通过补充碘元素可容易地预防疾病的产生。

我国是世界上缺碘最为严重的国家之一，20 世纪 60～70 年代曾有 7 亿多人口受碘缺乏的威胁，占世界碘缺乏病的 40%。碘缺乏不仅仅存在于经济落后地区和贫困山区，大城市也存在着不同程度的缺碘现象，有的城市实际上已是碘缺乏病区。20 世纪 60 年代开始，以我国著名内分泌学家、天津医科大学创始人朱宪彝为带头人的研究队伍，率先发现并证实了地方性甲状腺肿病在我国广泛存在，且由于缺碘引起。同时也证实了地方性克汀病是由环境碘缺乏导致。为了攻克这一困扰我国达数千年之久的顽症，以天津医科大学朱宪彝、马泰、陈祖培为代表的三代医学家，率领着天津医科大学临床和基础的一大批专业人员，在内分泌与代谢病学科领域进行了近半个世纪的深入研究，开展了碘缺乏病的发现、致病因素分析、发病机理研究、干预防治措施的提出、防治和疗效评估以及监测等一系列完整系统的研究。并率先在新疆和田、河北承德等地开展了碘盐防治研究，取得了举世瞩目的防治效果，不仅甲状腺肿的发病率大大下降，而且也不再有新发克汀病人。可见，给碘缺乏人群补充碘元素，对防治碘缺乏病可以起到非常重要的积极作用。然而，值得注意的是，人体适应碘元素的范围较窄，也就是说，如果摄入量过大，也会导致一系列甲状腺功能紊乱，甚至出现由于过量碘摄入导致的高碘性甲状腺肿。碘元素受土壤性质诸多因素影响在空间上分异是非常强烈的，碘的土壤地球化学和生物有效性是碘缺乏病发生的一个重要因素，甚至在许多情况下，碘缺乏问题仅与土壤中碘的生物可利用性有关，与碘的外部供给没有直接联系。因此，在考虑对人群进行补碘时，不考虑这种分异可能会导致偏差，影响部分地区、部分人群的身体健康。

（三）硒

硒（Se）在地壳中的平均丰度约为 5×10^{-8}。硒是亲硫元素，在铜、铅、锌等硫化物矿床中往往有硒共生。硒是人和动物以及部分植物必需的微量元素，一般富集在有机质内。黑页岩、煤和石油含有较多的硒。在黑页岩中，含硫量如低于 0.5%，硒含量低于 5×10^{-7}；含硫量如高于 1%，含硒量平均值为 1.0×10^{-5}。根据日本和美国的调查，煤的含硒量为 $(4.6～106.5) \times 10^{-7}$；石油含硒量为 1×10^{-6} 左右，有时低于 1×10^{-7}。硒在电子工业中用来制造硒整流器；在玻璃工业中，用作褪色剂和着色剂。

1. 我国富硒地区的分布情况

硒是一种稀有的分散元素，在自然环境中分布并不均匀，因而在世界范围内形成了不同的富硒区和缺硒带。我国从东北向西南直至西藏高原构成了一条缺硒带，它包括东北的暗棕壤、黑土，黄土高原的褐土、黑垆土，川滇的紫色土、红褐土、红棕壤以及西藏高原东部和南部的亚高山草甸土等。土壤中硒的来源有：成土母质、化学肥料、大气沉降、灌溉水、农用石灰等。一般来讲，成土母质是决定土壤硒含量的关键因素。Blazina 等根据土壤硒含量分为 4 个区：土壤硒含量≤0.1 mg/kg 地区为缺硒地区；0.1～0.2 mg/kg 为低硒地区；0.2～0.4 mg/kg 为正常硒含量地区；≥0.4 mg/kg 为高硒地区。富硒地区一般指的是土壤硒含量高于 0.4 mg/kg，目前国内报道的富硒地区主要有湖北恩施、重庆江津、安徽池州、陕西紫阳、浙江宁波、江西北部湾地区、贵州开阳、海南东北部、青海东部以及新疆石河子、玛纳斯、呼图壁和沙湾地区等地。由此可以看出我国硒富集地主要集中在南方和西北地区。

2. 富硒土壤存在重金属威胁

大量研究表明，土壤硒与重金属之间有一定的伴生关系。各种因素导致的农田土壤重金属积累量增加，使富硒地区存在较大的重金属威胁。目前有些富硒地区已经存在重金属含量超标，而有些富硒地区重金属含量较低，存在潜在危害。沈燕春研究表明安徽池州富硒地区硒均值大于 0.589 mg/kg，土壤重金属镉与土壤硒空间分布较一致，并指出富硒地区重金属污染评价中多数样品受到一定程度的重金属协同污染，但处于轻度污染范围。张运强等对浙江金华富硒地区（土壤硒含量 0.67～0.90 mg/kg）菜地重金属污染程度进行综合评判，指出该地区土壤重金属污染程度：镉>铅>锌>铜，轻度污染占 31%，中重度污染占 30%。李慧等测量湖北恩施富硒茶叶硒与土壤重金属的关系研究指出，土壤重金属镉的含量为 0.2～0.45 mg/kg，中酸性土壤镉的临界值是 0.3 mg/kg，对于茶园来说土壤镉含量略超标。然而，宋明义等指出特殊的地形地貌、母岩风化物质搬运条件以及有利的土壤理化性质等条件，使得浙江典型富硒地区土壤中重金属较少，但是该地区硒与重金属的形态分析表明，成土母岩中与硒伴生的重金属汞、镉、铅、砷等含量较高。此外，耿建梅等研究表明硒含量高的稻田土壤主要集中在海南东北部的海口及其周边的澄迈、定安、文昌和琼海，东南部的万宁和保亭，重金属含量较低，可以种植富硒水稻。但是海南稻田土壤硒与重金属汞、镉、铅和砷呈极显著或显著正相关，应加强研究稻田土壤硒与重金属的有效性以及相互作用。

3. 硒与重金属的关系

人体积累过多的重金属会诱发肝癌、肺癌和胃癌等病症。硒是人体和动物的必需微量元素，吃富硒食品能够降低动物体内重金属的毒害作用。硒主要通过提高抗氧化能力水平来增强人体免疫作用。陈兵研究表明，在慢性肾功能衰竭患者中镉含量相对较高，而硒缺乏比较普遍。林海等研究表明硒、锌能够拮抗体内的镉毒性，对镉中毒的防护与干预性清排具有积极作用。黄莉通过对绵阳口服醋酸铅和氯化镉溶液后注射亚硒酸钠，其血液学指标的变化表明硒能够减轻铅镉毒性。硒是植物有益微量元素，也是非必需元素。大量研究表明，低浓度的硒能够抑制重金属的吸收、起到拮抗作用，高浓度的硒促进重金属的吸收、起到协同的作用。高扬等研究硒铅混合液对大蒜根尖有丝分裂的影响，结果表明铅浓度较低时，硒对铅的拮抗作用明显；当铅浓度高时，硒协同抑制了有丝分裂指数。同时，在硒汞互作中，硒与土壤中的汞形成难溶的 HgSe 复合物沉淀，抑制植物对汞和硒的吸收。施用硒肥能够通过增加蛋白质的积累，如提高谷酰基激酶活性和降低脯氨酸氧化酶的活性，减缓铅毒害导致的活性氧胁迫。研究表明，土壤硒浓度低于 1.5 mg/kg 时对镉有拮抗作用；在高浓度的硒处理下，小麦根系对铜和锰的吸收积累量各增加 12%～24% 和 30%～35%。总之，无论在富硒地区还是非富硒地区，重金属都会伴随着土壤-生物系统的迁移进入人体，进而对人体健康产生一定影响。然而，随着土壤硒含量的增加，土壤硒将协同重金属进入作物体内，促进重金属在作物中积累，进而对农产品的安全产生严重的影响。

三、土壤的放射性元素污染

原子由原子核和围绕原子核按一定能级运行的电子所组成，有些原子核是不稳定的，它能自发地改变核结构而转变成另一种核，这种现象称为核衰变或称放射性衰变。自然界中的某些元素，例如铀、钍、钚和镭等的原子发生核衰变时，可放出射线。天然放射性元素中，一个放射核常常放射出 α 粒子或 β 粒子，而 γ 射线往往是伴随 α 粒子或 β 粒子射出的。

放射性污染是指由于人类活动造成物料、人体、场所、环境介质表面或者内部出现超过国家标准的放射性物质或者射线。放射性污染与通常所说的核污染，均是辐射污染的一部分，属于电离辐射污染。

含放射性元素的天然矿物原料、提取出来的化合物和单质金属，都有放射现象，物质所具有的放射性质称为物质的放射性；而具有放射性的物质称为放射性物质。与其他环境污染物一样，放射性核素也在人类采矿和加工矿石的过程中进入环境并形成污染。

人类生活环境实际上每时每刻都在接受着各种天然放射性的照射，它们来自宇宙射线或存在于土壤、岩石、水和大气中的放射性核素，这些由自然因素构成的放射性（或辐射）剂量称为天然本底值。但随着核试验、核工业的迅速发展和放射性核素的广泛应用，排放到土壤中的含有放射性的废水、废渣等日益增多，从而构成了土壤的放射性沾污或污染。土壤放射性沾污或污染是指人类活动排放出的放射性污染物，使土壤放射性水平高于天然本底值或超过国家规定的标准，它和其他污染物一样给人类生存带来了严重威胁。对 1930—1992 年 50 起重大毒性灾害进行的分析表明，在这些灾害中由核爆炸和核辐射引起的有 6 起：广岛和长崎原子弹爆炸、乌拉尔存储罐核爆炸事件、塞拉菲尔德核电站核泄漏事故、三哩岛核电站事故及切尔诺贝利核电站事故，造成了十分严重的后果。

（一）土壤中放射性物质的来源

1. 天然放射性核素

放射性元素在环境中广泛存在。根据目前的理论，组成地球的放射性和稳定性化学元素都是在星球内发生的核反应所形成的。目前环境中的天然放射性核素主要有两类，一类是在地球开始形成时就出现的放射性核素，即陆生放射性核素；另一类是通过外层空间宇宙线的作用而不断形成的放射性核素，即宇生放射性核素。在陆生放射性核素中与人类关系最为密切的是 ^{40}K 和 ^{87}Rb，这两个放射性核素在自然界的丰度比较稳定。放射性核素 ^{40}K 同时为 γ 和 β 发射体，而 ^{87}Rb 为 β 发射体。钾是动植物必需的营养元素，很容易通过食物链在人体内积累，^{40}K 在人体内的比活度一般较为稳定，通常为 60 Bq/kg，但是不同器官中的分布却有很大的变异。关于铷在土壤-植物系统中的行为及其在生物体内的积累，目前知之甚少，一般认为人体内铷的平均比活度为 8.5 Bq/kg。

2. 人工放射性核素

引起土壤人工放射性核素污染的原因主要来源于生产、使用放射性物质的单位所排放的放射性废物以及核爆炸等产生的放射性尘埃，重原子的核裂变是人工放射性核素的主要来源。人工放射性核素通过以下途径进入环境：

（1）核爆炸和其他军用核设备；核反应堆运转过程中通过大气、水体和核废料等排入环境和偶然发生的核事故（如 1986 年苏联的切尔诺贝利核电站）。

（2）铀、钍矿的开采冶炼、核燃料的加工过程和核废料的处置。

（3）民用核设施（核电厂、医用、科研和工农业等）。

大气层核试验产生的放射性尘埃是迄今土壤环境的主要放射性污染源。核试验爆炸和核泄漏事故可大面积污染土壤，使土壤长期残存放射性核素 ^{137}Cs 和 ^{90}Sr。1970 年以前，全世界大气层核试验进入大气平流层的 ^{90}Sr 达到 5.76×10^{17} Gy，其中 97% 已沉降到地面。

当放射性废水排放的地面和放射性固体废物土地处理时的操作失当，核企业发生放射性排放事故等，均会造成局部土壤的沾污和污染，例如美国花汉福德钚生产中心从 20 世纪 40 年代中期，向地面渗透池排放了 5×10^8 m³ 的放射性废水，其中含钚大约 200 kg，铀大约 1×10^6 kg，经过衰变后至 1972 年，其 β 放射性核素仍残存 20 万居里，当地成了全球土壤污染最严重的地区。

核能和核技术的广泛使用将不可避免地向环境释放放射性核素，这些放射性物质主要通过食物链进入人体，有可能对人类健康产生潜在的危害。

3. 技术激活型放射性核素

所谓技术激活型放射性核素的沾污或污染是指由于人类采矿和燃煤等工业活动导致环境中天然放射性核素的增加。

由于粉煤灰中含有一定的营养成分和多种微量元素，自 20 世纪 60 年代以来，我国曾开展粉煤灰应用于农业的试验与推广工作。粉煤灰作为土壤改良剂可促进生荒地土壤的熟化，对黏土可起到疏松的作用，对盐碱地有抑制和压制泛盐作用，对酸性红壤有一定的改良作用。

农用化学品（磷肥和稀土肥料）的施用也可以导致土壤中天然放射性元素的积累。磷肥的施用是粮食增产的重要措施，但它却含有可观的天然放射性元素。1945 年，在美国宾夕法尼亚州发现一处桃花不结果，人们猜测是受附近生产 UF6 工厂的影响；然而后来又发现从加利福尼亚运来的桃子中也含有铀。经调查证实，植物中的铀是由磷肥带来的，所施用磷肥中铀的含量达 75~150 mg/kg，磷、铀共生的特点使铀伴随着磷肥施用进入土壤和植物中。

磷肥中铀的含量与矿石中铀的多少密切相关，磷酸盐矿石，特别是海生磷酸盐矿石中的铀含量较高。摩洛哥、苏联、美国和中国都大量生产磷酸盐矿石。例如美国磷酸盐矿石中铀含量为 8~400 mg/kg，平均 80 mg/kg。我国磷酸盐矿分布广泛，含铀量为 0.5~34 mg/kg。在所生产的磷酸盐中大约有 80% 作为肥料而施入土壤，使得这些土壤中氡的析出率不亚于磷酸盐矿的尾矿堆。

（二）放射性污染物的危害

自从发现 X 射线和镭以后，相继发现放射性损伤、皮肤癌、白血病和再生障碍性贫血等病症；以后又发现铀矿开采工人肺癌高发，接触发光涂料（镭）的女工患有下颌骨癌。特别是 1945 年日本广岛、长崎遭原子弹袭击后，当地居民长期受到辐射效应的影响，肿瘤、白血病的发病率明显增高，引起了人们对射线危害的重视。1954 年以后，核爆炸试验急剧增加，放射性沉降物造成的环境沾污或污染，使全球受到影响。

放射性污染物对生物受体的毒性既有化学的，又有放射性的。化学毒性通常并不重要，因为环境中放射性核素的物理浓度通常较低。电离辐射则是放射性核素的主要毒性，即放射性毒性。放射线辐照生物体后可以诱导细胞损伤。这种损伤的程度取决于许多因素，包括射线的种类、射线能量的时空变异性和细胞对射线的敏感程度等因子。不同的射线具有不同能量特征，与生物体的作用机制也不同。α和β是带电粒子，通过物质时，主要受到电子和核的静电作用，引起能量损失（表现为电离和激发）及改变运动方向（表现为弹性散射）。γ射线是不带电的电磁波，通过物质时，不能使径迹中的原子直接电离，主要产生光电效应、康普顿-吴（有训）效应和电子对效应。在核爆炸后的放射性沉降物中，α，β和γ三种射线的放射性强度是不同的，一般β和γ比α射线的强度高5~6个数量级。此外，中子是不带电的中性粒子，当它通过物质时，不与壳层电子作用，而能进入原子核内，与核子相互作用，发生弹性散射或非弹性散射及核反应。分子的离子化可以形成自由基，而自由基可与重要生命分子，如DNA和各种酶发生反应，从而对细胞生命过程产生负面影响，甚至导致细胞死亡。如果这种细胞水平上的损害达到一定程度，则可以导致个体水平的损伤。

关于放射污染与人体健康关系的研究报道，近年来主要集中在切尔诺贝利核电站爆炸事故、海湾战争和波黑战争综合征方面。切尔诺贝利核电站爆炸后4~7年，在白俄罗斯、乌克兰和美国等地甲状腺癌发病率显著提高，这和环境中放射性碘（^{131}I）在甲状腺中的积累有关。海湾和波黑战争综合征的原因很多，但是普遍认为在战争中所使用的贫铀弹带来的低剂量放射污染是其中的原因之一。但是由于尚缺乏关于参战将士群体中受照剂量-健康效应关系的详细资料，对于战争综合征与贫铀弹使用之间的关系还没有明确的结论，有待更多的研究。

目前，人们主要关注放射性污染对DNA的损伤。如果辐射对DNA的损伤超过其自我修复能力，则可能将这种损伤传递给后代细胞。如果辐射损伤出现在体细胞上，则损伤将在个体生命周期中表现出来（如癌症等）。如果DNA损伤出现在性细胞上，那么这种损伤将在其后代中得以表现，影响到后代的繁衍甚至种群的变化。

（三）放射性核素在土壤中的行为

土壤中放射性核素污染的长期影响很大程度上取决于核素在土壤剖面中的迁移。放射性核素在土壤剖面中的迁移是核素与土壤物理化学和生物学组成成分之间相互作用的结果。土壤胶体和腐殖质对核素在土壤中迁移有重要的影响，核素可以通过与土壤胶体的结合而一起移动。对美国内华达地区（核弹试验区）地下水的研究表明，过滤地下水（即去除水中的胶体）可以明显降低水溶液中的放射性检出，其中Eu和Pu的去除率达99%，Co的去除率达91%，Cs的去除率达95%，它表明了胶体对控制环境中放射性核素迁移的重要性。

1. 放射性铯（^{137}Cs）

（1）放射性铯（^{137}Cs）的吸附和解吸

大量研究已经表明，^{137}Cs容易被非膨胀性层状硅酸盐吸附，如伊利石和云母2：1型黏粒矿物的破损边缘对铯有较强的专性吸附能力。土壤黏粒矿物对^{137}Cs的吸持包含了从土壤溶液到固相的迁移、非专性吸附（可交换态）、专性吸附（部分可交换态）和固定（不可交换态）的几个过程。矿质土壤对^{137}Cs的固定通常比有机质土壤来得快，但土壤对^{137}Cs的固定能力不仅取决于非膨胀性层状硅酸盐含量，还与土壤钾素状况有关，因为K可以诱导矿物层间的塌陷，从而将^{137}Cs固定在茹粒矿物中。

土壤对^{137}Cs的吸附不但受黏粒矿物含量多少的影响，黏粒矿物的类型亦十分重要。一般说来 2∶1 型的矿物（如伊利石、蒙脱石等）具有较高的阳离子交换容量，它比 1∶1 型的矿物（如高岭石）能吸附较多的 ^{137}Cs，它们不但吸附量较高，而且被吸附的 ^{137}Cs 难以解吸。同时，土壤组分，特别是矿物比表面的大小对 ^{137}Cs 的吸附和解吸亦有明显的影响。

土壤有机质对 ^{137}Cs 的吸附有着明显的影响，它与 ^{137}Cs 在土壤固-液相之间的分配系数（K_d）成正比，表明土壤有机质对 ^{137}Cs 有良好的固持作用；当用 $CaCl_2$（0.5 mol/L）、CH_3COONH_4（1 mol/L）、$CuCl_2$（0.5 mol/L）、HNO_3（1 mol/L）连续浸提有机质土壤时，其提取量仅为 ^{137}Cs 总量的 8%；但同样的方法在一些矿质土壤中却可提取 40%的 ^{137}Cs。

（2）放射性铯在土壤剖面中的分布

到达地表的 ^{137}Cs 往往通过离子交换、配位作用等而被土壤所吸持，然后随着土壤黏粒矿物和有机质的迁移而重新分布。因此在非耕作土和未扰动的土壤中，^{137}Cs 主要分布在土壤剖面的上部，并富集在 0~5 cm。尽管土壤剖面 ^{137}Cs 分布规律因土壤类型和结构不同而具有很大的变异性，但总的趋势都是随剖面深度的增加而下降；然而在耕作土壤与非耕作土壤中有着明显的不同。由于受到人为因素的强烈干扰，使 ^{137}Cs 在耕作层中呈较为均一分布的态势。

① ^{137}Cs 在非耕作土壤中的分布

对非耕作土壤中枯枝落叶层和不同利用方式下土壤层次中 ^{137}Cs 分布情况的研究表明，^{137}Cs 主要集中在土壤 0~2.5 cm 深度的层次中，它占总量的 50%~70%。土地利用方式的不同，^{137}Cs 在不同层次的分布略有差异。在松树林和橡树林中，约有 80%的 ^{137}Cs 分布在土表的 2.5 cm 深度的层次中，而在草地相同层次上的分布仅约为 50%。由于草地、橡树林和松树林土壤表面所含的枯枝落叶量差异很大，分别为 0、854 g/m^2 和 1720 g/m^2，因而，在橡树林和松树林中，随雨水入渗到枯枝落叶层中的 ^{137}Cs 将由于腐解作用而释放到土壤中；而在草地中，由于缺乏枯枝落叶层，导致 ^{137}Cs 随雨水入渗到土壤中或通过地表径流而损失。因此，^{137}Cs 在草地土壤中的入渗深度大于其他两种利用方式，表明枯枝落叶层的存在会减少 ^{137}Cs 在土壤剖面中的迁移。有机质对 ^{137}Cs 在土壤剖面中分布的影响主要通过两种方式：一是通过阳离子交换或形成配位化合物等作用而使 ^{137}Cs 得以固持，使其富集在土壤的表层；二是通过可溶性有机碳与 ^{137}Cs 的结合而使 ^{137}Cs 进一步向下发生有限的迁移。^{137}Cs 在土壤剖面的入渗速率在 (0.7±2)~(2.4±2) mm/a。由于有研究显示砂质和黏壤质土壤中 ^{137}Cs 的入渗速率无显著差异，因此可以认为在富含有机质的土壤中，黏粒矿物表面上的离子交换对 ^{137}Cs 迁移的影响是一种次要因素；然而在另外一些情况下，例如当有机质含量较低时，黏粒矿物的类型亦是重要的影响因素。此外，入渗的降雨量亦是个重要参数，放射性核素在土壤剖面的迁移深度与含该元素的下渗雨水总量及溶解土壤中核素所需的水量有关。

② ^{137}Cs 在耕作土壤中的分布

经过人为的翻耕及田间管理等作用，^{137}Cs 在耕作土壤中呈均一分布，但在不同的地区、不同的时间会有一定的差异。^{137}Cs 在耕作土壤中的分布规律要根据耕作层土壤的混合程度，土壤侵蚀状况及沉积物运移作用等因素而定。对 ^{137}Cs 在土壤中的垂直分布和水平分布研究结果表明：^{137}Cs 在耕作土壤剖面中分布主要集中在耕层以内，且各个层的质量活度在 292~401 Bq/kg，不存在较大的波动性，呈稳定性分布状态。在土壤表层水平面上质量活度在 28.77~30.98 Bq/kg，该核素在土壤剖面和地表水平面上都呈现均一性分布特征。

如果 ^{137}Cs 沉降到地表后，在尚未通过翻耕与土壤混匀的情况下 ^{137}Cs 在土壤剖面的分布状况既不同于耕作土壤，也不同于非耕作土壤，而是两者的结合：也就是说，它在土壤表层 1~

2 cm 间有富集现象，而在这个层次以下呈均匀分布。

2. 放射性锶（^{89}Sr、^{90}Sr）

放射性锶进入土壤后，会发生淋溶、迁移，它们在土壤中的行为与核素的量、土壤性质有关。^{89}Sr 进入淹水土壤后，迅速地被土壤吸附，1 h 以后，小粉土、红黄壤和青紫泥的吸附率分别达 31.9%，37.0% 和 60.4%，然后吸附率逐渐增大，分别在 2.0 d、2.5 d 和 1.7 d 达平衡。^{90}Sr 在土壤淋溶液中含量甚微，有一半以上残存在土壤表层 2 cm 内，其中青紫泥表层 2 cm 内的量为 67.4%，小粉土为 65.7%，红黄壤为 65.1%；而水稻田有 58.2% 滞留于表层 2 cm 内，97.6% 在表层 6 cm 内。土壤中的 ^{89}Sr 含量随深度按指数规律衰减。^{90}Sr 的生物化学性质类似于 Ca，主要以离子交换态存在，在土壤中的吸附和解吸都比 ^{137}Cs 容易。

3. 土壤中放射性 ^{137}Cs 和 ^{90}Sr 的移动性比较

在通常情况下，沉降在土壤中的放射性尘埃绝大部分都是在土壤表层。放射性铯（^{137}Cs）也主要集中在土壤表层，在土壤中的移动性很小，吸附非常牢固，虽然一部分也参加离子交换吸收过程，但一部分则被土壤牢牢地固定着，很难用中性盐溶液等把它解吸出来。20 世纪 50 ~ 60 年代，全球大约 500 次原子弹、氢弹大气层试验沉积的 ^{137}Cs 每年只向下移动几毫米。土壤中交换性 ^{137}Cs 所占的比例也比 ^{90}Sr 小得多，它仅占土壤中 ^{137}Cs 总量的 2.8% 左右。关于铯在土壤中的这种迁移行为目前还没有很完整的解释，可能与土壤微生物活动有关，特别是土壤真菌的菌丝可能可以固定大量的放射性铯。

落在土壤中的 ^{90}Sr 是带正电的阳离子，它在土壤、植物中的行为与营养元素钙的行为相似。^{90}Sr 在土壤中的活动性很大，吸附和解吸都比较容易，它在土壤中主要是参加离子交换吸附过程，因此在很大程度上与土壤的阳离子交换容量、盐基饱和度和阳离子组成等有关。^{90}Sr 在各层土壤中的活度是较为均匀地降低的，并推测 ^{90}Sr 在土壤中的移动主要是靠交换反应，即首先被上层的非放射性土壤吸附，然后通过解吸而进入溶液，又重新被下一层非放射性土壤吸附，再解吸下来。这种吸附-解吸-再吸附的结果使 ^{90}Sr 沿土柱的分布比较均匀。在土壤中交换态的 ^{90}Sr 占土壤中 ^{90}Sr 总量的 55% 以上。在栽培小麦的土壤中，有 22% 左右的 ^{90}Sr 会随着灌水由土壤表层向下层移动。

1987—1993 年期间，切尔诺贝利沉降物 ^{137}Cs 和 ^{90}Sr 在乌克兰、白俄罗斯和俄罗斯土壤中的迁移研究结果表明，在未扰动、排水良好的砂质土和砂壤土中，沉降物沉降 6 ~ 7 年后，^{137}Cs 和 ^{90}Sr 仍留在土壤最上部 5 cm 层内。在砂质土和砂壤土中，^{90}Sr 的迁移率比 ^{137}Cs 高，但在泥炭沼泽土中差异很小。

4. 铀

铀（U）是土壤中的天然放射性元素。我国土壤中铀的背景含量为 0.42 ~ 21.1 mg/kg。核电厂的运行、核废料的处置和铀矿资源的开发可导致土壤环境中铀含量的增加。虽然铀可以 +2、+4、+5 和 +6 价存在，环境中以 +4 和 +6 价化合物为主。铀在土壤和溶液中的形态主要与介质 pH 有关。在酸性条件下土壤中铀主要（80% ~ 90%）以铀氧基形式存在（UO_2^{2+}）。在近中性条件下，铀可以形成水化氧化铀和磷酸铀；而在碱性条件下则主要以碳酸岩的形式存在。不同形态铀在土壤和溶液中的稳定性很不相同，在 pH 4 ~ 7.5 时，磷酸铀是最稳定的。铀与硫酸根、氟离子和氯离子的配合态亦十分重要，但它们的稳定性远不如碳酸盐和磷酸盐结合态。

铀与溶解态富啡酸的结合可以提高其在土壤中的移动性。铀和腐殖酸配位化合物的稳定性通常要比钙与腐殖酸配合物高 3 个数量级。由于环境中存在大量的有机和无机配位体，因而在自然环境中铀不容易形成沉淀态。只有在六价铀被还原成四价铀时，铀才有可能以 UO_2 的形式沉淀。铀的还原主要与有机质、硫化氢和微生物活动等有关。碳酸盐对铀的吸附有明显的影响，当介质中没有碳酸盐存在时，铀可以被氧化铁和蒙脱石等土壤黏粒矿物所吸附；但是在碳酸盐和有机配合物存在的条件下，这种吸附作用则大为减弱。因而可以认为，铀在固相上的吸附强弱主要取决于黏粒矿物含量、溶液 pH、有机配位化合物和碳酸根的含量。

当土壤中的 ^{238}U 衰变为 ^{222}Rn 时，^{222}Rn 会逃逸到大气中，并在大气中继续衰变。衰变产物在大气中停留 4～40 d，然后随着降雨或降尘到达地面，成为土壤中 ^{210}Pb 的大气来源。它被土壤颗粒强烈吸附，主要集中于土壤剖面上部的 40 cm，而在表层 5 mm 内的含量占整个剖面含量的 50% 以上。土壤中 ^{210}Pb 随着剖面深度的增加而减少，当达到一定深度时，其含量为一常数，它表明此时土壤中 ^{210}Pb 的来源主要为土壤中的衰变产物。

（四）土壤中放射性核素的植物效应

1. 植物吸收的途径

植物大概占陆地生态系统生物量的 90% 以上，也是人类生物链的基础。除了生长在铀矿区附近的植物外，植物体内天然放射性核素的活度通常均较低。全球核武器大量试验和核电站事故，尤其是 1986 年切尔诺贝利核电站事故后，较为广泛地研究了植物对人工放射性核素的吸收与积累。当放射性核素释放到环境中后（主要通过大气干湿沉降过程），将可能对人类产生长期的辐射危害。

植物吸收放射性核素的主要途径包括：大气干湿沉降、土壤颗粒在植物体表面的黏附和植物根系吸收。

（1）根外吸收

大气干湿沉降发生在核武器或核电站爆炸事故之后较短的时间内，沉降在植物表面的放射性核素可以直接转移到放牧的动物体内，也可以被植物叶片吸收而转移到植物体内的其他部分。沉降在植物表面的放射性核素也可通过雨水和风的作用、植物生长（稀释效应）、组织衰老、叶片凋落或动物吞食而降低，这些过程被称作植物表面放射性核素的风化作用。风化作用和放射性核素衰变决定了植物表面放射性核素的实际消失量，实际消失量的动态规律已被广泛用来研究核事故发生时的放射性沾污或污染与评价。

① 放射性核素的植物地上部吸收

在核爆炸和核事故中产生的放射性微尘沉降在植物的表面，植物可以通过根外器官吸收其中的放射性核素，并随植株体内的物质运输一起把这些放射性核素转移到植株未直接接触的部位，造成农作物的放射性沾污或污染。研究表明，植物叶片对于不同核素的吸收有很大区别；同时，植物的生育期也是影响植物吸收放射性核素的重要因素。对 ^{90}Sr 和 ^{137}Cs 分别涂于油菜和小麦的叶片上进行研究，结果表明，植物对 ^{90}Sr 的吸收及在体内的转移较少，油菜对 ^{90}S 的吸收仅占施入量的 0.41%，对 ^{137}Cs 的吸收占施入量的 50% 左右。小麦试验的结果说明，植株对放射性核素的吸收与植物生育期有很大关系，当外源核素的影响发生在小麦拔节期时，小麦对 ^{90}Sr 的吸收占施入量的 0.07%，而在孕穗期时，^{90}Sr 的吸收量占施入量的 0.1%。

小麦对 ^{137}Cs 的吸收和转移要比 ^{90}Sr 高得多，大约占施入量的 38.1%；而在孕穗期时，小麦对 ^{137}Cs 的吸收要比拔节期的吸收量大得多，其吸收量占施入量的 86.5%。此外，不同生育期的外源 ^{137}Cs 在植株中的分配也有影响，与拔节期受到的影响比较，当外源 ^{137}Cs 的影响发生在小麦孕穗期时，成熟期小麦籽粒中 ^{137}Cs 要比拔节期发生影响的小麦高 3 倍。上述情况说明，当放射性核素沉降发生在谷类作物生长后期的时候，它对谷物的影响及对人类的危害比在作物生长前期发生沾污或污染时所造成的危害要大。

②放射性核素土壤颗粒的再弥散作用

植物也可以通过含有放射性核素的土壤颗粒的再弥散作用而受污染（黏附作用）。为了估算植物通过再弥散作用受污染的程度，必须知道植物表面土壤颗粒的总量。土壤颗粒在植物表面的黏附作用受许多环境因素制约，很难给出一个常见的数值。通常离地面距离 40 cm 以上的农作物叶片或牧草每千克干物质中含有 4 g 土壤颗粒，而距离地面 10 cm 的部分含土壤 10 g。黏附到植物表面的土壤量可以对植物 ^{137}Cs 污染产生高达 23% 的贡献份额，但适当的农业措施（比如土壤覆盖等）可以有效降低植物表面土壤颗粒的含量。植物通过根系吸收放射性核素对于土壤-牧草-动物系统来说十分重要，因为动物可以直接将黏附在植物体表的放射性污染物摄入体内，并通过食物链传递到人体。

在环境放射性研究中，通常将大气中放射性活度与沉降表面的放射性活度比率称为再弥散因子（Resuspension factor, RF）。对于直径小于 10 μm 的颗粒来说，RF 值大约为 2×10^{-10}/m；而对于直径大于 15 μm 的颗粒来说，其 RF 值为 $2 \times 10^{-10} \sim 1.7 \times 10^{-10}$/m。另一个表征再弥散特征的参数为再弥散速率（Resuspensionrate, RR），其定义为每秒钟沉降在表面上的放射性再弥散的比率。根据切尔诺贝利爆炸后 3 年 6 点的观测资料表明，对放射性铯而言，其 RR 值通常为 $5 \times 10^{-12} \sim 5 \times 10^{-10}$/s，变异非常大。

（2）根系吸收

植物根系吸收是放射性核素从土壤向植物转移的最主要途径之一。在核事故或者核爆炸的初期，污染植物通过根系吸收人工放射性核素的量是不大的，因为大部分放射性物质都集中在土壤表面 0～1.5 cm 的土层中。随着雨水、灌溉等的淋洗，会有少量的放射性物质逐渐下渗到根系密集的土层中，对植物的影响也随之增大。

2. 植物吸收的放射性核素

植株中放射性核素的活度与土壤沾污或污染水平有关。春小麦试验的结果表明，当土壤中 ^{90}Sr 和 ^{137}Cs 的比活度在 $5.6 \times 10^3 \sim 18.5 \times 10^6$ Bq/kg 时，植株对 ^{90}Sr 和 ^{137}Cs 的积累与土壤放射性核素的水平呈显著的正相关。然而，在放射性核素水平相同的情况下，春小麦籽粒中 ^{90}Sr 的比活度要比 ^{137}Cs 高。土壤中的 ^{90}Sr 和 ^{137}Cs 被植物吸收以后在植株中的分配规律是不同的，^{90}Sr 在植株中的分配规律与钙相似，它主要积累在植物营养器官中，在叶子中是按叶序自上而下逐渐增加，基部老叶中 ^{90}Sr 的比活度要比旗叶高得多。^{90}Sr 在小麦植株地上部的分配是叶>茎>颖壳>籽粒。而 ^{137}Cs 的分配规律却与钾相似，主要分配在植株幼茎、幼叶和繁殖器官中。春小麦穗部 ^{137}Cs 的积累约占植株的上部总量的 57%，叶占 31%，茎占 12%。在小麦穗部的 ^{137}Cs 主要积累在颖壳中，籽粒中占的份额较少。

土壤性质的不同对作物吸收 ^{90}Sr 有明显的影响。在我国 6 种土壤中进行的试验表明，^{90}Sr 在土壤-春小麦系统中的转移依次为：红壤>水稻土>褐土>紫色土>黄棕壤>黑土。主要影响的因子是土壤 pH、交换性钙含量和有机质等。随着土壤 pH 升高，植物吸收 ^{90}Sr 的量下降，两者呈显著的负相关。土壤交换性钙含量与植株中 ^{90}Sr 积累量的关系也呈显著的负相关。增加土壤有机质含量可以促进植株生长，并减少植物对放射性物质的吸收。

四、农业面源磷素和氮素污染

（一）农业面源磷素污染

磷是生物不可缺少的重要元素，生物的代谢过程都需要磷的参与，磷是核酸、细胞膜和骨骼的主要成分，高能磷酸在腺苷二磷酸（ADP）和腺苷三磷酸（ATP）之间可逆地转移，它是细胞内一切生化作用的能量。磷不存在任何气体形式的化合物，所以磷是典型的沉积型循环物质。沉积型循环物质主要有两种存在相：岩石相和溶解盐相。循环的起点源于岩石的风化，终于水中的沉积。由于风化侵蚀作用和人类的开采，磷被释放出来，由于降水成为可溶性磷酸盐，经由植物、草食动物和肉食动物而在生物之间流动，待生物死亡后被分解，又使其回到环境中。溶解性磷酸盐也可随着水流进入江河湖海，并沉积在海底。其中一部分长期留在海里，另一些可形成新的地壳，在风化后再次进入循环。

自 20 世纪 70 年代初期，欧美国家开始治理点源污染后，很多湖泊、河流的水质量并未像预料的那样改善，70 年代末期至 80 年代初期人们开始关注非点源污染，并认定农业是非点源污染的主要贡献者。因为随着含 P 化肥和有机肥应用的不断增加，农业系统的 P 素输入大于输出，土壤 P 素的意义已超出农学意义，其环境意义变得更为重要，尤其是在种植业和养殖业较为发达的地区，由于长期过量施用 P 化肥和有机肥，农田土壤耕层处于富 P 状态，土壤 P 通过地表径流、土壤侵蚀、淋洗等途径加速向水体迁移的速度，引发受纳水体的富营养化。

1. 土壤磷素流失的途径

土壤磷素流失途径包括降雨或人工排水形成的地表径流、土壤侵蚀及渗漏淋溶。

（1）地表径流与土壤侵蚀。已有的研究结果表明，地表径流中磷的流失是农业非点源污染的重要组成部分。地表径流中的磷呈溶解态和颗粒吸附态，一般用 0.45 μm 的硝酸-乙酸纤维素滤膜过滤分离这两种磷。

（2）磷的渗漏淋失。土壤对磷有较强的固定能力，一般认为仅有少量的磷会通过渗漏淋失掉，酸性泥炭土和有机土由于和磷的亲和力较差是个例外。但随着磷肥的不断投入，土壤磷素持续积累，若不加以管理，土壤磷就会达到吸附饱和而发生强淋溶的程度。畜牧业发达、粪肥施用较多，土壤质地较粗、磷最大吸附量较低，地下水位较高使不溶的 Fe^{3+} 转化为溶解性的 Fe^{2+} 并促使有机磷的矿化，有地下排水暗管易产生大孔隙优势流，这些情况下土壤磷的渗漏淋溶会加强。0~30 cm 土层速效磷（Bray-磷）高于连续施磷 20 年后停止施磷的土壤，0~45 cm 土层速效磷高于不施磷处理，说明无机磷的淋洗在磷的迁移中起着重要的作用。在施磷量相同的情况下，粪肥中的磷比化肥磷在土壤剖面迁移得更深，并且能穿透高吸磷量的碳酸钙层，证明粪肥中的磷的迁移和土壤最大磷吸附量无关。施粪肥的土壤中速效磷（碳酸氢钠提取磷）在土体中迁移更深，可达 1.5~1.8 m 土层，施化肥的 1.1 m 以下土层已看不出和不施磷处理的差别。总之，在地下水位较高、质地较粗的土壤长期施磷肥都会发生磷淋洗到地下水。

2. 磷循环

在陆地生态系统中，含磷有机物被细菌分解为磷酸盐，其中一部分又被植物再吸收，另一些则转化为不能被植物利用的化合物。同时，陆地的一部分磷由径流进入湖泊和海洋。在淡水和海洋生态系统中，磷酸盐能够迅速地被浮游植物所吸收，而后又转移到浮游动物和其他动物体内，浮游动物每天排出的磷与其生物量所含有的磷相等，所以使磷循环得以继续进行。浮游动物所排出的磷又有一部分是无机磷酸盐，可以为植物所利用，水体中其他的有机磷酸盐可被细菌利用，细菌又被其他的一些小动物所食用。一部分磷沉积在海洋中，沉积的磷随着海水的上涌被带到光合作用带，并被植物所吸收。动植物残体的下沉常使得水表层的磷被耗尽而深水中的磷积累过多。磷是可溶性的，但由于磷没有挥发性，所以，除了鸟粪对海鱼的捕捞，磷没有再次回到陆地的有效途径。在深海处的磷沉积，只有在发生海陆变迁，由海底变为陆地后，才有可能因风化而再次释放出磷，否则就将永远脱离循环。正是由于这个原因，使陆地的磷损失越来越大。因此，磷的循环为不完全循环，现存量越来越少，特别是随着工业的发展而大量开采磷矿加速了这种损失。磷灰石构成了磷的巨大储备库，而含磷灰石岩石的风化，又将大量磷酸盐转交给了陆地上的生态系统。与水循环同时发生的则是大量磷酸盐被淋洗并被带入海洋。在海洋中，它们使近海岸水中的磷含量增加，并供给浮游生物及其消费者的需要。而后，进入食物链的磷将随该食物链上死亡的生物尸体沉入海洋深处，其中一部分将沉积在不深的泥沙中，而且还将被海洋生态系统重新取回利用。埋藏于深处沉积岩中的磷酸盐，其中有很大一部分将凝结成磷酸盐结核，保存在深水之中。一些磷酸盐还可能与 SiO_2 凝结在一起而转变成硅藻的结皮沉积层，这些沉积层组成了巨大的磷酸盐矿床。通过海鸟和人类的捕捞活动可使一部分磷返回陆地。但从数量上比起来，每年从岩层中溶解出来的以及从肥料中淋洗出来的磷酸盐要少得多。其余部分则将被埋存于深处的沉积物内。

3. 磷素对生态环境的危害

我国现有磷化工主要产品有磷矿石、硫酸、普通过磷酸钙、钙镁磷肥、重过磷酸钙、黄磷、赤磷、磷酸（包括工业级和食品级）、三聚磷酸钠、磷酸氢钙（包括饲料级和牙膏级）、三氯化磷、五硫化二磷、磷酸三钠、磷化锌、磷化铝、含磷农药、有机磷水质稳定剂、金属磷化剂等。我国磷化工行业给社会提供了大量的物质财富，同时也伴随着产生了大量的污染物，主要是废气和粉尘、废水、固体废物（简称"三废"）。这些污染物中含有许多有毒有害的物质进入了大气，江河湖海和陆地成为我国环境污染最主要的来源之一。

（1）废气和粉尘。磷化工在生产过程中产生的废气主要有一氧化碳、二氧化硫、二氧化碳、氟化氢、四氟化硅、磷化氢、硫化氢等，还会产生一些粉尘。

一氧化碳（CO）是一种无色无味具有可燃性的有毒气体。黄磷尾气是产生 CO 的主要来源。因此，防止 CO_2 气体造成的全球变暖危害到了刻不容缓的严峻时刻。

二氧化硫（SO_2）是一种无色而略有臭味的窒息性气体，也是污染大气的主要物质之一。

（2）废水。磷化工在加工生产中都要产生大量的含有磷、氟、硫、氯、砷、碱、铀等有毒有害物质的废水。黄磷生产中要产生黄磷污水，其黄磷污水中含有 50～390 mg/L 浓度的黄磷。黄磷是一种剧毒物质，进入人体对肝脏等器官危害极大。长期饮用含磷的水可使人的骨质疏松，发生下颌骨坏死等病变。黄磷污水中还含有 68～270 mg/L 的氟化物，经过处理后可降至 15～40 mg/L，但仍高于国家规定的排放标准（10 mg/L）。

（3）固体废弃物。磷化工生产中产生的固体废物主要有矿山尾矿、废石；黄磷生产排出的磷渣、碎矿、粉矿、磷泥、磷铁；湿法磷酸生产中产生的磷石膏；硫酸生产中排出的硫铁矿渣、钙镁磷肥高炉灰渣等。这些固体废物在厂区内长期堆积，不仅占用大量土地，而且对周围环境造成了较严重的污染。因此这些固体废物的处理和利用是当前磷化工行业必须解决的实际问题。

施用磷肥过量，会使作物从土壤中吸收过多的磷素营养，发土壤缺锌，会使作物得磷失硅、得磷缺钼，造成土壤中有害元素积累，导致土壤理化性质恶化。

4. 影响农田磷素流失的因素及控制对策

农田磷素的流失量除和土壤含磷量、土壤质地及施肥因素有关外，还和气候因素、地形因素、农学因素有关。气候因素中主要是降雨的强度、频率和发生的时间，它们和地形因素、土地利用耕作方式、地表植被覆盖度一起通过影响土壤侵蚀的强度来影响土壤磷的流失。要确定最佳的土壤磷管理措施，需把这些因素综合起来考虑。并且评价不同地理尺度上的磷素流失状况所考虑的因子是不同的。

荷兰研究者提出平衡施肥的概念，平衡施肥的量应该是恰好能满足植物的吸收量并能补充环境可接受的农业不可避免的磷损失量。研究发现农业不可避免的磷损失量为 P_2O_5 25～75 kg/(hm^2·a)，包括磷的固定（不可逆转的吸附）、随地表径流和壤中流的流失、淋溶到根区以下的部分；而环境可接受的磷流失量只有 P_2O_5 1 kg/(hm^2·a)，二者之间存在很大的差距。对富磷土壤，可选择种植喜磷作物，同时免除施肥或减少施肥，还可通过增强土壤固磷能力的措施减少磷流失，如向土壤中掺入氧化铁泥浆增强土壤对磷的吸附能力。施肥尽量避开雨季以减少径流流失和地下排水引起的渗漏。磷肥施用在亚表层或表层撒施后深耕。磷肥重点施在对磷肥敏感的作物上，在水旱轮作中尽量施在旱作上。在坡度较大地区实行等高种植；保护耕作（免耕或少耕）由于减少了了对土壤的扰动，进而减少颗粒态磷的侵蚀流失；秸秆还田也可减少地表径流中颗粒态磷的流失。在农田和受纳水体之间建立缓冲带或在河滨、湖滨设置保护带以拦截过滤从农田流出的磷。

（二）农业面源氮素污染

氮是植物、动物和人类必需的营养物质，是构成蛋白质的关键元素。氮素是植物生长发育所必需的营养元素。随着全球人口的快速增长，需要向土壤投入更多的氮素，从而提高粮食产量。据统计，全球农田每年施用的氮肥量高达 1.2 亿吨，再加上有机肥和生物固氮等，农田氮输入总量约 2 亿吨。然而，目前氮素利用效率还不足 50%。此举不仅导致经济损失，威胁粮食安全，而且带来了严重的环境和健康效应，如大气污染、水体富营养化、土壤酸化、生物多样性减少、温室效应等。因此，人类面临着如何平衡氮需求（满足食物需求）和氮限制（避免环境破坏）的巨大挑战。

1. 氮素的形态及分类

土壤中氮素形态可分为无机态和有机态两大类，土壤气体中存在的气态氮一般不计算在土壤氮素之内。

（1）土壤中未与碳结合的含氮化合物

土壤中未与碳结合的含氮化合物包括铵态氮、亚硝态氮、硝态氮、氨态氮、氮气及气态氮氧化物,一般多指铵态氮和硝态氮。大多数情况下,土壤中无机态氮数量很少,表土中一般只占全氮量的 1%~2%,最多也不超过 5%。土壤中无机态氮是微生物活动的产物,它易被植物吸收,而且也易挥发和流失,所以其含量变化很大。

① 土壤铵态氮

土壤铵态氮可分为土壤溶液中的铵、交换性铵和黏土矿物固定态铵。

土壤溶液中的铵由于溶于土壤水、可被植物直接吸收,但数量极少。它与交换性铵通过阳离子交换反应而处于平衡之中,又与土壤溶液中的氨存在着化学平衡,并可被硝化微生物转化成亚硝态氮和硝态氮。

交换性铵是指吸附于土壤胶体表面,可以进行阳离子交换的铵离子。它通过解吸进入土壤溶液,可直接或经转化成硝态氮被植物根系所吸收,也可通过根系的接触吸收而直接被植物所利用。交换性铵的含量处于不断变化之中,一方面,它得到土壤有机 N 矿化、黏土矿物固定铵的释放以及施肥的补充;另一方面,它又被植物吸收、硝化作用、生物固持作用、黏土矿物固定作用以及转变为氨后的挥发所消耗。在通气良好的旱田里含量较少,因为旱地通气条件良好,很容易被氧化成硝态氮。在水田里则含量较多而且较稳定。

黏土矿物固定态铵简称固定态铵。存在于 2:1 型黏土矿物晶层间,一般不能发生阳离子交换反应,属于无效态或难效态氮。其数量取决于土壤的黏土矿物类型和土壤质地。

② 土壤亚硝酸态氮

土壤亚硝酸态氮是铵的硝化作用的中间产物。在一般土壤中,它迅速被硝化微生物转化为硝酸态氮、因而其含量极低,但在大量施用液氨、尿素等氮肥时,可因局部的强碱性而导致明显积累。

③ 土壤硝酸态氮

土壤硝酸态氮一般存在于土壤溶液中,移动性大,在具有可变电荷的土壤中,可部分地被土壤颗粒表面的正电荷所吸附。硝态氮可直接被植物根系所吸收。在通气不良的土壤中,数量极微,并可通过反硝化作用而损失,可随水运动,易移出根区,发生淋失。

土壤溶液中的铵、交换性铵和硝态氮因能直接被植物根系所吸收,常被总称为速效态氮。

(2)土壤有机物结构中结合的氮

土壤有机物结构中结合的氮称为土壤有机态氮。土壤有机态氮一般可占全氮量的 95% 以上,按其溶解度和水解难易程度可分为以下三类:

① 水溶性有机氮

水溶性有机氮主要是一些较简单的游离态氨基酸、胺盐及酰胺类化合物,在土壤中数量很少,不超过全氮的 5%。它们分散在土壤溶液中,很容易水解,迅速释放出铵离子,成为植物的有效性氮源。

② 水解性有机氮

水解性有机氮用酸、碱处理能水解成简单的易溶性氮化合物。占全氮量的 50%~70%,按其化合物特性不同又分为以下三种形态:a. 蛋白质及多肽类。它是土壤中氮素数量最多的一类化合物,占全氮量的 30%~50%。主要存在于微生物体内,水解后分解成多种氨基酸和氨基,土壤中已鉴定出 30 多种氨基酸,其中以谷氨酸、甘氨酸、丙氨酸为主,大多数以肽键相联结。氨基酸态氮很容易水解,释放铵离子。b. 核蛋白质类。核蛋白质水解后生成蛋白质和核酸,核酸水解生成核苷酸、核糖或脱氧核糖和有机碱。由于有机碱中的氮呈杂环态结构,氮不易被释放出来，故在植物营养上属于迟效性氮源。c. 氨基糖类。氨基糖为葡萄糖胺，在土壤中可能来自核酸类物质，在微生物酶作用下，先分解成尿素一类的中间产物，然后转化为氨基糖。氨基糖类物质在土壤中占水解氮的 7% ~ 18%。

③ 非水解性有机氮

这类含氮有机物质结构极其复杂，不溶于水，用酸、碱处理也不能水解。主要有杂环态氮化物（酚型、酮型结构，有氧时与胺化合成杂环态含氮化合物，很难水解）；糖与胺的缩合物；胺或蛋白质与木质素类物质作用形成复杂结构态物质。

2. 土壤氮素流失的途径

氮素可以通过各种转化和移动过程而离开土壤-植物系统，从而带来氮肥施用的经济损失和环境受不良影响的风险，氮素损失直接减少了植物可吸收氮素的数量，从而降低了施肥的增产效果，并影响环境的质量。

土壤氮素损失途径主要有反硝化作用、氨挥发、淋溶和径流等，它们之间有密切关系，各种途径损失的数量占总损失量的比例受多种因素的影响，在多数情况下，以反硝化和氨挥发为主。此外，植物体内的氨通过叶面直接逸向大气，也是氮素损失的途径之一。

（1）反硝化损失

硝酸盐在嫌气条件下被还原为氧化亚氮和分子氮而引起的氮素损失。在非石灰性土壤上，反硝化是农田生态系统氮成损失的重要途径。在旱田土壤中，短时间的通气不良或局部嫌气环境也可产生反硝化作用。化肥氮在稻田中的损失高于旱田。

（2）氨挥发性失

土壤中的氨态氮可以铵离子（NH_4^+）形式存在，也可以氨（NH_3）的形式存在、两者之间在一定条件下可以互相转化。当土表或水中氨分压大于其上大气的氨分压时。即可发生氨的挥发，氨挥发速率主要决定于土壤表层（旱作）或田面水（水田）的 pH、温度以及氮浓度和田间风速等。因此，土壤 pH、阳离子交换量、碳酸钙含量、铵态氮肥的相伴离子、种类、氮肥施用技术、作物生长情况以及气象条件等，都会影响氨挥发损失的程度。在石灰性土壤上表施铵态氮肥，易引起氨的挥发损失，在石灰性土壤上，化肥氮的损失量明显高于非石灰性土壤。

（3）硝态氨淋失

NO_3^- 可以随水移动，从上层土壤剖面淋至较深的土层，进入地下水。这是一个非生物过程，由对流和扩散引起。NO_3^- 的这种向下运动，在田间受到土壤削面构型、耕作、灌溉、降雨、施肥的影响，还与土壤的空间变异性关系密切，如大的根孔、大的裂隙等，因此，其淋失效量和深度往往具有随机性。

（4）径流损失

土壤中的氮随径流或田间排水自土壤表面流失也可造成土壤氮损失。在一般情况下，径流损失很小，但在水土流失严重的土壤以及水田不合理排水时，径流损失也会很大。

3. 氮循环

氮循环是描述自然界中氮单质和含氮化合物之间相互转换过程的生态系统的物质循环。氮循环是全球生物地球化学循环的重要组成部分，全球每年通过人类活动新增的"活性"氮导致全球氮循环严重失衡，并引起水体的富营养化、水体酸化、温室气体排放等一系列环境问题。构成陆地生态系统氮循环的主要环节是：生物体内有机氮的合成、氨化作用、硝化作用、反硝化作用和固氮作用。

植物吸收土壤中的铵盐和硝酸盐，进而将这些无机氮同化成植物体内的蛋白质等有机氮。动物直接或间接以植物为食物，将植物体内的有机氮同化成动物体内的有机氮，这一过程为生物体内有机氮的合成。动植物的遗体、排出物和残落物中的有机氮化合物被微生物分解后形成氨，这一过程是氨化作用。在有氧的条件下，土壤中的氨或铵盐在硝化细菌的作用下最终氧化成硝酸盐，这一过程叫作硝化作用。氨化作用和硝化作用产生的无机氮，都能被植物吸收利用。在氧气不足的条件下，土壤中的硝酸盐被反硝化细菌等多种微生物还原成亚硝酸盐，并且进一步还原成分子态氮，分子态氮则返回到大气中，这一过程称作反硝化作用。固氮作用是分子态氮被还原成氨和其他含氮化合物的过程。自然界氮（N_2）的固定有两种方式：一种是非生物固氮，即通过闪电、高温放电等固氮，这样形成的氮化物很少；二是生物固氮，即分子态氮在生物体内还原为氨的过程。大气中 90% 以上的分子态氮都是通过固氮微生物的作用被还原为氨的。由此可见，由于微生物的活动，土壤已成为氮循环中最活跃的区域。

空气中含有大约 78% 的氮气，占有绝大部分的氮元素。氮是许多生物过程的基本元素，它存在于所有组成蛋白质的氨基酸中，是构成诸如 DNA 等核酸的四种基本元素之一。在植物中，大量的氮素被用于制造可进行光合作用供植物生长的叶绿素分子加工，或者固定，是将气态的游离态氮转变为可被有机体吸收的化合态氮的必经过程。一部分氮素由闪电所固定，同时绝大部分的氮素被非共生或共生的固氮细菌所固定。这些细菌拥有可促进氮气氢化成为氨的固氮酶，生成的氨再被这种细菌通过一系列的转化以形成自身组织的一部分。某一些固氮细菌，如根瘤菌，寄生在豆科植物（如豌豆或蚕豆）的根瘤中。这些细菌和植物建立了一种互利共生的关系，为植物生产氨以换取糖类。因此可通过栽种豆科植物使氮素贫瘠的土地变得肥沃。还有一些其他的植物可供建立这种共生关系，其他植物利用根系从土壤中吸收硝酸根离子或铵离子以获取氮素。动物体内的所有氮素则均由在食物链中进食植物所获得。

（1）硝化作用

产生的氨，一部分被微生物固持及植物吸收，或者被黏土矿物质固定；另一部分通过自养硝化或异养硝化转变成硝酸盐，这一过程被称为硝化作用。氨来源于腐生生物对死亡动植物器官的分解，被用作制造铵离子（NH_4^+）。在富含氧气的土壤中，这些离子将会首先被亚硝化细菌转化为亚硝酸根离子（NO_2^-），然后被硝化细菌转化为硝酸根离子（NO_3^-）。铵的两步转化过程叫作硝化作用。

铵离子很容易被固定在土壤尤其是腐殖质和黏土中。而硝酸根离子和亚硝酸根离子则因它们自身的负电性而更不容易被固定在正离子的交换点（主要是腐殖质）多于负离子的土壤中。在雨后或灌溉后，流失（可溶性离子譬如硝酸根和亚硝酸根的移动）到地下水的情况经常会发生。地下水中硝酸盐含量的提高关系到饮用水的安全，因为水中过量的硝酸根离子会影响婴幼儿血液中的氧浓度并导致高铁血红蛋白症或蓝婴综合征。如果地下水流向溪川，富硝酸盐的地下水会导致地面水体的富营养作用，使得蓝藻菌和其他藻类大量繁殖，导致水生生物因缺氧而大量死亡。虽然不像铵一样对鱼类有毒，硝酸盐可通过富营养作用间接影响鱼类的生存。氮素已经导致了一些水体的富营养化问题。从 2006 年起，在英国和美国使用氮肥受到了更严厉的限制，磷肥的使用也受到了同样的限制。

在无氧（低氧）条件下，厌氧细菌的"反硝化作用"将会发生。最终将硝酸中氮的成分还原成氮气归还到大气中去。

（2）氮气转化

有三种将游离态的 N_2（大气中的氮气）转化为化合态氮的方法：

① 生物固氮：是指固氮微生物将大气中的氮气转换成氨的过程，一些共生细菌（主要与豆科植物共生）和一些非共生细菌能进行固氮作用并以有机氮的形式吸收。

② 工业固氮：在哈伯-博施法中，N_2 与氢气被化合生成氨（NH_3）肥。

③ 化石燃料燃烧：主要由交通工具的引擎和热电站以 NO_x 的形式产生。

另外，闪电也可使 N_2 和 O_2 化合形成 NO，是大气化学的一个重要过程，但对陆地和水域的氮含量影响不大。

（3）固氮作用

由于豆科植物（特别是大豆、紫苜蓿和苜蓿）的广泛栽种、使用哈伯-博施法生产化学肥料以及交通工具和热电站释放的含氮污染成分，每年进入生物利用形态的氮素提高了不止一倍。这所导致的富营养作用已经对湿地生态系统产生了破坏。

全球人工固氮所产生活化氮数量的增加，虽然有助于农产品产量的提高，但也会给全球生态环境带来压力，使与氮循环有关的温室效应、水体污染和酸雨等生态环境问题进一步加剧。

4. 氮素对生态环境的影响

（1）氮素对作物的影响

过量施用氮肥，作物供氮过多，阻碍作物生长。施用过多的氮肥，将会导致土壤氮素过剩。会造成农作物的细胞壁变薄，组织变得柔弱，造成作物徒长，茎蔓变粗，叶片变大且薄，比较容易折断。农作物吸收大量的氮元素，叶片将会过于肥大，植株间郁闭，通风、透光能力降低，致使农作物群体的光能利用率下降。农作物的呼吸旺盛，会提高光合产物的消耗，降低干物质积累，导致减产。施用过多的氮肥，作物的抗逆能力降低，极易感病虫害与遭受冻害影响，尤其是容易感染病毒，如流胶病。不仅如此，过量地施用氮肥，会降低磷、钾以及微量元素的吸收，造成果实成熟变慢，颜色出现不正，产生畸形果，导致花芽分化率下降，营养生长出现过剩，坐果率比较低或是不会坐果。严重的是，大量地施用氮肥还会使土壤酸化、盐碱化加剧，造成果实中的钙、镁等营养成分明显降低，通常会产生缺钙、缺镁症状。

（2）氮素对土壤污染的影响

由于过多施用化肥，而有机肥的施用大大减少，致使土壤中腐殖质含量降低，土壤不易形成团粒结构而比较分散。同时，氮肥过多，大量的 NH_4^+ 可与土壤所吸附的 Ca^{2+}、Mg^{2+} 等阳离子发生交换，使土壤胶体分散，破坏了土壤结构，于是造成土地板结、通气蓄水的能力大大降低。氮肥中的氮多以铵盐形式出现，如硫铵、硝铵、氯铵和碳铵。当这类氮肥溶于水后便解离成铵离子（NH_4^+）和酸根（如 SO_4^{2-}、NO_3^- 等）。由于作物根系的选择吸收，吸收的 NH 大大多于酸根离子，则较多的酸根残留于土壤中，造成土壤酸化。酸化的土壤能加速某些矿物盐的溶解，随降雨和灌溉而流失或下渗，引起土地贫化（梅旭荣等，1999；蒋明，2001）。长期大量施用化肥，特别是单质肥料，会导致土壤逐渐酸化，土壤理化性质恶化，土壤板结，透气性差。养分比例失调、有机质含量下降、保水保肥能力减弱、土壤微生物和蚯蚓等有益生物减少，促使土壤有些有毒有害污染物的释放和增加。过量施用氮肥，导致土壤矿质养分失调，降低了土壤的碳氮比，加速了土壤有机质的分解，引起土壤理化、生物学性质变坏。主要是以下两方面：① NH_4^+ 进入土壤后，在其硝化作用过程中产生氢离子，使土壤逐渐酸化。NH_4^+ 能够置换出土壤胶体微粒上起联结作用的 Ca^{2+}，造成土壤颗粒分散从而破坏土壤团粒结构。土壤引入大量非主要营养成分或有毒物质，如硫酸铵中的硫酸根离子、尿素中的有毒物质缩二脲，对土壤微生物的正常活动有抑制作用。土壤酸化会促进土壤中一些有毒有害污染物的释放迁移或使之毒性增强，使土壤微生物和蚯蚓等减少，并加速土壤中一些营养元素的流失。② 使土壤中有机质减少。根据全国土地肥力调查结果，土壤中的有机质从原来的 5%～8% 减少到现在的 1%～2%，致使土壤严重板结，最终将丧失农业耕种价值。

（3）氮素对农产品的影响

滥用氮肥，对食品产生的污染就是容易造成残留。农产品硝酸盐含量增高，降低品质。流失进入并污染水体，和磷一起导致水体富营养化，使水生态系统失衡；污染地下水，使地下水硝酸盐超标，破坏水资源，硝酸盐具有潜在危害，进入人体转化为亚硝酸盐，容易导致一些癌症的高发。

（4）氮肥对人体的危害

氮素在土壤中以硝态氮和氨态氮两种形式存在，但大多数植物主要吸收硝态氮，硝酸根离子被植物体迅速同化利用，所以一般不会对人体造成危害。但氮肥施用过多，促使土壤中硝酸盐浓度增高，在土壤微生物的作用下，硝酸盐转化为亚硝酸盐，亚硝酸盐可与各种胺类化合物反应生成强致癌物质亚硝酸胺，造成严重污染，对人体危害极大。

5. 氮素污染的防治

（1）水肥调控

过量施用肥料是氮素污染的主要成因，集约农区的肥料施用量相对更大，氮素污染风险更高。精准施肥、水肥耦合，以及化肥和有机肥合理配施、氮磷钾肥有机配施，都可以有效改善作物的营养环境和土体微生物环境，提高农作物对肥料的利用率，从而有效抑制氮素向深层土壤下移和进入水体的趋势。现有研究成果表明，农田系统土层中的硝态氮随施肥量的增加而显著增加。通过对华北棕壤上冬小麦的研究结果发现，在 262 kg·hm^{-2} 的肥料施用强度下，有机、无机肥配施处理的土壤剖面硝态氮累积量最小，即氮素损失更小。在红壤丘陵区水稻田上化肥与有机肥的配比采用 7：3 较为适当，能兼顾产量提升与氮素面源污染风险控制。节水灌溉能有效制约过量供水造成的氮素污染，并减轻渗漏污染对地下水的压力。石敏在稻田系统中的氮肥调控研究结果表明，控制灌溉、浅湿灌溉有利于田面水和渗漏水中氮素浓度的削减，还能提升水稻产量。通过开展水氮耦合对马铃薯产量和硝态氮动态变化的影响研究，结果发现，滴灌不仅效益显著高于传统的沟灌方式，也能有效减少对土壤深层的污染。

（2）保护性耕作

保护性耕作具有节本省工、培肥改土、避免环境污染等优点，能有效减少化肥的施用量，并提升土壤对氮素等的蓄留能力，从而有效地降低氮素径流流失负荷，使氮素流失潜能大大减小。与传统耕作处理相比，少免耕、秸秆还田、平衡施肥复合处理下，水稻产量平均增产幅度达到 23.18%，而且能有效减少氮素的流失。通过田间定位试验对旱作农业保护性耕作进行研究，结果表明免耕可以降低 0~30 cm 土层的硝态氮含量。

（3）植被缓冲带拦截

通过农田生态防护林、湿地缓冲带等植被缓冲带进行径流拦截，能有效地对氮素面源污染进行过程阻断。农田生态防护林对农田氮素在地表径流、淋溶的过程中的扩散作用能有效进行阻断，从而控制农业面源氮素造成的水体污染。利用狼尾草构建的植被过滤带对总氮的拦截率可以达到 86%，拦截效果显著。余模拟的植被过滤带对总氮的拦截率也超过了 50%。通过在山区坡耕地上利用紫穗槐和三叶草建立的植被缓冲带，对 NH_4^+-N 的平均拦截率最高可达到 95%。尽管不同立体条件下不同植被对氮素的拦截效率差异较大，但是植被缓冲带的拦截效应已经得到广泛的证实。

（4）化学阻控

化学阻控包括抑制剂、吸附剂等化学阻控材料的应用。其中，氮吡啉等硝态氮抑制剂可以抑制土壤硝化细菌的活性，从而减少土壤和蔬菜对硝酸盐的积累。秸秆生物质炭和阴离子型聚丙烯酰胺、泥炭土等土壤调理剂由于具有较强的化学吸附作用，加上富含含氧官能团，对氮素、磷素都可以进行有效的截留，从而减少其向深层土体和水体的扩散。此外，目前还有对氮素面源污染水体进行系统整治的技术，但是其成本较高、见效较慢、治理难度较大，因此，对氮素面源污染进行有效的源头控制，仍然是最佳防控措施。

任务三　土壤环境有机污染物

随着工业的发展，从药物、石油化工、油脂、溶剂、农药以及其他工业向环境排放的有机毒物与日俱增。世界上化学品销售目前已达 7 万~8 万种之多，且每年有 1000~1600 种新化学品进入市场。以化学农药为例，全球每年使用量已达数百万吨。由于农药的施用以及含有各种人工合成化学物质的有机废弃物通过各种途径进入土壤，从而对土壤环境造成了不同程度的影响。这些有机化合物在土壤中可以发生许多迁移、转化过程，其残留物及其转化产物均可能对环境质量和农产品安全造成负面影响。研究发现，针对特种目标生物的生物杀灭剂同样会危害非目标生物，例如 DDT（滴滴涕，化学名为双对氯苯基三氯乙烷，是有机氯类杀虫剂）可以非常有效地降低疟疾等疾病的发病率，曾一度被称为"最重要的生活必需品"之一；然而在 DDT 刚使用时，人们就发现它可以影响湖鳟等鱼类的生长，而且在环境介质中有着广泛的传播，它在土壤、河流沉积物中的积累与地区销售量之间有着相似的趋势。值得注意的是，一些并非用于生物杀灭剂的多氯联苯（PCBs）也会危及某些生物的健康，当生物体内摄取了一定浓度的 PCBs 时会导致毒性效应。

20 世纪 90 年代初，某些持久性有机污染物（POPs）对于环境和生态系统以及人类健康的影响日益引起人们的关注。所谓持久性有机污染物是一组具有毒性、持久性，并易于在生物体内富集的有机化合物；它们能进行长距离迁移和沉积，且对源头附近或远方环境与人体产生损害。POPs 通常具有低水溶性和高脂溶性，大部分为人工所合成。2001 年 5 月包括中国在内的世界绝大多数国家在瑞典斯德哥尔摩签署了《关于持久性有机污染物的斯德哥尔摩公约》（以下简称《公约》），《公约》决定禁止或限制使用 12 种持久性有机污染物，包括 8 种有机氯杀虫剂（艾氏剂、狄氏剂、氯丹、滴滴涕、异狄氏剂、七氯、灭蚁灵和毒杀芬）以及工业化学品和副产品[多氯联苯（PCBs）、六氯苯、多氯代二苯并二噁英（PCDDs）和多氯代二苯并呋喃（PCDFs）]。2009 年 5 月，《公约》增加了另外 9 种需要控制的持久性有机污染物，分别是 3 种杀虫剂副产物（α-六氯环己烷、β-六氯环己烷和林丹），3 种阻燃剂（六溴联苯醚和七溴联苯醚、四溴联苯醚和五溴联苯醚、六溴联苯）、十氯酮、五氯苯和全氟辛烷磺酸类物质（全氟辛磺酸、全氟辛磺酸盐和全氟辛基磺酰氟）。

面对环境中的大量有机污染物，确实让人们感到千头万绪，因为这些化学物质具有非常多的种类和数量，每一种化合物都具有不同的名称、分子式、理化性质和反应性，都在发生不同的环境过程，表现出不同的环境行为。探讨有机污染物环境行为的前提是了解该化合物的分子结构，即化合物的"个性"，这是理解和预测有机污染物环境行为的基础。

随着环境保护事业的发展，许多国家都采取了防治污染的措施。但由于环境中的有毒物质品种繁多，不可能对每一种污染物都制定控制标准或实行控制，因而许多国家都在众多污染物中重点筛选出潜在危害大的化合物作为优先研究和控制对象，称之为优先污染物，俗称污染物"黑名单"。我国近年来也开展了大量的优先污染物筛选工作，根据有毒化学品环境安全性综合调查结果，曾经提出 68 种优先控制污染物。在各国的优先污染物名单中，绝大多数为有机化合物。由于土壤是有机污染物在环境中分布、归趋的重要介质，开展土壤中优先污染物研究与控制具有重要意义。

土壤中的有机污染物主要包括有机农药、石油烃、塑料制品、染料、表面活性剂、增塑剂和阻燃剂等，其来源主要为农药施用、污水灌溉、污泥和废弃物的土地处置与利用以及污染物泄漏等途径。例如曾因农民拆卸含 PCBs 的电力电容器，造成了局部土壤的 PCBs 的污染，在检测的两块田地中 PCBs 的总量分别为 260 ng/g 和 960 ng/g，而未受直接污染的西藏土壤的 PCBs 的含量为 0.625～3.501 ng/g，取于北京怀柔的土样则仅为 0.42 ng/g。

一、农　药

农药是各种杀菌剂、杀虫剂、杀螨剂、除草剂和植物生长调节剂等农用化学制剂的总称，其品种繁多，且大多为有机化合物，包括杀虫剂、杀线虫剂（有机氯、有机磷、氨基甲酸酯和拟除虫菊酯等），杀菌剂（杂环类、三唑类、苯类、有机磷类、硫类、有机锡砷类和抗生素类等），除草剂（苯氧类、苯甲酸类、酰胺类、甲苯胺类、脲类、氨基甲酸酯类、酚类、二苯醚类、三氮苯类和杂环类等），杀螨剂，杀鼠剂，熏蒸剂，增效剂，植物生长调节剂和解毒剂。农药大多为有机化合物。施用农药是现代农业不可缺少的技术手段。然而，农药施入田间后，真正对作物进行保护的数量仅占施用量的 10%～30%，而 20%～30% 进入大气和水体，50%～60% 残留于土壤。自 20 世纪 40 年代广泛应用以来，累计已有数千万吨农药进入环境，农药已成为土壤中主要的有机污染物。在土壤中残留较多的主要是有机氯、有机磷、氨基甲酸酯和苯氧羧酸类等农药。

（一）有机氯农药

1. 有机氯农药概述

有机氯农药（organo chlorine pesticides，OCPs）是主要以苯和环戊二烯为原料经人工合成的用于防止植物病虫害的含氯农药,曾因其高效、杀虫谱广、成本低等特点而被广泛使用。有机氯农药大部分是含有一个或几个苯环的氯代衍生物,主要用作杀虫剂。该类农药在 20 世纪 50 ~ 70 年代曾一度为确保农业、林业和畜牧业的增产发挥过巨大作用。但由于有机氯农药具有化学性质稳定、高残留、在环境中不易分解和高生物富集性等特点,可以通过食物链威胁人畜的健康。现在包括极地在内的所有环境介质中都能监测到这类污染物的存在,因而成为全球性环境问题。有机氯农药对人体具有"三致"作用,包括破坏神经系统、增加癌症发病率及引起出生缺陷等。虽然我国自 1983 年开始禁止生产、销售和使用部分有机氯农药,但至今仍能在环境中检出。我国土壤中有机氯农药的残留非常普遍,并以六六六和滴滴涕为主,且多为历史残留。不同类型的土壤有机氯残留差异大,个别地区有超标现象。

土壤中的有机氯农药主要来源有以下几种:一是为了防治病虫害直接施用于土壤;二是喷洒作物时落入土壤;三是经动植物残体进入土壤或经各类废水废渣进入土壤。农药在土壤中的残留是造成污染及生物危害的根源,土壤中残留的有机氯农药还可经挥发、扩散等转移至水体及大气,并通过食物链和生物富集危害人体健康。

我国曾广泛使用有机氯农药以控制农作物病虫害传播,提高农作物产量。但其降解速度相对较慢,在土壤中处于相对稳定状态,虽被禁用多年,但部分地区仍有检出。据相关调查数据表明,2002 年太湖流域的耕地土壤当中滴滴涕、六六六等有机氯化合物农药实际检出率高达 100%;2004 年,环渤海的西部区域土壤当中也均检测出有机氯农药。多数地区检出率在 80%以下,部分地区为 20% ~ 50%,其中滴滴涕、六六六为主要的污染物。2008—2009 年,珠江三角地区土壤有机氯农药实际检出率为 97.85%,最高残留量值为 649.33 μg/kg,平均值 20.67 μg/kg。2011 年,青木关地下河流域土壤的有机氯农药含量范围是 13.74 ~ 290.67 ng/g,其上中下游均有检出。全国土壤污染状况调查公报(2005—2013)表明,六六六和滴滴涕的点位超标率分别为 0.5%和 1.9%,有机氯农药是土壤有机污染的主要污染物之一。2013 年,环鄱阳湖的水稻田土壤检出了氯丹、六氯苯、七氯、滴滴涕、六六六等。2015 年,内蒙古农牧业区的农业区土壤的总有机氯农药残留量范围为 0.64 ~ 102 ng/g,平均值为 26.3 ng/g,而牧业区土壤的总有机氯农药残留量范围为 0.18 ~ 23.8 ng/g,平均值为 5.81 ng/g,有机氯农药污染处于较低水平。

2. 几种典型有机氯农药简介

有机氯农药大体可分为氯代苯和氯代甲撑萘制剂两大类。氯代苯类以苯作为基本合成原料,如滴滴涕(DDT)和六氯苯。这类制剂曾是我国应用最广、用量最大的品种。氯代甲撑萘制剂以石油裂化产物作为基本原料合成而得,包括氯丹、七氯化萘、狄氏剂、艾氏剂和毒杀芬等。几种典型有机氯农药的性质如下:

(1)DDT(滴滴涕,化学名为双对氯苯基三氯乙烷,是有机氯类杀虫剂)

DDT 在 20 世纪 70 年代以前是全世界最常用的杀虫剂。它有若干种异构体,其中仅对位异构体(p, p'-DDT)有强烈的杀虫性能,其结构式如下:

DDT 在土壤中，特别是表层残留较高。由于 DDT 在土壤中易被胶体吸附，故它的移动不明显。但是 DDT 可通过植物根和叶片进入植物体内，它在叶片中积累量相对较大，在果实中较少。

DDT 对人、畜的急性毒性很小。大白鼠 LD_{50}（半致死剂量）为 250 mg/kg。但由于 DDT 脂溶性强，水溶性差（分别为 100 000 mg/L 和 0.002 mg/L），它可以长期在脂肪组织中蓄积，并通过食物链在动物体内高度富集，使居于食物链末端的生物体内蓄积浓度比最初环境所含农药浓度高出数百万倍，对机体构成危害。而人处在食物链最末端，受害也最大。所以，虽然 DDT 已禁用多年，但仍然受到人们的关注。DDTs 可通过食物、饮用水、空气等进入人体，对人类健康具有巨大危害。DDTs 具有"三致"效应（致畸、致癌、致突变），是生殖障碍、发育异常、代谢紊乱及某些恶性肿瘤发病率增加的潜在原因之一。有报道表明环境和饮食中DDTs 残留与新生儿缺陷、直肠癌发病正相关，甚至低浓度 DDT 暴露也可能促进大肠癌的发展。DDTs 具有内分泌干扰作用，对生殖系统、免疫系统、神经系统等均能产生严重毒性。DDTs 具有类雌激素作用，可直接与激素受体结合或代替激素激活蛋白转录因子，引起内分泌功能异常。长期暴露在高剂量 DDTs 环境下可能引发肿瘤，而长期暴露在低剂量 DDTs 环境下可能导致人记忆力下降、注意力分散、焦虑、狂躁、抑郁等精神问题。

蚯蚓长期生活在潮湿土壤中，对某些污染物非常敏感，已被不少学者用作土壤环境污染状况的指示生物。DDT 对蚯蚓的生长、存活、繁殖等均有长期显著的毒性作用。DDT 等有机氯农药严重影响蚯蚓的生长和体重，蚯蚓从表皮肌肉到消化道上皮肌肉被破坏，部分细胞器受损严重。虽然蚯蚓在低浓度 DDT 污染的土壤中不会快速死亡，但是长期接触其生长发育、运动行为能力、体型体色、繁殖能力、生理生化过程及其他体内重要生化指标等产生一定变化。DDTs 残留对土壤线虫密度与群落结构有一定影响，并且与弹尾类种群密度呈显著负相关；土壤原生动物肉足虫、纤毛虫、鞭毛虫丰度受 DDT 影响显著，甚至在 DDT 残留浓度很小时也会受很大抑制作用。

土壤微生物是土壤生态系统的重要组成部分，外来污染物会对土壤微生物数量、群落结构、微生物功能多样性等产生影响。通常情况下，较低水平的 DDTs 污染对土壤微生物的群落丰富度、均匀性和多样性等具有一定的促进作用，微生物总体活性较高；而高水平 DDTs 污染下敏感微生物的生长受到抑制，DDTs 耐受性微生物种属受影响较小，土壤微生物整体活性受一定的抑制作用。不同程度 DDTs 污染土壤中微生物群落功能多样性差异显著，在无污染或轻度污染的土壤中微生物利用缓酸类和氨基酸相对较多，而在污染严重的土壤中微生物利用氨基酸类及糖类较多。

土壤酶参与土壤中各种生物化学反应，包括土壤中各种营养元素的生物循环。土壤酶活性可反映土壤微生物代谢功能多样性和微生物活性。土壤呼吸通常用呼吸强度和累积呼吸量表示，可反映土壤微生物对土壤中有机物的代谢能力，累积呼吸量变化趋势可直观地反映土壤微生物活性差异。通常低水平污染物进入土壤后在一定时间内会对土壤酶活性、土壤呼吸产生显著影响，随时间延长土壤各项指标会得到恢复。痕量不同浓度 DDT 对土壤过氧化氢酶和脱氨酶活性有不同程度的抑制，抑制程度与 DDT 浓度基本成正比，但一个月左右两种酶的活性都会有不同程度的恢复。野外长期低浓度 DDTs 暴露条件下，DDTs 含量与土壤酶活性和土壤呼吸值之间无显著相关性，并且 DDTs 残留不同程度区域的土壤酶活性和呼吸强度无显著差异，可能是野外实地环境中土壤理化性质、含水量、土地利用方式、植被类型、土壤中污染物种类与数量等因素综合作用所致。

土壤是农药残留重要的环境介质。在禁用 DDT 多年后，北京、上海、天津等地的土壤中检测到的农药残留仍然以 DDTs 等有机氯农药为主。某些地区土壤中有机氯农药残留浓度呈逐渐下降趋势，但在局部地区，如菜地、棉田、农药废弃场地和垃圾堆积场附近土壤中 DDTs 残留量仍较高。总体上，DDTs 在我国东部地区农田土壤中的残留高于西部地区，其中京津冀地区 DDTs 浓度最高，其残留特征受土壤有机质含量及地区社会经济发展程度的影响。

（2）六六六

六六六，六氯环己烷，是一种有机化合物，化学式为 $C_6H_6Cl_6$（结构如右所示），有 8 种异构体，对昆虫有触杀、熏杀和胃毒作用。2017 年 10 月 27 日，世卫组织国际癌症研究机构公布的致癌物清单初步整理参考，六氯环己烷在 2B 类致癌物清单中。

六六六有多种异构体，其中只有丙体六六六具有杀虫效果。含丙体六六六在 99% 以上的六六六称为林丹。林丹为白色或稍带淡黄色的粉末状结晶。20 ℃ 时在水中的溶解度为 7.3 mg/L，在 60 ~ 70 ℃ 下不易分解，在日光和酸性条件下很稳定，但遇碱会发生分解而失去杀虫作用。六六六属于有机氯农药，其化学性质稳定，在环境中存留时间长，毒性大，不易降解（生物降解，光化学降解），不但影响水生生物繁衍，而且通过食物链危害人体健康。许多国家已禁止使用，我国也已于 1983 年全面禁止生产和使用。主要侵入途径包括食物摄入、呼吸及皮肤吸收。

六六六在土壤中的半衰期为 2 年。农药施用后在土壤中的残留量为 50% ~ 60%，已经长期停用的六六六目前在土壤中的可检出率仍然很高。

植物能从土壤中吸收积累一定数量的林丹。林丹在土壤中的残效期较其他有机氯杀虫剂短，容易分解消失。林丹的大鼠经口急性 LD_{50} 为 88 ~ 270 mg/kg，小鼠为 59 ~ 246 mg/kg。按我国农药急性毒性分级标准，林丹属中等毒性杀虫剂。在动物体内也有积累作用，对皮肤有刺激性。

（3）氯丹

氯丹，化学名称为 1, 2, 4, 5, 6, 7, 8, 8-八氯-2, 3, 3a, 4, 7, 7a-六氢-4, 7-亚甲基茚，是一种有机化合物，化学式为 $C_{10}H_6Cl_8$（结构如右所示），是一种残留性杀虫剂，具有长的残留期，在杀虫浓度下植物无药害，杀灭地下害虫如蝼蛄、地老虎、稻草害虫等，对防治白蚁效果显著。

2017 年 10 月 27 日，世卫组织国际癌症研究机构公布的致癌物清单初步整理参考，氯丹在 2B 类致癌物清单中。

氯丹曾用作广谱性杀虫剂。工业氯丹含量要求达到 60% 以上。通常加工成乳油状，琥珀色，沸点 175 ℃，密度 1.69 ~ 1.70 g/cm³，不溶于水，易溶于有机溶剂，在环境中比较稳定，遇碱性物质能分解失效。其挥发性较大，但仍有比较长的残效期。在杀虫浓度范围内，对植物无药害。氯丹对人、畜毒性较低，大白鼠 LD_{50} 为 457 ~ 590 mg/kg。但氯丹在体内代谢后，能转化为毒性更强的环氧化物，并使血钙降低，引起中枢神经损伤。在动物体积累作用大于 DDT。

（4）毒杀芬

毒杀芬是一种广谱性的有机氯杀虫剂，具有胃毒和触杀作用。1983 年，我国开始禁止毒杀芬的生产，农业部于 2002 年 6 月 5 日颁布公告，明令禁止毒杀芬的使用。

　　毒杀芬是用于农业和蚊虫的控制。毒杀芬为黄色蜡状固体，有轻微的松节油的气味。在 70 ~ 95 °C 范围内软化率为 67% ~ 69%，熔点为 65 ~ 90 °C。不溶于水，但溶于四氯化碳、芳烃等有机溶剂。在加热或强阳光的照射和铁之类催化剂的存在下，能脱掉氯化氢。毒杀芬对人、畜毒性中等，能够引起甲状腺肿瘤和癌症。大白鼠 LD_{50} 为 69 mg/kg。能在动物体内积蓄。除葫芦科植物外，对其他作物均无药害，残效期长。

　　毒杀芬是一种广谱性的有机氯杀虫剂，具有胃毒和触杀作用，1945 年由 Herclus 公司研发生产并推广。20 世纪 40 ~ 50 年代，滴滴涕（DDT）及环戊二烯类杀虫剂成为禁用农药和减产农药，毒杀芬作为上述两种农药的替代品，广泛用于棉花、玉米、谷类和果树害虫的防治及紧急处理，同时也可用于防治家禽和家畜的寄生虫及去除杂鱼等。1972 年，美国环境保护署（EPA）颁布 DDT 禁令后，毒杀芬用量迅速增长并成为美国乃至全世界的主要杀虫剂产品。

　　毒杀芬在 20 世纪 70 年代初期曾成为我国大吨位的农药品种之一，用于防治粮、棉等农作物害虫（如棉铃虫、蚜虫）等。1990 年 5 月—1995 年 5 月在农业部批准登记的农药中，毒杀芬批准使用范围是：棉花、林木、玉米；防治对象：害虫、地下害虫；施用方法：喷雾和浸种。1996 年后农业部撤销毒杀芬农药登记，并禁止使用。

　　我国于 20 世纪 50 年代开始在浙江（龙游）、福建、广东等省设厂生产毒杀芬。历史上共有 16 家企业生产，最高年产量曾达到 3740 t。1979 年后毒杀芬生产厂家相继停产，产量逐年减少，至 1985 年全部停止生产，累计生产毒杀芬约 20 660 t。由于毒杀芬具有高毒性、高稳定性、容易被生物富集等特性，目前已广泛存在并滞留于水体、土壤、大气和动植物体中。

　　1983 年，我国开始禁止毒杀芬的生产，农业部于 2002 年 6 月 5 日颁布公告，明令禁止毒杀芬的使用，同年 9 月进行的杀虫剂生产行业调查中发现现场抽调的 40 家企业中还有 4 家生产毒杀芬。

　　毒杀芬无论是施用于作物还是排放到地表水或土壤中，都会快速挥发进入大气，并可传播到远离使用点的地方，再通过干湿沉降回到地表。毒杀芬与土壤颗粒结合紧密，因此不易进入地下水。毒杀芬的水溶性较弱，地表水中未挥发的毒杀芬最终会与颗粒物结合进入底泥中。毒杀芬可被植物和水生生物从土壤和水体中吸收，并有生物富集和生物放大作用。

　　进入环境中的毒杀芬分解缓慢，因此即使在禁用 10 余年后还能在环境和生物体内检测到毒杀芬的存在。土壤中的毒杀芬可被微生物缓慢降解，降解过程可能主要发生在厌氧条件下。大气和水中的毒杀芬有很强的抗光解的能力，自然条件下也没有观察到光氧化降解作用。毒杀芬在水中的水解作用不明显，估计在 pH 5 ~ 8 时其在水中的半衰期约为 10 年。

（二）有机磷农药

　　有机磷农药，是指含磷元素的有机化合物农药。主要用于防治植物病、虫、草害。多为油状液体，有大蒜味，挥发性强，微溶于水，遇碱被破坏。实际应用中应选择高效、低毒及低残留品种，如乐果、敌百虫等。其在农业生产中的广泛使用，导致农作物中发生不同程度的残留。

　　有机磷农药是为取代有机氯农药而发展起来的，由于有机磷农药比有机氯农药容易降解，故它对自然环境的污染及对生态系统的危害没有有机氯农药那么普遍和突出。但有机磷农药毒性较高，大部分对生物体内胆碱酯酶有抑制作用。随着有机磷农药使用量的逐年增加，对环境的污染以及对人体健康的危害等问题已经引起各国的高度重视。有机磷农药对人体的危害以急性毒性为主，多发生于大剂量或反复接触之后，会出现一系列神经中毒症状，如出汗、震颤、精神错乱、语言失常，严重者会出现呼吸麻痹，甚至死亡。

目前世界上已有数百种有机磷农药，我国也有 200 余种，其中常用的有约 100 种，而我国有 30 余种。世界有机磷农药的生产量约占农药总量的 1/3，我国国内则占到一半以上。有机磷农药大部分是磷酸的酯类或酰胺类化合物，按结构可分为如下几类：磷酸酯（如敌敌畏、二溴磷等）、硫代磷酸酯（如对硫磷、马拉硫磷、乐果等）、磷酸酯（敌百虫）和硫代磷酸酯、磷酰胺和硫代磷酰胺（如甲胺磷等）。有机磷农药多为液体，除少数品种（如乐果、敌百虫）外，一般都难溶于水，而易溶于乙醇、丙酮、氯仿等有机溶剂中。不同的有机磷农药挥发性差别很大。

有机磷农药作为一种广谱杀虫/除草剂，被广泛应用于农业中，以杀除有害病虫，确保农作物正常生长。由于有机磷农药具有品种丰富、价格低廉和易被生物降解的优点，在有机氯农药开始限制并禁止使用（1970 年）后，作为其优势农药替代品迅速发展，成为我国需求量最多的农药之一。据中国农药工业协会统计，2015 年，我国农药总用量为 30 万吨，其中有机磷农药用量为 7.05 万吨（折合量），占我国农药总用量的 20%以上。然而农药利用率普遍偏低，仅为 35%左右，剩余农药残留在土壤、植物以及大气中，对环境和生态系统存在潜在的毒害作用。土层中残留的有机磷农药会随着大气降水或灌溉水下渗，污染地下水；有机磷农药易吸附于土壤颗粒上，破坏土壤结构和功能，进而影响农产品质量；同时有机磷农药污染会刺激土壤微生物群落结构，使耐受农药的菌群替代敏感种成为优势种群，微生物种类减少，严重时导致物种灭绝，生物多样性降低。研究表明，大部分有机磷农药属于高毒性，可通过皮肤接触、呼吸吸入、食用食物等途径进入人体，抑制体内胆碱酯酶的活性，造成生物体中毒。据统计，由于环境中有机磷农药的暴露，每年约有 300 万人中毒，20 万人死亡。土壤有机磷农药污染防治已成为目前全球面临的严重问题。

二、多环芳烃类

多环芳烃（PAHs）是指两个以上的苯环连在一起的化合物。根据苯环的连接方式分为联苯类、多苯代脂肪烃和稠环芳香烃三类。多环芳烃是最早发现且数量最多的致癌物，目前已经发现的致癌性多环芳烃及其衍生物已超过 400 种。

多环芳烃的来源可分为人为与天然两种，前者是多环芳烃污染的主源。多环芳烃的形成机理很复杂，一般认为多环芳烃主要是由石油、煤炭、木材、气体燃料等不完全燃烧以及还原条件下热分解而产生的，人们在烧烤牛排或其他肉类时也会产生多环芳烃。有机物在高温缺氧条件下，热裂解产生碳氢自由基或碎片，这些极为活泼的微粒，在高温下又立即热合成热力学稳定的非取代的多环芳烃，如苯并[a]芘（BaP）是一切含碳燃料和有机物热解过程中的产物，其生成的最适宜温度为 600 ~ 900 ℃。

多环芳烃大都是无色或淡黄色的结晶，个别具深色，熔点及沸点较高，蒸气压很小。由于其水溶性低，辛醇/水分配系数高，因此，该类化合物易于从水中分配到生物体内，或沉积于河流沉积层中。土壤是多环芳烃的重要载体，多环芳烃在土壤中有较高的稳定性，当它们发生反应时，趋向保留它们的共轭环状体系，一般多通过亲电取代反应形成衍生物。

多环芳烃是一类惰性较强的碳氢化合物，主要通过光氧化和生物作用而降解。低分子量的多环芳烃如苯、萘和萘烯均能快速降解，初始浓度为 10 mg/L 的溶液 7 d 内可降解 90%以上，而大分子量的多环芳烃如荧蒽、苯并蒽和蒽等很难被生物降解。多环芳烃在土壤中也难以发生光解。

某些多环芳烃属于很强的致癌物质（如苯并[a]芘）。目前已对 2000 多种化合物做了致癌试验，发现有致癌作用的有 500 余种，其中 200 余种是芳香烃类。在这些致癌物中多环芳烃是重要的一类。多环芳烃在环境中虽是微量的，但其分布极为广泛，人们能够通过呼吸、饮食和吸烟等途径摄取，是人类癌症的重要起因之一。

三、多氯联苯

多氯联苯（PCBs）是一类以联苯为原料在金属催化剂作用下，高温氯化生成的氯代芳烃。根据氯原子取代数和取代位置的不同，共有 209 种同类物。

PCBs 具有良好的化学惰性、抗热性、不可燃性、低蒸气压和高介电常数等优点，因此曾被作为热交换剂、润滑剂、变压器、电容器内的绝缘介质、增塑剂、石蜡扩充剂、黏合剂、有机稀释剂、除尘剂、杀虫剂、切割油、压敏复写纸和阻燃剂等重要的化工产品，广泛应用于电力工业、塑料加工业、化工和印刷等领域。PCBs 的商业性生产始于 1930 年，据世卫组织（WHO）报道，至 1980 年世界各国生产 PCBs 总计近 1.0×10^6 t，1977 年后陆续停产。我国于 1965 年开始生产多氯联苯，大多数厂于 1974 年底停产，到 20 世纪 80 年代初国内基本已停止生产 PCBs，估计历年累计产量近万吨。动物实验表明，PCBs 对皮肤、肝脏、胃肠系统、神经系统、生殖系统和免疫系统的病变甚至癌变都有诱导效应。一些 PCBs 同类物会影响哺乳动物和鸟类的繁殖，对人类健康也具有潜在致癌性。历史上曾有过几次污染教训，尤以 1968 年日本北部九州县发生的震惊世界的米糠油事件最为严重，1600 人因误食被 PCBs 污染的米糠油而中毒，22 人死亡。1979 年中国台湾也重演了类似的悲剧。深刻的教训、沉重的代价使 PCBs 的污染日益受到国际上的关注。

土壤中的 PCBs 主要来源于颗粒沉降，有少量来源于用作肥料的污泥，填埋场的渗漏以及在农药配方中使用的 PCBs 等。土壤中的 PCBs 含量一般比它上部空气中的含量高出 10 倍以上。若仅按挥发损失计，曾测得土壤中 PCBs 的半衰期可达 10～20 年。土壤中 PCBs 的挥发除与温度有关外，其他环境因素也有一定影响。PCBs 的挥发速率随着温度的升高而升高，但随着土壤中黏粒含量和联苯氯化程度的增加而降低。挥发过程最有可能是引起 PCBs 损失的主要途径，尤其对高氯取代的联苯更是如此。

四、二噁英

二噁英类（Dioxins）是对性质相似的多氯代二苯并二噁英（PCDDs）和多氯代二苯并呋喃（PCDFs）两组化合物的统称。它主要来源于焚烧和化工生产，属于全球性污染物质，存在于各种环境介质中。在 75 个 PCDDs 和 135 个 PCDFs 同系物中，侧位（2, 3, 7, 8-）被氯取代的化合物（TODD）对某些动物表现出特别强的毒性，有致癌、致畸、致突变作用，引起人们的广泛关注。

环境中 PCDDs、PCDFs 主要来源于焚烧和化工生产，前者包括氯代有机物或无机物的热反应，如城市废弃物、医院废弃物、化学废弃物的焚烧以及家庭用煤和香烟的燃烧，后者主要来源于氯酚、氯苯、多氯联苯及氯代苯氧乙酸除草剂等的生产过程、制浆造纸中的氯化漂白及其他工业生产中。通过大气沉降、污泥农用、农药的施用等途径进入土壤。

目前发现含有二噁英类化合物的农药主要有除草剂、杀菌剂和杀虫剂。2, 4, 5-T 和 2, 4-D 是主要用于森林的苯氧乙酸除草剂。最毒的 2, 3, 7, 8-TCDD 异构体最初就是在 2, 4, 5-T 中发现的。自从 20 世纪 30 年代以来，氯酚被广泛用作杀菌剂、杀虫剂、木材防腐剂以及亚洲、非洲、南美洲地区的血吸虫病的防治。氯酚的生产主要采用苯酚的直接氯化或氯苯的碱解这两种方式，因此 PCDDs、PCDFs 常常作为氯酚制造过程的副产物而进入环境。

由于环境中二噁英类主要以混合物形式存在，在对二噁英类的毒性进行评价时，国际上常把不同组分折算成相当于 2, 3, 7, 8-TCDD 的量来表示，称为毒性当量（toxic equivalents，TEQ）。样品中某 PCDDs 或 PCDFs 的浓度与其毒性当量因子（TEF）的乘积之和，即为样品中二噁英类的毒性当量。城市污泥所含 PCDDs、PCDFs 的毒性当量（以干重计）通常在 $20 \times 10^{-9} \sim 40 \times 10^{-9} \mathrm{g/kg}$，2, 3, 7, 8-TCDD 的毒性最大，毒性当量在 $0 \sim 1.0 \times 10^{-9} \mathrm{g/kg}$。造纸工业是近几年来发现的新的、重要的二噁英类化合物的污染源，在其污泥中，2, 3, 7, 8-TCDD 的含量不等，浓度从几 ng/kg 级至数百 ng/kg。施用污泥的土壤是否会造成 PCDFs 或 PCDFs 的累积，取决于污泥中二噁英的含量及土壤性质等因素。

大气迁移与尘埃沉降也是土壤中二噁英类污染物的重要来源。有的学者认为，大气降尘向土壤输入的 PCDDs、PCDFs 远比施用污水和污泥重要。亚热带和温带区域土壤中的大气沉降量可达 610 μg/(m² · a)。全球总沉降量估计为 12 500 kg/a。

许多化学品在制造过程中，特别是苯氧乙酸除草剂、氯酚和 PCBs 生产中的化学废弃物，其中 PCDFs、PCDFs 的含量很高。我国用农药六六六无效体生产氯代苯，废渣中 PCDDs、PCDFs 含量相当高。根据年废渣排放量及 PCDDs、PCDFs 的平均含量计算，PCDDs、PCDFs 年生成量约为 15.6 t，其中 2, 3, 7, 8-TCDD 的年生成量约为 174 g，为当前 PCDDs、PCDFs 的最大污染源。这些废弃物若不能妥善处理，随意堆放，易通过渗漏、地表径流而进入土壤，有可能引起环境污染。

五、石油类

20 世纪 80 年代以来，土壤石油烃类污染成为世界各国普遍关注的环境问题。石油能自然溢流而进入土壤环境，但土壤石油烃类污染主要来源于石油钻探、开采、运输、加工、储存、使用产品及其废弃物的处置等人为活动，例如油井附近土壤中石油类污染物的含量平均可达 15.8 g/kg，而在正常灌溉条件下的农田，其含量仅为 2.2 mg/kg。从惯常的石油排放，到石油泄漏、输油管破损等事故，以及包含 PAHs 的润滑油等石油类产品的不合理排放，都会导致石油烃类化合物释出，进而侵入土壤环境，长期的慢性排放有时比广为人知的石油泄漏事故更为有害。

石油烃类是包含数千种不同有机分子的复杂的混合物。其主要元素是碳和氢，也含有少量氮、氧、硫元素以及钒、镍等金属元素。依据碳链的长度及是否构成直链、支链、环链或芳香结构，石油烃类化合物可以分成数种化学物系（链烷烃、环烷烃、芳香烃以及少量非烃化合物），如烷烃、苯、甲苯和二甲苯等。石油中的芳香烃类物质对人及动物的毒性较大，尤其是双环和三环为代表的多环芳烃毒性更大。石油中的苯、甲苯、二甲苯和酚类等物质，如果经较长时间、较高浓度接触，会引起恶心、头痛、眩晕等症状。

石油烃类在土壤中以多种状态存在：气态、溶解态、吸附态和自由态（以单独的一相存留于毛管孔隙或非毛管孔隙）。其中被土壤吸附和存留于毛管孔隙的部分不易迁移，从而影响土壤的通透性。由于石油类物质的水溶性一般很小，因而土壤颗粒吸附石油类物质后不易被水浸润，不能形成有效的导水通路，透水性降低，透水量下降。能积聚在土壤中的石油烃，大部分是高分子组分，它们黏着在植物根系上形成一层黏膜，阻碍根系的呼吸与吸收功能，甚至引起根系腐烂。对动植物的毒性为芳香烃>烯烃>环烷烃>烷烃。以气态、溶解态和单独的一相存留于非毛管孔隙的石油烃类迁移性较强，容易扩大污染范围，最终可引起地下水的污染。此外，石油烃类对强酸、强碱和氧化剂都有很强的稳定性，在环境中残留时间较长。

六、药物与个人护理品

随着医药及洗化行业的大规模发展，药品及个人护理用品（PPCPs）的生产和使用量迅猛增长，导致它们在大气、水和土壤中均有残留。PPCPs 是本世纪新显现并备受关注的一类污染物。PPCPs 包括所有人用与兽用的医药品（包括处方类和非处方类药物以及生物制剂）、诊断剂、保健品、麝香、化妆品、遮光剂、消毒剂和其他在 PPCPs 生产制造过程中添加的组分如赋形剂、防腐剂等。目前大约有 4500 种医药品广泛用于人类或动物的疾病预防与治疗等领域，如抗生素、止痛剂、抗癫痫药物、降血压、降脂剂、抗癌剂和抗抑郁药等。环境中的 PPCPs 含量多在 ng/L 至 μg/L 或 pg/g 至 ng/g 数量级。PPCPs 进入环境的主要途径：

（1）药物间接或直接排放。人体和动物摄入医药品后，经过代谢以尿液或粪便的形式排入下水道；使用后随洗漱、游泳等活动进入城市污水处理系统；未使用完或过期的 PPCPs 类化合物以垃圾形式被直接丢弃。一般情况下，含有 PPCPs 的污水经过常规处理后，仍然有相当一部分残留而排入地表水体。

（2）污水未处理完全的生产废水，畜禽和水产养殖业及动物直接排放在地表的粪便可以通过地表径流或渗滤进入水体和深层土壤。

（3）污泥与粪便污水处理厂的污泥和动物粪便经施肥进入农田造成土壤的污染。

（4）垃圾渗滤液垃圾填埋场的垃圾渗滤液的渗漏也可能污染土壤或地下水；反之，土壤中的 PPCPs 由于渗滤作用也会进一步污染地下水。

尽管 PPCPs 是为了促进人体或动物的某种特定生理反应而设计，但是人们对 PPCPs 的环境影响，尤其对直接暴露于含 PPCPs 环境中生物的潜在影响尚了解不多。在 PPCPs 的生态和健康危害方面，目前最为关注的是抗生素和固醇类激素两大类物质。前者主要引起微生物的选择压力和抗药病原菌的选择性存活，后者则主要通过干扰内分泌系统最后影响生物的发育和繁殖。由于 PPCPs 可持续不断地输入环境，因而它们在环境中的残留浓度呈上升趋势，并逐渐显现对微生物以及动植物的生态毒性，对人类也具有潜在的生态风险。

七、其他重要的有机污染物

土壤中的有机污染物很复杂，除了前面介绍的几类外，还有增塑剂、阻燃剂、表面活性剂、染料类以及酚类和亚硝胺物质等。这些污染物大都来自工业废水、污灌以及污泥和堆肥。它们进入土壤环境后，会造成对生态与环境的危害。

（一）增塑剂

我国常用的增塑剂为酞酸酯类化合物（PAEs），如邻苯二甲酸二丁酯（DBP）和邻苯二甲酸二异辛酯（DEHP）。由于它们的广泛使用，这类化合物在土壤、水体、大气及生物体乃至人体诸多环境或组分中均有检出，成为全球最为普遍的污染物之一。由于此类化合物显著的生物累积性，中国、美国和日本等许多国家都将其列入优先控制污染物黑名单之中。

土壤中酞酸酯主要来源有农膜及其他废弃塑料制品的携入、工业烟尘的沉降、用含酞酸酯的地表水的灌溉，特别是污灌的输入量更多。由于酞酸酯类污染物具有低水溶性和高脂溶性，所以它们极易从水系向固体沉积物迁移，且极易在生物体内累积。酞酸酯对动物有致畸、致突变作用，如 DEHP 对小白鼠有致肝癌作用。DBP 和 DEHP 的田间试验表明（安琼等，1999），这两种化合物对蔬菜产量均有一定的影响，减产幅度可达 13%~60%；一般而言，DBP 处理者的影响大于 DEHP，因而必须重视酞酸酯对土壤-植物系统的污染问题。

（二）染料类

随着染料生产、纺织和印染工业的迅速发展，有机染料在衣服、食物染色及家庭装修等方面应用广泛。有些染料具有致癌性物质，如芳香胺类中的联苯胺、萘胺和芴胺等。土壤中的染料主要来源于工业废水的排放、含有染料的污水灌溉、污泥和堆肥等。调查发现毗邻污染源地区的农业土壤中各种有机染料的总含量可达 19~3114 mg/kg。

（三）表面活性剂

表面活性剂是家庭和工业洗涤产品的活性成分，随着它的大量应用，含有表面活性剂的工业废水和城市生活污水，以污灌和污泥的方式进入土壤，对土壤产生不同的影响，甚至污染。表面活性剂分为阴离子型、阳离子型和非离子型三类。一般关于土壤污染的表面活性剂主要是烷基苯磺酸盐，如烷基苯磺酸钠。土壤中表面活性剂浓度低时能改善土壤团聚性能，提高土壤持水性；但是，较高浓度的表面活性剂进入土壤后可导致土壤黏粒稳定性增强，不利于黏粒聚沉，导致土壤粒子的分散，流动性增加，从而加重水土流失；同时，吸附于土壤黏粒上的农药和重金属，可随径流而转移，使污染范围扩大，从而加深水环境的污染程度。另一方面，土壤中的许多营养成分富集在黏粒上，表面活性剂对土壤环境的污染亦会加重水体的富营养化和土壤自身的贫瘠化。

低浓度表面活性剂对植物（玉米、麦类）生长有刺激作用，但高浓度会导致减产。表面活性剂还对土壤微生物有影响，能引起微生物种群数降低。

（四）酚类和亚硝基化合物

酚类化合物是芳烃的含羟基衍生物，可根据挥发性将其分为挥发性酚和不挥发性酚。通常含酚废水中以苯酚和甲酚的含量最高，在环境监测中常以它们含量的多少作为污染指标。环境中的酚污染物主要来源于工业企业排放的含酚废水，在许多工业领域诸如煤气、焦化、炼油、冶金、机械制造、玻璃、石油化工、木材纤维、塑料、医药、农药和油漆等工业排出的废水中均含有酚。这些废水若不经过处理或处理不达标而直接排放，或用于灌溉农田，则进入土壤环境中的有毒有害物质可能对土壤生物和人体健康产生不利影响。酚类物质污染农田后会导致农作物的可食部分产生异味（杨国栋，2004）。

N-亚硝基化合物是一类含有 NNO 基的化合物，是一类广谱的致癌物，其前体物质广泛存在于环境中，人类与之接触的机会十分频繁。当农田中大量使用含有硝酸盐的化肥或土壤中 Fe、Mo 元素缺乏或光照不足时，植物体中硝酸盐积累明显。过多的硝酸盐不仅严重影响动植物产品的安全，还会从土壤渗入地下水而对水体造成严重污染（蔡丽等，2010），而硝酸盐在一定条件下可转化为 *N*-亚硝基化合物。

（五）废塑料制品

近年来，由于塑料价格便宜、性能好和加工方便，塑料工业迅速发展，各类农用塑料薄膜以及塑料制品（袋、盒和绳等）大量使用。这些制品使用后，除部分回收外，大量作为垃圾被抛弃或进行土地填埋。塑料是一种高分子材料，常用聚氯乙烯、聚乙烯、聚丙烯和聚苯乙烯等化工原料制成，由于它具有不易腐烂、难于消解的性能，散落在土地里，就会造成永久性"白色污染"。实验表明，塑料在土壤中需要 200 年之久才能被降解。

农膜的大量使用带来了一定的环境问题。残留的地膜碎片会破坏土壤结构，阻断土壤中的毛细管，影响水肥在土壤中的运移，妨碍作物根系发育生长，使农作物产量降低。实验表明，每公顷土地残留地膜 45 kg 时，则蔬菜产量可减少 10%，而小麦可减产 450 kg。残膜还影响农田耕作管理，使农田生态系统受到大面积破坏。同时，增塑剂随农膜的使用而大量地进入农田生态系统，使农田土壤和作物生长发育及产品品质受到影响。

任务四　土壤环境固体废物污染

一、固体废物的概念及特点

（一）固体废物概念

固体废弃物，是指人类在生产、消费、生活和其他活动中产生的固态、半固态废弃物质。主要包括固体颗粒、垃圾、炉渣、污泥、废弃的制品、破损器皿、残次品、动物尸体、变质食品、人畜粪便等。有些国家把废酸、废碱、废油、废有机溶剂等高浓度的液体也归为固体废弃物。2021 年 1 月 1 日起，我国将禁止以任何方式进口固体废物，禁止我国境外的固体废物进境倾倒、堆放、处置。

（二）固体废物分类

1. 按危险性分类

固体废物可分为一般固体废物和危险废物。

（1）一般固体废物：废皮革制品、废玻璃、废电池、动植物残渣、盐泥、钢渣、粉煤灰、工业粉尘等。可参考《一般固体废物分类与代码》（GB/T 39198—2020）。

（2）危险废物：化学合成原料生产过程中产生的废母液及反应基废物、使用砷或有机砷化合物生产兽药过程中产生的废水处理污泥、木材防腐化学品生产过程中产生的反应残余物、废过滤介质及吸附剂等。可参考《国家危险废物名录（2021年版）》。

2．按来源分类

固体废物可分为农业固体废物、工业固体废物和生活垃圾。

（1）农业固体废物：秸秆、废弃农用薄膜、农药包装废弃物、禽畜粪肥、动物尸骸、动物残渣、植物残渣等。

（2）工业固体废物：建筑废弃物、废渣、废屑、废塑胶、废弃化学品、污泥、尾矿、煤矸石、废石等。

（3）生活垃圾：废电池、废荧光灯管、废温度计、餐厨垃圾、蔬菜瓜果垃圾、包装废物、废金属、绿化垃圾等。

3．按形态分类

固体废物可分为固态固体废物、半固态固体废物和液态（气态）固体废物。

（1）固态固体废物：秸秆、建筑废弃物、废电池等。

（2）半固态固体废物：如污泥、油泥、粪便等。

（3）液态（气态）固体废物：废酸、废油、废有机溶剂等。

4．按组分分类

固体废物可分为有机固体废物和无机固体废物。

（1）有机固体废物：农作物秸秆、畜禽粪便、甜菜渣、肉食加工工业产生的屠宰污血、居民粪便、生活垃圾等。

（2）无机固体废物：铁矿尾渣、铝渣、赤泥、硼渣、煤矸石、磷石膏、电子废物、废电池、废金属、建筑垃圾等。

（三）固体废物特点

从固体废弃物与环境、资源、社会的关系分析，固体废弃物具有污染性、资源性和社会性。

1．污染性

固体废弃物的污染性表现为固体废弃物自身的污染性和固体废弃物处理的二次污染性。固体废弃物可能含有毒性、燃烧性、爆炸性、放射性、腐蚀性、反应性、传染性与致病性的有害废弃物或污染物，甚至含有污染物富集的生物，有些物质难降解或难处理、固体废弃物排放数量与质量具有不确定性与隐蔽性，固体废弃物处理过程生成二次污染物，这些因素导致固体废弃物在其产生、排放和处理过程中对生态环境造成污染，甚至对人类身心健康造成危害，这说明固体废弃物具有污染性。

2．资源性

固体废弃物的资源性表现为固体废弃物是资源开发利用的产物和固体废弃物自身具有一定的资源价值。固体废弃物只是一定条件下才成为固体废弃物，当条件改变后，固体废弃物有可能重新具有使用价值，成为生产的原材料、燃料或消费物品，因而具有一定的资源价值及经济价值。

需要指出的是，固体废弃物的经济价值不一定大于固体废弃物的处理成本，总体而言，固体废弃物是一类低品质、低经济价值资源。

3. 社会性

固体废弃物的社会性表现为固体废弃物产生、排放与处理具有广泛的社会性。一是社会每个成员都产生与排放固体废弃物；二是固体废弃物产生意味着社会资源的消耗，对社会产生影响；三是固体废弃物的排放、处理处置及固体废弃物的污染性影响他人的利益，即具有外部性（外部性是指活动主体的活动影响他人的利益。当损害他人利益时称为负外部性，当增大他人利益时称为正外部性。固体废弃物排放与其污染性具有负外部性，固体废弃物处理处置具有正外部性），产生社会影响，这说明，无论是产生、排放还是处理，固体废弃物事务都影响每个社会成员的利益。固体废弃物排放前属于私有品，排放后成为公共资源。

4. 兼有废物和资源的双重性

固体废物一般具有某些工业原材料所具有的物理化学特性，较废水、废气易收集、运输、加工处理，可回收利用。固体废物是在错误时间放在错误地点的资源，具有鲜明的时间和空间特征。

5. 富集多种污染成分的终态，污染环境的源头

废物往往是许多污染成分的终极状态。一些有害气体或飘尘，通过治理，最终富集成为固体废物；废水中的一些有害溶质和悬浮物，通过治理，最终被分离出来成为污泥或残渣；一些含重金属的可燃固体废物，通过焚烧处理，有害金属浓集于灰烬中。这些"终态"物质中的有害成分，在长期的自然因素作用下，又会转入大气、水体和土壤，成为大气、水体和土壤环境的污染"源头"。

6. 所含有害物呆滞性大、扩散性大

固态的危险废物具有呆滞性和不可稀释性，一般情况下进入水、气和土壤环境的释放速率很慢。土壤对污染物有吸附作用，导致污染物的迁移速度比土壤水慢得多，为土壤水运移速度的 $1/(1\sim500)$。

7. 危害具有潜在性、长期性和灾难性

由于污染物在土壤中的迁移是一个比较缓慢的过程，其危害可能在数年以至数十年后才能发现，但是发现污染时已造成难以挽救的灾难性成果。从某种意义上讲，固体废物特别是危害废物对环境造成的危害可能要比水、气造成的危害严重得多。

二、固体废物对土壤环境的影响

固体废物不是环境介质，但它们经常长期存在于环境中，因为它们存在于各种污染成分中。在一定条件下，固体废物会发生化学、物理或生物转化，对周围环境产生一定的影响。如果处理不当，污染成分会通过水、气土、食物链等方式污染环境，危害人体健康。通常工业、矿业等废物中含有的化学成分会形成化学物质污染。人畜粪便和有机废物是各种病原微

生物的原产地和养殖场，形成病原体的大小污染。固体废物及其洗涤和渗滤液中含有的有害物质会改变土壤的性质和土壤结构，影响土壤微生物的活性。土壤是许多微生物聚集的地方，如细菌和真菌。这些微生物与周围环境形成一个生态系统，在自然物质循环中承担着碳循环和氮循环的重要任务。工业固体废物，尤其是有害固体废物，经过风化、雨雪淋溶、地表径流的侵蚀，一些高温有毒液体渗入土壤，可以杀死土壤中的微生物，破坏土壤的腐蚀能力，甚至导致植被不生。这些有害成分的存在也会通过食物链在植物有机体中积累，危及人体健康。

在国外曾发生过一些典型固体废物污染事故：

腊芙运河事件：1943—1953 年，美国尼加拉市一条废弃运河被某公司买下后填埋处置了大量化学废物。数十年后，当地居民有癌症、呼吸道疾病、流产等多发现象，地面还有黑色液体渗出。

密苏里州事件：20 世纪 70 年代，美国密苏里州将混有四氯二苯二噁英的淤泥废渣当作沥青铺路，造成多处污染，导致牲畜大批死亡，居民受到多种疾病折磨。

印尼万隆事件：2005 年 2 月 21 日，印尼万隆的大雨使某处垃圾填埋场中 10 m 高的垃圾山崩塌，造成 40 人死亡，10 人重伤，109 人失踪。

（一）生活垃圾对土壤环境的污染

生活垃圾是人们在日常生活中或者为日常生活提供服务的活动中产生的固体废物，以及法律、行政法规规定视为生活垃圾的固体废物。主要包括居民生活垃圾、集市贸易与商业垃圾、公共场所垃圾、街道清扫垃圾及企事业单位垃圾等。

随着我国社会经济的快速发展城市化进程的加快以及人民生活水平的迅速提高，城市生产与生活过程中产生的垃圾废物也随之迅速增加，生活垃圾占用土地，污染环境的状况以及对人们健康的影响也越加明显。城市生活垃圾的大量增加，使垃圾处理越来越困难，由此而来的环境污染等问题逐渐引起社会各界的广泛关注。

生活垃圾一般可分为四大类：可回收垃圾、餐厨垃圾、有害垃圾和其他垃圾。

可回收垃圾：包括纸类、金属、塑料、玻璃等，通过综合处理回收利用，可以减少污染，节省资源。如每回收 1 t 废纸可造好纸 850 kg，节省木材 300 kg，比等量生产减少污染 74%；每回收 1 t 塑料饮料瓶可获得 0.7 t 二级原料；每回收 1 t 废钢铁可炼好钢 0.9 t，比用矿石冶炼节约成本 47%，减少空气污染 75%，减少 97%的水污染和固体废物。

餐厨垃圾：包括剩菜剩饭、骨头、菜根菜叶等食品类废物，经生物技术制成堆肥，每吨可生产 0.3 t 有机肥料。

有害垃圾：包括废电池、废日光灯管、废水银温度计、过期药品等，这些垃圾需要特殊安全处理。

其他垃圾：包括除上述几类垃圾之外的砖瓦陶瓷、渣土、卫生间废纸等难以回收的废弃物。采取卫生填埋可有效减少对地下水、地表水、土壤及空气的污染。

生活垃圾被不当处理或排放时，会对土壤环境造成严重的污染和破坏。

1. 有机垃圾的分解产生有害物质

生活垃圾中的有机垃圾如食物残渣、植物废弃物等在土壤中分解时会产生大量的有害物质，如甲烷、氨气、硫化氢等。这些有害物质不仅会对土壤微生物和植物生长产生毒性影响，还会通过土壤的渗透作用进入地下水，对水环境造成污染。

2. 塑料和金属垃圾的污染

生活垃圾中的塑料和金属垃圾在土壤中难以降解，会长期存在于土壤中，对土壤造成机械性污染。塑料的燃烧会释放出有害的气体和化学物质，金属垃圾中的重金属元素如铅、汞、镉等会渗入土壤中，对土壤的肥力和生态系统产生负面影响。

3. 化学物质的渗透和累积

生活垃圾中可能含有各种化学物质，如有机溶剂、农药、药物残留等。这些化学物质在土壤中会发生渗透和累积，对土壤微生物和植物生长产生毒性影响，并可能通过食物链进入人体，对人体健康造成潜在威胁。

4. 土壤结构和水分的破坏

大量的生活垃圾堆积在土壤表面会阻碍土壤的通气和水分渗透，导致土壤结构松散度下降，土壤水分的保持能力减弱。这会影响植物的生长和根系的发育，进而影响农作物的产量和质量。

为了减少生活垃圾对土壤环境的污染，应采取以下措施：

（1）加强垃圾分类和回收利用，通过垃圾分类和回收利用，可以减少有机垃圾和可回收垃圾的堆填和焚烧，降低对土壤环境的污染。

（2）推广有机肥料的使用，将有机垃圾经过处理转化为有机肥料，可以提高土壤的肥力和保持水分能力，减少对化学肥料的依赖，同时避免有机垃圾分解产生的有害物质对土壤的污染。

（3）加强环境监测和管理，建立健全的环境监测体系，加强对生活垃圾处理和排放的监管，确保生活垃圾的合理处理，减少对土壤环境的污染。

（4）增强公众环保意识：通过教育宣传，提高公众对环境保护的认识和意识，倡导绿色消费和生活方式，减少生活垃圾的产生和对土壤环境的污染。

（二）污泥对土壤环境的污染

污泥通常指污水处理厂在处理污水过程中产生的固液混合的絮状物质，主要来源于初次沉淀池、二次沉淀池等工艺环节。每万吨污水经处理后污泥产生量一般为 10～20 t（按含水率90%计）。

在我国，污泥中有机质的平均含量为 37.18%，总氮、总磷、总钾的平均含量分别为 3.03%、1.52%、0.69%，均超过国家堆肥需要的养分标准，可作为很好的有机肥源。污泥中有机养分和微量元素还具有明显改变土壤理化性质，增加氮、磷、钾含量，改善土壤结构，促进团粒结构的形成，调节土壤 pH 和阳离子交换量，降低土壤容重，增加土壤孔隙、透气性、田间持水量和保肥能力等作用。此外，城市污泥还可以增加土壤根际微生物群落生物量和代谢强度、抑制腐烂和病原菌。故污泥用作肥料，可以减少化肥施用量，从而减少农业成本和化肥对环境的污染。

1. 污泥的组成

污泥主要由各种微生物以及有机、无机颗粒组成，还含有重金属、有机污染物、病原微生物和寄生虫卵等有害物质组成，具体包括：

（1）水分：含水量达 95% 左右或更高。

（2）挥发性物质和灰分：前者是有机杂质，后者是无机杂质。

（3）病原体：如细菌、病毒和寄生虫卵等，大量存在于生活污水、医院污水、食品工业废水和制革工业废水等的污泥中。

2. 污泥的分类

（1）按污泥来源可以分为：

①给水厂污泥：来源于给水水源的净化过程。

②生活污水污泥：来源于城市污水处理厂处理生活污水过程。

③工业污泥：来源于污水处理厂处理工业废水过程。

④城市水体疏浚污泥：来源于河道、湖泊、池塘等自然或人工水体疏浚过程。

（2）按污水厂处理污水工艺，污泥可以分为：

①初沉池污泥：来源于废水初次沉淀池。

②活性污泥：来源于采用活性污泥法处理工艺的二次沉淀池。

③腐殖污泥：来源于采用生物膜法处理工艺的二次沉淀池。

④化学污泥：来源于采用混凝、化学沉淀等化学法处理废水工艺的一级处理（或三级处理）。

（3）按污泥的产生阶段可以分为：

①生污泥：为沉淀池排出的沉淀物或悬浮物。

②消化污泥：为生污泥经过厌氧消化环节得到的污泥。

③浓缩污泥：为生污泥经过浓缩处理后得到的污泥。

④脱水污泥：为机械脱水处理后得到的污泥。

⑤干化污泥：为干化后得到的污泥。

⑥有毒物质：如氰、汞、铬或某些难分解的有毒有机物。

3. 污泥的危害

（1）重金属危害

重金属是限制污泥大规模土地利用的重要因素，污泥因污水的来源不同成分有所差异，但一般都含有一定量的重金属。当前，在污泥施用对土壤污染的研究中，主要集中在汞、镉、铅、铬等生物毒性显著的重金属元素的污染上。重金属污染因其隐蔽性、潜伏性、长期性和不可逆等特性，往往对环境产生严重的影响。一般来说，施用污泥后，重金属绝大部分在耕层聚集，其中相当一部分以有机结合态存在，重金属的含量一旦超过土壤的自净能力，就会破坏土壤的正常机能，从而严重影响农作物的产量和性质。对于施用污泥后，重金属元素在农作物体内富集，蔬菜尤其是叶菜类蔬菜富集重金属的能力较强，而且重金属进入植物体内，主要分布在根系，其次是叶系，果实或籽粒内含量往往最低。因此对果实类蔬菜和大籽粒作物施用污泥相对较安全。

（2）病原菌危害

污泥中含有多种致病细菌、原生动物、寄生虫以及病毒等有害物，这些有害物质可以通过各种途径进行传播，污染空气和水源，并通过直接接触或食物链危及人类和畜牧的健康，并且为其他有害生物的滋生提供了场所，也在一定程度上加速植物病虫害的传播。国内污水处理厂污泥卫生指标实测值（以干泥计）：大肠杆菌群约 2×10^8 个/克，细菌总数约 5×10^8 个/

克，蛔虫卵 0.2×10^8 个/克。这些病原物质对外界环境具有很强的抵抗能力，常规的灭菌方法只能起到大量减少病原体的作用，不能完全灭活，所以对污泥的土地利用要严格控制。

（3）污泥含水率高

未脱水污泥含水率大于 90%，初步脱水污泥含水率也高达 80%，造成运输成本高、堆放面积大，挤压垃圾填埋场库容，堵塞垃圾渗滤液管等问题。

污泥和污水处理是同样重要的。只有解决好污泥的问题，才能从根本上实现水环境的改善。因此，污泥处理是非常有必要的。污泥的处理再生利用是具有经济效益和社会效益的。可以利用污泥开发制造有机复混肥，可使污泥化害为利，既减轻了国家对污泥处理的经济负担，又对农业生产产生积极的推动作用，杜绝了污泥焚烧和填埋造成的二次污染。

（三）粉煤灰对土壤环境的污染

粉煤灰，是从煤燃烧后的烟气中收捕下来的细灰，粉煤灰是燃煤电厂排出的主要固体废物。我国火电厂粉煤灰的主要氧化物组成为 SiO_2、Al_2O_3、FeO、Fe_2O_3、CaO、TiO_2 等。随着电力工业的发展，燃煤电厂的粉煤灰排放量逐年增加，成为我国当前排量较大的工业废渣之一。

粉煤灰外观类似水泥，颜色在乳白色到灰黑色之间变化。粉煤灰的颜色是一项重要的质量指标，可以反映含碳量的多少和差异。在一定程度上也可以反映粉煤灰的细度，颜色越深，粉煤灰粒度越细，含碳量越高。粉煤灰有低钙粉煤灰和高钙粉煤灰之分。通常高钙粉煤灰的颜色偏黄，低钙粉煤灰的颜色偏灰。粉煤灰颗粒呈多孔型蜂窝状组织，比表面积较大，具有较高的吸附活性。颗粒的粒径为 $0.5 \sim 300 \, \mu m$，并且珠壁具有多孔结构，孔隙率高达 50%～80%，有很强的吸水性。

1. 粉煤灰的产生

粉煤灰是由煤粉燃烧而生成，其具体燃烧过程为：煤粉在炉膛中呈悬浮状态燃烧，其中绝大部分的可燃物在炉内都能烧尽，而其中的不燃物（主要成分为灰分）则大量混杂在高温烟气中。这些不燃物在高温的作用下，部分熔化，处于熔融状态，由于受到表面张力的作用，形成了大量细小的球状颗粒。在锅炉尾部引风机的抽气作用下，含有大量灰分的烟气流向炉尾，随着烟气温度的降低，一部分熔融的细粒因受到一定程度的急冷呈玻璃体状态，从而具有较高的潜在活性。在引风机将烟气排入大气之前，上述这些细小的球形颗粒，经过除尘器，被分离、收集，即为粉煤灰。

2. 粉煤灰的危害

作为火电厂燃煤的必然产物，粉煤灰是我国工业固体废物中排放量最大的污染源。据统计，每消耗 4 t 煤就会产生 1 t 粉煤灰。而随着电力工业的发展，粉煤灰的排放量还在逐年增加。但是，粉煤灰带来的污染问题却长期被人们忽视。

粉煤灰对环境的危害主要表现在对大气、水源、土壤等方面的污染。由于煤炭包含有害重金属和放射性物质，在燃烧后会继续留存在粉煤灰中，这对周边环境和公众健康构成了很大的威胁。通常火电厂会将粉煤灰储放在贮灰场中，当遇到大风天气时，粉煤灰会随风扩散，造成严重的空气污染。粉煤灰的颗粒细小，飞扬度大，易悬浮在空气中，且排量大，尤其在山西、内蒙古等火电厂、煤场集中的北方地区，粉煤灰更是主要的大气污染源。

此外，在粉煤灰长期堆存的过程中，其有害物质会慢慢渗透到水体和土壤中。如果遇到降水天气，粉煤灰会随之流入河流、湖泊，并通过土壤进入地下水造成二次污染。而且由于粉煤灰高盐高碱还会导致土地盐碱化，影响农业生产和生态环境。更为严重的是，当强降雨、洪涝等灾害引起泥石流、滑坡时，贮灰场中储存的大量粉煤灰就成为巨大的安全隐患，威胁着人类健康和生态环境。

3. 粉煤灰的综合利用

用粉煤灰改良土壤粉煤灰疏松多孔、比表面积大、保水、透气好，可增加土壤孔隙度，提高地温，改善黏质土壤，促进土壤中微生物活性，使水、肥、气、热趋向协调，便于养分转化，作物生长。

粉煤灰中含有大量农作物所需的营养元素，如硅、钙、镁、钾等，可生产各种复合肥，增产效果好，价格便宜。粉煤灰施入土壤，可以防止小麦锈病及果树黄叶病等，增加农作物对病虫害的抵抗力。蔬菜试验表明，粉煤灰用量 0～12%内，随施用量增加，植物组织中铁、锌浓度下降，钾、锰浓度增加，铜、镍浓度保持不变，不产生植株毒害症状；粉煤灰富含的硼是油料作物的良好肥源，粉煤灰同腐殖酸结合施用，可以提高土壤中有效硅的含量。研究表明，利用粉煤灰为载体，加上有效养分，磁化后便于土壤形成易为作物吸收的营养单元，不仅能改良，而且能增强作物光合作用和呼吸功能，提高作物抗旱和抗灾性。现已利用粉煤灰开发出粉煤灰磷肥、硅复合肥等。

粉煤灰比表面积大，具有一定吸附性能。研究证实，粉煤灰可有效去除富营养型湖泊表层水和间隙水中的磷酸酶，对造纸、印染、中草药等生产废水具有一定净化作用，用粉煤灰对高浓度的少量有害物质进行固化处理，形成的固体块致密，空隙率很少，发生二次水化反应时，固形物的微小孔洞被封死，被固化的有害物质更不易溶出，造价较低，是理想的固化剂。粉煤灰在酸性条件下，其中的铝、铁离解成为无机混凝剂，与污水混合能将污水中的悬浮物粒子絮凝、沉降，使水质变清。用粉煤灰处理生活、造纸和制革废水等，都已取得较好的效果。

（四）农业固体废物对土壤环境的污染

农业固体废物是指农业生产、农产品加工、畜禽养殖业和农村居民生活排放的废弃物的总称。农业固体废物主要来自植物种植业、农副产品加工业、动物养殖业以及农村居民生活所产生的废物。按其来源分为：农田和果田残留物，如秸秆、残株、杂草、落叶、果实外壳、藤蔓、树枝和其他废物；农产品加工废弃物；牲畜和家禽粪便以及栏圈铺垫物；人粪尿以及生活废弃物。常见的农业固体废物有稻草、麦秸、玉米秸、稻壳、根茎、落叶、果皮、果核、羽毛、皮毛、禽畜粪便、死禽死畜、农村生活垃圾等。

我国农业固体废物具有量大面广、性质复杂的特性，是固体废物的重要组成部分。2019年，全国畜禽粪污产生量 30.5 亿吨、农作物秸秆产生量 8.7 亿吨、农膜使用量 246.5 万吨、废弃农药包装物约 35 亿件。当前，一些地区农业面源污染严重，农业固体废物防治短板依然突出，给乡村生态环境治理和农业高质量发展造成较大压力。

1. 农业固体废物来源

（1）种植业固体废物

种植业固体废物是指农作物在种植、收割、交易、加工利用和食用等过程中产生的源自作物本身的固体废物，主要包括作物秸秆及蔬菜、瓜果等加工后的残渣等。据估计，地球上每年光合作用生产的生物质约1500亿吨，其中11%（约160亿吨）来自种植业，可作为人类食物或动物饲料的部分约占其中的1/4（约为40亿吨）；在这40亿吨中，经过加工最后供人类直接食用的大约仅为3.6亿吨，因此，地球上每年生产的种植业固体废物约135亿吨。

我国的各类种植业废物资源十分丰富，仅重要作物秸秆就有近20种，且产量巨大，年产约7亿吨，其中稻草为2.3亿吨，玉米秆为2.2亿吨，豆类和杂粮的作物秸秆为1.0亿吨，花生和薯类藤蔓、蔬菜废物等为1.5亿吨。此外还有大量的饼粕、酒糟、甜菜渣、蔗渣、废糖蜜、锯末、木屑、草和树叶等。资源化潜力巨大，如按现有发酵技术的产气率 0.48 m³/kg 估算，每年可产生甲烷量约为 8.5×10^{10} m³。

（2）养殖业固体废物

养殖业固体废物指在畜禽养殖加工过程产生的固体废物，主要包括畜禽粪便、畜禽舍垫料、废饲料、散落的毛羽等固体废物以及含固率较高的畜禽养殖废水等。改革开放以来，随着我国人民生活水平的不断提高，对肉类、奶类和禽蛋类的消费需求量急剧增加，以每年10%以上的速度递增，由此带来了养殖业的快速发展。

2021年年底，我国有牛9817.2万头，猪44 922.4万头，羊31 969.3万头。畜禽养殖业规模的不断扩大，不可避免地带来养殖及加工生产废物的大量产生。自改革开放以来，我国畜禽业发展得越来越快。据相关调查研究发现，畜禽养殖业早已成为现代农村的经济新增长点，是新兴农村的重要发展产业。但随着发展节奏的不断加快，随之而来的就是污染问题。畜禽养殖业产生的大量畜禽粪便、污水、病原微生物等，对生态环境的污染日益严重，不仅对地表水、地下水、大气、土壤，甚至对生物各圈层均造成了交叉立体式污染。可以说，农村畜禽养殖业是农业面源污染的主要来源。其对生态环境的主要影响包括：

①影响居民生活，污染生活用水。畜牧养殖产生的粪便，污染物含量高，带来污染负荷，产生大量污水。在大部分以畜牧业为主要生产方式的地区，这些污水并未得到专业的处理，而是被随意地进行排放。未经过处理的畜牧业生产排放水，含有大量病原微生物，如果直接排放到地面，会渗进地下水之中，增加水质中的磷酸盐有机质和硝酸盐氮的含量，进一步恶化水源水质。如果这些污水被排入生活用水区域，长久污染，会对人体造成伤害。如果排放到附近的河流中，会使水体富营养化，会破坏系统的生态平衡，不利于河流内生物存活。

②污染周围土壤，影响农作物生长。在畜牧业养殖中，如何处理畜禽所产生的粪便是非常重要的问题。在一些较为落后的地区，通常没有设置专业的粪便处理设施，而是将这些粪便直接排放到地面上堆积，或是未经过腐熟处理直接用作肥料。这种简单堆放方式，极易阻挡住土壤的空隙，从而降低了土壤的透气性，造成植物根系通气困难，长久以往会使土壤出现板结化，农作物逐渐枯萎，严重损害当地农民的经济收入。如果使用高浓度的畜禽污水长期对农田进行灌溉，则会促进农作物的生长，致使农作物出现倒伏、晚熟等问题，影响当地农作物的产量。此外，未经处理的粪便中含有大量有害物质，会加重土壤中的重金属成分以及盐分含量，甚至导致农作物根系出现大面积腐烂现象，进而影响到农作物摄取营养成分，不利于其正常发育生长。

③污染空气，造成病菌传播。禽畜粪便和尿液中含有大量的有机物，由于其排放量大，已经降解和未得到全面降解的部分相互混杂，会出现腐烂和发酵现象，产生大量有毒、有害物质，散发出刺鼻气味，污染当地的空气。尤其是夏天，极易招来蚊子苍蝇，增加当地环境

的病原种类，造成疾病的传播，影响居民的身心健康。

（3）农用塑料残膜

① 农用塑料残膜的主要来源

农用塑料残膜主要来源于以下几个方面：a. 农膜（包括地膜和棚膜），是应用最多、覆盖面积最大的一个品种，在农用塑料中，农膜产量约占50%。农用薄膜的种类繁多，根据功能用途的不同，主要分为轻薄型薄膜、多用途薄膜、长寿薄膜、防虫薄膜、防病薄膜、除草薄膜、降解薄膜等。b. 编织袋（如化肥、种子和粮食的包装袋等）和网罩（包括遮阳网和风障）。c. 农用水利管件，包括硬质和软质排水输水管道。d. 渔业用塑料，主要有色网、鱼丝、缆绳、浮子以及鱼、虾、蟹等水产养殖大棚和网箱等。e. 农用塑料板（片）材，广泛用于建造农舍、羊棚、马舍、仓库和灌溉容器等。上述塑料制品的树脂品种多为聚乙烯树脂（如地膜和水管、绳索与网具），其次为聚丙烯树脂（如编织袋等），还有聚氯乙烯树脂（如排水软管、棚膜等）。

农用塑料地膜是重要的生产资料之一，主要用于覆盖农田，起到提高地温、保持土壤湿度、促进种子发芽和幼苗快速增长的作用，还有抑制杂草生长的作用，对改善农作物的生长有很好的作用。经过几十年的发展和应用，农用地膜覆盖技术已成为我国农业增产、农民增收的重要手段。我国地膜使用作物及面积非常广泛。据相关部门统计，2011年我国地膜用量已达120万吨，覆盖栽培面积达2330万公顷，2022年地膜用量在225万吨左右，10年间用量几乎翻了一倍。我国农用薄膜市场中，高档农膜仅占2%，中档农膜占20%，低档产品占78%。

② 废旧残膜的危害

然而，由于废旧残膜回收困难、回收率低等原因，多数塑料薄膜残片聚集在地表和耕作层，严重地影响现代农业可持续发展功能和土壤质量，给农业生产和环境带来一系列的危害。

a. 废旧残膜回收困难。塑料大棚所使用的塑料薄膜一般比较厚，可以使用1～2年，而农用地膜相对来说就比较薄，只能使用一季，同时也不耐老化、易碎，不容易回收，用后废旧残膜留落田间、地头，随风四处飘落，造成更大范围农业生态环境污染。国际上规定塑料地膜厚度不小于0.012 mm，我国国家标准规定为不小于0.01 mm。而一些生产企业为满足农民朋友降低生产投入的要求，生产低于国家标准的超薄农用地膜，这种地膜强度低，经过太阳光照射后极易老化，形成更小的碎片，回收更加困难，即使能够回收，但是利润很低，人们也不愿意去回收。

b. 废旧残膜分解缓慢。土壤中的废旧塑料残膜，在微生物和有机溶剂的作用下分解相当缓慢，其完全分解需要几十年甚至几百年的时间。随着农业生产的使用年限的不断增加，废旧残膜在土壤中的积累越来越多，最终导致土壤物理性状的改变，造成土壤质量下降，影响农作物生长发育。

c. 农业废旧残膜对土壤物理性状造成影响。一年又一年，随着塑料薄膜使用时间增长，进入田间的残旧薄膜也越来越多。这些塑料薄膜残片多聚集在地表和耕作层，不仅影响土壤中的水、肥、气、热的活动，还给土壤环境带来污染，不利于农业的生态平衡。作物根系扎不下去，抑制作物对水肥的吸收，进而引起作物生长发育不正常，最终导致农业减产。还有试验结果证明残膜碎片越大，对土壤的这种影响越严重。

d. 农业废旧残膜对农作物生长和产量的影响。由于塑料残膜的影响和土壤结构的破坏，必然会对农作物生长产生不良的影响。受害作物主要表现是出苗慢，出苗率低，缺苗断垄多，幼苗长势弱，分蘖少，胚根不易穿过残膜碎片，根系浅，生长发育不良。随着地膜覆盖种植时间的推移和土壤中的残膜逐年积累，土壤水分和养分供应受阻，农作物产量也会越来越低，若不能及时采取有效的残膜清理回收，将会大大降低地膜覆盖的作物产量和质量，其经济损失将无法估量。

e. 农业废旧残膜对农村卫生环境的影响。每年秋收后，大量的农用废旧塑料残片留落田间地头，随风漫天飞舞，有的悬挂在树枝、电线杆上，有的散落在铁路、公路两旁，有的飘落在江河湖泊水面上。有碍观瞻，造成视角污染。还有一部分混杂在杂草或秸秆中被一起燃烧，产生大量的氯化氢、一氧化碳和硫化物等有毒有害气体，造成二次污染。

f. 农业废旧残膜对农业生态环境的影响。为了农用塑料薄膜具有很强的塑性，一些企业在生产过程中一般都会添加邻苯二甲酸二异丁酯这种增塑剂。邻苯二甲酸二异丁酯属于有毒化学品，在太阳光照射下释放出具有极强毒性的气体，对蔬菜、人的眼睛和皮肤都有刺激作用。这种有毒气体被植物叶片吸收后，能够抑制农作物的光合作用，在植物的可食部分积累起来可使农产品质量下降，进一步影响人们的身体健康。

③ 防治对策

对于以上农业废旧地膜存在的问题，应采取针对性的防治对策：

a. 制定和实施积极的废旧地膜回收政策。为了改善农村现行土地污染现象，遏制"白色污染"。2017 年农业部曾印发《农膜回收行动方案》，要求在甘肃、新疆和内蒙古启动建设 100 个地膜治理示范县，并在示范县建立加厚地膜全面推广使用、回收加工体系，实现当季地膜回收率达到 80% 以上，率先实现地膜基本资源化利用。2021 年农业农村部印发《中华人民共和国固体废物污染环境防治法》的意见，要求以主要覆膜区域为重点，以回收利用、减量替代为主要治理方式，大力推进标准地膜应用、机械化捡拾、专业化回收、资源化利用，有效防控农田"白色污染"。2023 年，农业农村部办公厅、市场监管总局办公厅、工业和信息化部办公厅、生态环境部办公厅联合下发《关于进一步加强农用薄膜监管执法工作的通知》，部署加强农用薄膜监管，严厉打击非标地膜入市下田，促进农用薄膜科学使用回收，防治农田"白色污染"。

b. 严格执行国家农用塑料薄膜生产标准。塑料地膜的厚度直接关系到其产品的保温、保湿、耐老化性能。已有试验结果表明，当塑料表薄膜厚度从 200 μm 减少到 50 μm 时，红外线透过率从 55% 增加至 60%；当厚度从 100 μm 降至 20 μm 时，保温性能减少至 1/8，耐老化性能也随厚度变薄而急剧下降。因此，无论是从农用塑料地膜的保温保湿、抗老化性能和机械强度考虑，还是从地膜用后易于回收、有利于防治白色污染出发，都需要严格按国家标准生产塑料地膜，即农用塑料地膜的厚度不应小于 0.01 mm。

c. 推广适时揭膜技术，提高农膜回收率。传统揭膜技术是在农作物收获后的揭膜方法。传统揭膜由于农膜受阳光照射时间长，农膜老化程度大，强度较低，又加上农作物收获时耕作的影响，破碎的多，碎片小，给回收带来难度，回收率低。而适时揭膜技术是在农作物收获之前、针对不同农作物选定不同的最佳时期揭去农膜。适时揭膜技术可大幅缩短农膜覆盖时间，揭膜时塑料农膜由于受到阳光照射时间短，老化程度小，强度高，与传统揭膜技术相比可提高农膜回收率 20% ~ 30%，回收后的塑料农膜可以得到资源化的重复利用；另外，揭去农膜又可以降低农田土壤湿度，有利于抑制农作物病虫害的发生，使农作物的病情指数下降。适时揭膜还有利于农作物的后期田间管理，便于中耕除草、追肥、铲趟等中耕作业，防止农作物倒伏。

d. 积极推广应用可降解新型农膜。可降解农膜可分为光降解农膜和生物降解农膜或二者合一的双降解农膜。光降解农膜在生产中加入光降解剂，敷设于地面上在太阳光的照射下即可降解。生物降解农膜在生产中加入淀粉等易分解有机物，这种农膜即使埋入土壤中，在土壤微生物的作用下，经过 2~3 个月时间也可降解，从而有利于消除塑料农膜对生态环境造成的"白色污染"。

（4）农村生活垃圾

① 农村生活垃圾分类

农村生活垃圾是指在农村这一地域范畴内，在日常生活中或者为日常生活提供服务的活动中产生的固体废物。主要有两种类型，一是农民日常生活所产生的垃圾，主要来自农户家庭；二是集团性垃圾，主要来自学校、服务业、乡村办公场所和村镇商业、企业等单位。生活垃圾的成分主要是厨余垃圾（蛋壳、剩菜、煤灰等）、废织物、废塑料、废纸、陶瓷玻璃碎片、废电池以及其他废弃的生活用品及生产用品等。简而言之，采用"两分法"——湿垃圾、干垃圾（图 1-8）。湿垃圾主要包括剩饭剩菜、瓜果皮核等；干垃圾包括废纸、塑料、电池、农药瓶等。

图 1-8　生活垃圾分类

② 农村生活垃圾的危害

a. 占用土地，破坏土壤、水系、地下水和自然景观，严重影响居民生活和农业生产。目前，由于处理水平落后，农村主要采取了填埋、自然堆放垃圾的处理方法，这样就侵占了越来越多的土地，不仅直接影响农业生产，妨碍环境卫生，破坏大自然的优美景观，更可能破坏地表植被。

　　b. 成为疾病的传染源，危害农民健康。众所周知，垃圾是疾病源的滋生地和主要传染源，由于垃圾成分的复杂化和长期简单堆放，易产生恶臭物质，垃圾堆放场成为多种微生物、病原菌的繁殖场所，蚊蝇滋生，老鼠猖狂，有毒物质和病原体通过各种渠道传播疾病，影响人体健康。特别是遇上大雨或洪灾，洪水的冲刷可以造成最大限度的病原扩散，导致疾病迅速传播，尤其是消化道传染病。

　　③ 农村生活垃圾分类处置模式

　　包括分类投放、分类收集、分类运输、分类处理（图 1-9）。

图 1-9　农村生活垃圾分类处置模式

（5）农药包装废弃物

　　农药包装废弃物，是指农药使用后被废弃的与农药直接接触或含有农药残余物的包装物，包括瓶、罐、桶、袋等。

　　我国是农药生产和消费大国，伴随着大量农药的使用，农药包装的随意丢弃也成为农村环境污染的重要来源。据统计，目前我国每年农药原药的消费量为 50 万吨左右，按 1 t 原药产生 2 t 制剂计算，如按平均 100 g 农药需一个农药包装物，我国一年所需的农药包装物高达 100 亿个（件）。其中，被农民随意丢弃的农药包装废弃物超过 30 亿个（件），数量惊人。

我国农药包装均以小型包装为主，按包装材料来分，包装农药的玻璃瓶约占 25%，铝箔袋约 30%，塑料瓶约占 45%。主要都是小瓶装或小袋装，农民使用后随意丢弃造成极大污染。以玻璃、塑料等材质为主的农药包装废弃物，目前已成为影响我国农村环境的固体废物污染的重要来源。破碎的玻璃瓶会对田间耕作的人畜造成直接伤害。农药的包装瓶和包装袋多属于不易降解材料，随意丢弃在农田中的废弃包装物长期存留在环境中，会导致土壤受到严重化学污染，如常使用的 PE 瓶，多含有黏合剂，降解时间最长可达上百年，长期存留在土壤中，会在土壤中形成阻隔层，降低土壤质量，影响植物根系的生长扩展，在耕作时，会影响农机具的作业质量，进入水体后，也易造成沟渠堵塞，污染地表水及地下水。

为了推进农业环境污染防治工作，降低农药包装废弃物对生态环境的影响，有效减少农业面源污染，促进农业绿色发展，保障公众健康，中华人民共和国农业农村部、生态环境部 2020 年联合发布了《农药包装废弃物回收处理管理办法》，对农药包装废弃物的回收、处理和法律责任做了明确规定，以减少农药包装废弃物的污染。

2. 农业固体废物污染的防治

2021 年 8 月 30 日，农业农村部发布关于贯彻实施《中华人民共和国固体废物污染环境防治法》的意见，提出推进畜禽粪污、农作物秸秆、废弃农用薄膜、农药包装废弃物等农业固体废物污染防治，加快形成资源节约、环境友好、绿色低碳的农业生产方式和空间格局。坚持减量化、资源化、无害化的原则，强化农业固体废物的源头治理和综合利用，建立完善政策保障、科技支撑和监测评估体系。

（1）加快推进畜禽粪污资源化利用，以畜禽粪肥就地就近科学还田利用为主攻方向，因地制宜推广堆沤肥还田、液体粪污贮存还田、沼肥还田等技术模式，全面推进畜禽粪污资源化利用。

（2）全面推进秸秆综合利用，以肥料化、饲料化、燃料化利用为主攻方向，推广秸秆覆盖还田、腐熟还田等技术，提升秸秆饲料化利用水平，以及强化秸秆成型燃料、打捆直燃、生物天然气等技术应用。

（3）抓好地膜回收利用，强化农膜使用控制，推动地膜使用"零增长"，以回收利用、减量替代为主要治理方式，有效防控农田"白色污染"。

（4）加快农药包装废弃物无害化处置，坚持"谁生产、谁经营、谁使用、谁回收"的原则，督促农药生产者、销售者、使用者履行好回收处理义务。加大回收、贮存、运输、处置和资源化利用力度，不断健全回收处理体系，有条件的地方要推进市场化回收工作。

（5）加强农业固体废物回收利用科技支撑，围绕关键环节和制约因素开展联合攻关，推动农业固体废物回收利用纳入国家科技计划，研发一批实用技术和设施装备。并建立完善的源头治理、综合利用、安全处置的技术标准体系，推进农业固体废物相关国家、行业和地方标准的制（修）订。

到"十四五"末，畜禽粪污综合利用率将达到 80% 以上，秸秆综合利用率稳定在 86% 以上，农膜回收率达到 85% 以上，农药包装废弃物回收率达到 80% 以上。农业固体废物监测网络高效运行，回收利用体系基本完善，长效机制逐步构建，农业减排固碳能力明显增强。

模块二　土壤环境污染监测与风险管控

内容提要

本模块主要介绍了土壤环境污染监测、土壤法律法规、土壤环境风险评价等内容。

任务一　土壤环境监测

土壤环境监测，是指了解土壤环境质量状况的重要措施，以防治土壤污染危害为目的，对土壤污染程度、发展趋势的动态分析测定。包括土壤环境质量的现状调查、区域土壤环境背景值的调查、土壤污染事故调查和污染土壤的动态观测。土壤环境监测一般包括准备、布点、采样、制样、分析测试、评价等步骤。质量控制/质量保证应该贯穿始终。

一、采样准备

（一）组织准备

由具有野外调查经验且掌握土壤采样技术规程的专业技术人员组成采样组，采样前组织学习有关技术文件，了解监测技术规范。

（二）资料收集

收集包括监测区域的交通图、土壤图、地质图、大比例尺地形图等资料，供制作采样工作图和标注采样点位用。具体需收集的资料包括以下几类：

（1）监测区域土类、成土母质等土壤信息资料。

（2）工程建设或生产过程对土壤造成影响的环境研究资料。

（3）造成土壤污染事故的主要污染物的毒性、稳定性以及如何消除等资料。

（4）土壤历史资料和相应的法律（法规）。

（5）监测区域工农业生产及排污、污灌、化肥农药施用情况资料。

（6）监测区域气候资料（温度、降水量和蒸发量）、水文资料。

（7）监测区域遥感与土壤利用及其演变过程方面的资料等。

（三）现场调查

现场踏勘，将调查得到的信息进行整理和利用，丰富采样工作图的内容。

（四）采样器具准备

1. 工具类

铁锹、铁铲、圆状取土钻、螺旋取土钻、竹片以及适合特殊采样要求的工具等。

2. 器材类

GPS、罗盘、照相机、胶卷、卷尺、铝盒、样品袋、样品箱等。

3. 文具类

样品标签、采样记录表、铅笔、资料夹等。

4. 安全防护用品

工作服、工作鞋、安全帽、药品箱等。

5. 采样用车辆

（五）监测项目与频次

监测项目分常规项目、特定项目和选测项目；监测频次与其相应。

（1）常规项目：原则上为《土壤环境质量　农用地土壤污染风险管控标准（试行）》（GB 15618—2018）中所要求控制的污染物。

（2）特定项目：《土壤环境质量　农用地土壤污染风险管控标准（试行）》（GB 15618—2018）中未要求控制的污染物，但根据当地环境污染状况，确认在土壤中积累较多、对环境危害较大、影响范围广、毒性较强的污染物，或者污染事故对土壤环境造成严重不良影响的物质。

（3）选测项目：一般包括新纳入的在土壤中积累较少的污染物、由于环境污染导致土壤性状发生改变的土壤性状指标以及生态环境指标等，由各地自行选择测定。

二、布点与样品数容量

（一）"随机"和"等量"原则

样品是由总体中随机采集的一些个体所组成，个体之间存在变异，因此样品与总体之间，既存在同质的"亲缘"关系，样品可作为总体的代表，但同时也存在着一定程度的异质性的，差异越小，样品的代表性越好；反之亦然。为了达到采集的监测样品具有好的代表性，必须避免一切主观因素，使组成总体的个体有同样的机会被选入样品，即组成样品的个体应当是随机地取自总体。另一方面，一组需要相互之间进行比较的样品应当有同样的个体组成，否则样本大的个体所组成的样品，其代表性会大于样本少的个体组成的样品。所以"随机"和"等量"是决定样品具有同等代表性的重要条件。

（二）布点方法

土壤监测的布点方法主要有以下三类（图 2-1）。

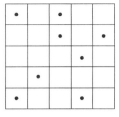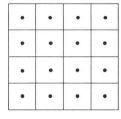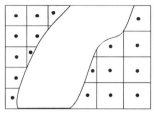

（a）系统随机布点法　　　（b）系统布点法　　　（c）分区布点法

图 2-1　土壤监测布点方式示意图

1. 简单随机

将监测单元分成网格，每个网格编上号码，决定采样点样品数后，随机抽取规定的样品数的样品，其样本号码对应的网格号，即为采样点。随机数的获得可以利用掷骰子、抽签、查随机数表的方法。关于随机数骰子的使用方法可见《随机数的产生及其在产品质量抽样检验中的应用程序》（GB/T 10111—2008）。简单随机布点是一种完全不带主观限制条件的布点方法。

2. 分块随机

根据收集的资料，如果监测区域内的土壤有明显的几种类型，则可将区域分成几块，每块内污染物较均匀，块间的差异较明显。将每块作为一个监测单元，在每个监测单元内再随机布点。在正确分块的前提下，分块布点的代表性比简单随机布点好；如果分块不正确，分块布点的效果可能会适得其反。

3. 系统随机

将监测区域分成面积相等的几部分（网格划分），每网格内布设一采样点，这种布点称为系统随机布点。如果区域内土壤污染物含量变化较大，系统随机布点比简单随机布点所采样品的代表性要好。

（三）数量确定

1. 基础样品数量

（1）由均方差和绝对偏差计算样品数

用下列公式可计算所需的样品数：

$$N=t^2s^2/D^2$$

式中　N——样品数；

　　　t——选定置信水平（土壤环境监测一般选定为 95%）一定自由度下的 t 值；

　　　s^2——均方差，可从先前的其他研究或者从极差 $R\left[s^2=\left(\dfrac{R}{4}\right)^2\right]$ 估计；

　　　D——可接受的绝对偏差。

（2）由变异系数和相对偏差计算样品数

上式可变为

$$N=t^2CV^2/m^2$$

式中　N——样品数；

　　　　t——选定置信水平（土壤环境监测一般选定为 95%）一定自由度下的 t 值；

　　　　CV——变异系数，%，可从先前的其他研究资料中估计；

　　　　m——可接受的相对偏差，%，土壤环境监测一般限定为 20%～30%。

没有历史资料的地区、土壤变异程度不太大的地区，一般 CV 可用 10%～30%粗略估计，有效磷和有效钾变异系数 CV 可取 50%。

2. 布点数量

土壤监测的布点数量要满足样本容量的基本要求，即上述由均方差和绝对偏差、变异系数和相对偏差计算样品数是样品数的下限数值，实际工作中土壤布点数量还要根据调查目的、调查精度和调查区域环境状况等因素确定。

一般要求每个监测单元最少设 3 个点。

区域土壤环境调查按调查的精度不同，可从 2.5 km、5 km、10 km、20 km、40 km 中选择网距网格布点，区域内的网格结点数即为土壤采样点数量。

三、样品采集

样品采集一般按三个阶段进行：

前期采样：根据背景资料与现场考察结果，采集一定数量的样品分析测定，用于初步验证污染物空间分异性和判断土壤污染程度，为制定监测方案（选择布点方式和确定监测项目及样品数量）提供依据，前期采样可与现场调查同时进行。

正式采样：按照监测方案，实施现场采样。

补充采样：正式采样测试后，发现布设的样点没有满足总体设计需要，则要进行增设采样点补充采样。

面积较小的土壤污染调查和突发性土壤污染事故调查可直接采样。

（一）区域环境背景土壤采样

1. 采样单元

采样单元的划分，全国土壤环境背景值监测一般以土类为主，省、自治区、直辖市级的土壤环境背景值监测以土类和成土母质母岩类型为主，省级以下或条件许可或特别工作需要的土壤环境背景值监测可划分到亚类或土属。

2. 样品数量

各采样单元中的样品数量应符合基础样品数量要求。

3. 网格布点

网格间距 L 按下式计算：

$$L=(A/N)^{1/2}$$

式中　L——网格间距；

　　　　A——采样单元面积；

N——采样点数。

A 和 *L* 的量纲要相匹配，如 *A* 的单位是 km²，则 *L* 的单位就为 km。根据实际情况可适当减小网格间距，适当调整网格的起始经纬度，避开过多网格落在道路或河流上，使样品更具代表性。

4. 野外选点

首先采样点的自然景观应符合土壤环境背景值研究的要求。采样点选在被采土壤类型特征明显的地方，地形相对平坦、稳定、植被良好的地点；坡脚、洼地等具有从属景观特征的地点不设采样点；城镇、住宅、道路、沟渠、粪坑、坟墓附近等处人为干扰大，失去土壤的代表性，不宜设采样点，采样点离铁路、公路 300 m 以上；采样点以剖面发育完整、层次较清楚、无侵入体为准，不在水土流失严重或表土被破坏处设采样点；选择不施或少施化肥、农药的地块作为采样点，以使样品点尽可能少受人为活动的影响；不在多种土类、多种母质母岩交错分布、面积较小的边缘地区布设采样点。

5. 采　样

采样点可采表层样或土壤剖面。一般监测采集表层土，采样深度 0～20 cm，特殊要求的监测（土壤背景、环评、污染事故等）必要时选择部分采样点采集剖面样品。剖面的规格一般为长 1.5 m、宽 0.8 m、深 1.2 m。挖掘土壤剖面要使观察面向阳，表土和底土分两侧放置。

一般每个剖面采集 A、B、C 三层土样。地下水位较高时，剖面挖至地下水出露时为止；山地丘陵土层较薄时，剖面挖至风化层（图 2-2）。

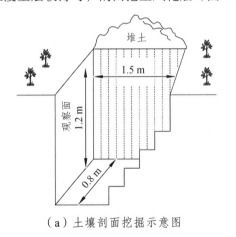　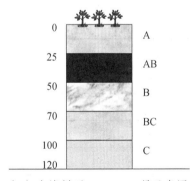

（a）土壤剖面挖掘示意图　　　（b）土壤剖面 A、B、C 层示意图

图 2-2　土壤剖面示意图

对 B 层发育不完整（不发育）的山地土壤，只采 A、C 两层；

干旱地区剖面发育不完善的土壤，在表层 5～20 cm、心土层 50 cm、底土层 100 cm 左右采样。

水稻土按照 A 耕作层、P 犁底层、C 母质层（或 G 潜育层、W 潜育层）分层采样（图 2-3），对 P 层太薄的剖面，只采 A、C 两层（或 A、G 层或 A、W 层）。

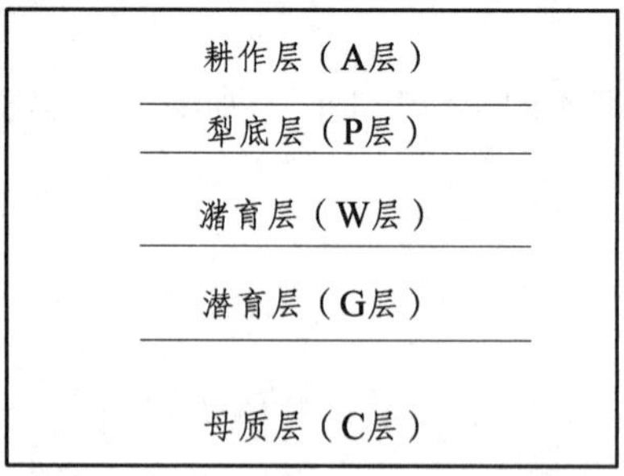

图 2-3　水稻土剖面示意图

对 A 层特别深厚，沉积层不甚发育，1 m 内见不到母质的土类剖面，按 A 层 5～20 cm、A/B 层 60～90 cm、B 层 100～200 cm 采集土壤。草甸土和潮土一般在 A 层 5～20 cm、C1 层（或 B 层）50 cm、C2 层 100～120 cm 处采样。

采样次序自下而上，先采剖面的底层样品，再采中层样品，最后采上层样品。测量重金属的样品尽量用竹片或竹刀去除与金属采样器接触的部分土壤，再用其取样。

剖面每层样品采集 1 kg 左右，装入样品袋，样品袋一般由棉布缝制而成，如潮湿样品可内衬塑料袋（供无机化合物测定）或将样品置于玻璃瓶内（供有机化合物测定）。采样的同时，由专人填写样品标签、采样记录（表 2-1）；标签一式两份，一份放入袋中，一份系在袋口，标签上标注采样时间、地点、样品编号、监测项目、采样深度和经纬度。采样结束，需逐项检查采样记录、样袋标签和土壤样品，如有缺项和错误，及时补齐更正。将底土和表土按原层回填到采样坑中，方可离开现场，并在采样示意图上标出采样地点，避免下次在相同处采集剖面样。

表 2-1　土壤现场记录表

采用地点			东经		北纬	
样品编号			采样日期			
样品类别			采样人员			
采样层次			采样深度/cm			
样品描述	土壤颜色		植物根系			
	土壤质地		砂砾含量			
	土壤湿度		其他异物			
采样点示意图			自下而上植被描述			

注：① 土壤颜色可采用门塞尔比色卡比色，也可按土壤颜色三角表进行描述。颜色描述可采用双名法，主色在后，副色在前，如黄棕、灰棕等。颜色深浅还可以冠以暗、淡等形容词，如浅棕、暗灰等（表 2-2）。

表 2-2　土壤颜色三角表

② 土壤质地分为砂土、壤土（砂壤土、轻壤土、中壤土、重壤土）和黏土，野外估测方法为取小块土壤，加水潮润，然后揉搓，搓成细条并弯成直径为 2.5~3 cm 的土环，根据土环表现的性状确定质地。

砂土：不能搓成条；

砂壤土：只能搓成短条；

轻壤土：能搓直径为 3 mm 直径的条，但易断裂；

中壤土：能搓成完整的细条，弯曲时容易断裂；

重壤土：能搓成完整的细条，弯曲成圆圈时容易断裂；

黏土：能搓成完整的细条，能弯曲成圆圈。

③ 土壤湿度的野外估测，一般可分为五级：

干：土块放在手中，无潮润感觉；

潮：土块放在手中，有潮润感觉；

湿：手捏土块，在土团上塑有手印；

重潮：手捏土块时，在手指上留有湿印；

极潮：手捏土块时，有水流出。

④ 植物根系含量的估计可分为五级：

无根系：在该土层中无任何根系；

少量：在该土层每 50 cm² 内少于 5 根；

中量：在该土层每 50 cm² 内有 5~15 根；

多量：该土层每 50 cm² 内多于 15 根；

根密集：在该土层中根系密集交织。

⑤ 砂砾含量以砂砾量占该土层的体积百分数估计。

（二）农田土壤采样

1. 监测单元

土壤环境监测单元按土壤主要接纳污染物途径可划分为：

（1）大气污染型土壤监测单元；

（2）灌溉水污染型土壤监测单元；

（3）固体废物堆污染型土壤监测单元；

（4）农用固体废物污染型土壤监测单元；

（5）农用化学物质污染型土壤监测单元；

（6）综合污染型土壤监测单元（污染物主要来自上述两种以上途径）。

监测单元划分要参考土壤类型、农作物种类、耕作制度、商品生产基地、保护区类型、行政区划等要素的差异，同一单元的差别应尽可能地缩小。

2. 布 点

根据调查目的、调查精度和调查区域环境状况等因素确定监测单元。部门专项农业产品生产土壤环境监测布点按其专项监测要求进行。

大气污染型土壤监测单元和固体废物堆污染型土壤监测单元以污染源为中心放射状布点，在主导风向和地表水的径流方向适当增加采样点（离污染源的距离远于其他点）；灌溉水污染监测单元、农用固体废物污染型土壤监测单元和农用化学物质污染型土壤监测单元采用均匀布点；灌溉水污染监测单元采用按水流方向带状布点，采样点自纳污口起由密渐疏；综合污染型土壤监测单元布点采用综合放射状、均匀、带状布点法。

3. 样品采集

（1）剖面样

特定的调查研究监测需了解污染物在土壤中的垂直分布时采集土壤剖面样。

（2）混合样

一般农田土壤环境监测采集耕作层土样，种植一般农作物采 0～20 cm，园地样点采样深度为 0～40 cm。若耕地、林地、草地有效土层厚度不足 20 cm 和园地有效土层厚度不足 40 cm，采样深度为有效土层厚度。

为了保证样品的代表性，降低监测费用，采取采集混合样的方案。每个土壤单元设 3～7 个采样区，单个采样区可以是自然分割的一个田块，也可以由多个田块所构成，其范围以 200 m×200 m 左右为宜。每个采样区的样品为农田土壤混合样。

① 每个样点的混样点数量为 5～15 个，要求所有混样点须均匀分布于同一个田块或样地。混样点不能过于聚集，一般要求耕地、林地和草地混样点两两间隔在 15 m 以上；一般要求园地样点所选择的代表性的树与树之间的间隔在 15 m 以上。不能满足 5 个及以上间隔 15 m 的混样点的小田块，应在电子围栏内选择面积较大的田块，混样点分布应覆盖整个田块且距离田块边缘不低于 2 m。

② 所有混样点均应避开施肥点，并去除地表秸秆与砾石等，每个混样点挖掘出 20 cm（耕地、林地和草地）或 40 cm（园地）深的采样坑后，采集约 2 kg 土壤样品。耕地样点应使用不锈钢锹等工具挖坑采样，以便同时观测耕作层厚度，其他土地利用类型的样点可使用不锈钢锹或不锈钢土钻采样。要求每个混样点不同深度的土壤采集体积占比相同，不同混样点采集的土壤样品重量相等。

③ 将所有混样点采集的土壤样品堆放于聚乙烯塑料布上面，去除明显根系后，充分混匀，然后采取"四分法"去除多余样品（图 2-4），留取以风干重计的样品重量不少于 3 kg（建议留取鲜样 5 kg）；对设置为检测平行样的样点，留取以风干重计的样品重量不少于 5 kg（建议留取鲜样 8 kg）。使用聚乙烯塑料布（建议准备多个）混样后，需及时将其清理干净，避免下次使用时造成样品间交叉污染。

图 2-4　四分法

④ 园地样点，按梅花法、棋盘法或蛇形法等方法选择至少 5 棵代表性的树（或其他园地作物），每棵树在树冠垂直滴水线内外两侧约 35 cm 处各选择 1 个混样点（类型 1，典型园地）；若幼龄园地滴水线距离树干不足 35 cm，则在以树干为圆心、半径 50 cm 的圆周线上，选择 2 个混样点，两个混样点与圆心的连线夹角保持 90°（类型 2，幼龄型园地）；若园地株距很小、行距较小（如茶园），则完整采集滴水线至树干之间土壤（类型 3，密植型园地）；若滴水线半径超过 200 cm（如橡胶树、板栗树等），则在滴水线处及其与树干连线中间处各选择一个混样点（类型 4，大型园地）（图 2-5）。所有混样点均应避开施肥沟（穴）、滴灌头湿润区。每个样点的所有混样点样品，混合成一个样品。

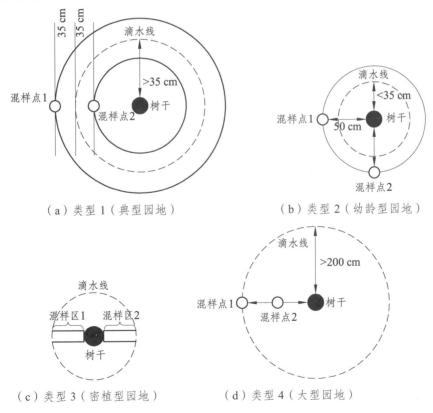

（a）类型 1（典型园地）　　　　（b）类型 2（幼龄型园地）

（c）类型 3（密植型园地）　　　　（d）类型 4（大型园地）

图 2-5　园地土壤混合样点选择示意图

⑤ 含盐量高或渍水的样品，对于盐碱土或渍水样品，应先装入塑料自封袋后，再装入布袋，避免交叉污染和土壤霉变等。

⑥ 表层土壤内含砾石的样品，野外需估测并填报表层土壤内所有砾石的体积占表层土壤体积的比例，即砾石丰度（%），可用目测法、砾石重量和密度计算法、体积排水量法等方法估测砾石丰度。采样时，野外需使用 5 mm 孔径的尼龙筛分离出较大砾石，野外称量并记录较大砾石的重量（g），将过筛后的细土样品（粒径小于 2 mm）和较小砾石（粒径 2～5 mm）全部装入样品袋，舍弃较大砾石。待样品流转至样品制备实验室风干后，称量并记录全部细土和较小砾石样品重量（g），按土壤样品制备要求，均匀分出需要过孔径 2 mm 尼龙筛的样品，称量并记录过筛样品重量（g）、过筛后细土重量（g）、过筛后较小砾石重量（g）。其余风干样品不需研磨和过 2 mm 筛，留作土壤样品库样品。针对含砾石的样品，野外在样品过 5 mm 孔径尼龙筛前，不可舍弃细土样品和砾石。采集的小于 2 mm 粒径的细土样品重量，以风干重计需不少于 3 kg；若设置为检测平行样，以风干重计需不少于 5 kg。

（3）表层土壤容重样品采集

利用不锈钢环刀（统一用 100 cm³ 体积的环刀）采集表层土壤容重样品。当表层土壤中砾石体积占比不超过 20% 时，需使用环刀采集土壤容重样品，估测并填报砾石体积占比（%）；当砾石体积占比超过 20% 时，不采集土壤容重样品。土壤容重样品采集具体操作如下。

① 针对耕地、草地和林地样点，选择以中心点为中心并包含中心点的 3 个邻近混样点作为容重采样点，每个混样点采集 1 个容重样品，每个样点共采集 3 个容重平行样。针对园地样点，选择包含中心点的邻近的两棵树，在每棵树的两个混样点处各采集 1 个容重样品，每个园地样点共采集 4 个容重平行样。采集容重时，移除地表树叶、草根、砾石等，削去地表 3 cm 厚土壤后，使地表平整。

② 将环刀托套在环刀无刃口的一端，环刀刃口朝下，借助环刀托和橡皮锤均衡地将环刀垂直压入地表平整处的土中，在土面接近触及环刀托内顶时，即停止下压环刀。注意切忌下压过度，导致环刀托压实环刀内土壤。

③ 用不锈钢刀等工具把环刀周围土壤轻轻挖去，并在环刀下方将环刀外的土壤与土体切断（切断面略高于环刀刃口）。

④ 取出环刀，刃口朝上，用小号不锈钢刀逐步削去环刀外多余的土壤，直至削平有刃口端土壤面，盖上环刀底盖并翻转环刀，卸下环刀托，用刀逐步削平无刃口端的土壤面。

⑤ 将环刀中的土壤完全取出，装入塑料自封袋中，并做样品编号标记。每个容重样品单独装入一个自封袋中（图 2-6）。

（4）表层土壤水稳性大团聚体样品采集

表层土壤水稳性大团聚体样品采样点与容重样品采样点一致，采样深度与表层土壤混合样品的采样深度相同。采样时土壤湿度不宜过干或过湿，应在土不粘锹、经接触不变形时采样。采样时避免使土块受挤压，以保持土壤原始的结构状态。剥去土块外面直接与不锈钢锹接触而变形的土壤，均匀地取内部未变形的土壤样品，采样量以风干重计不少于 2 kg（建议采集鲜样 3.5 kg），将多个混样点采集的原状土壤样品置于不易变形的容器（如硬质塑料盒、广口塑料瓶等）内，合并成一个样品。对于设置为检测平行样的样点，采样量以风干重计不少于 4 kg（建议采集鲜样 7 kg），平均分装成两份，每份 2 kg。

（a）

（b）

图 2-6　土壤容重采样

（5）混合样的采集方法

① 对角线法：适用于污灌农田土壤，对角线分 5 等份，以等分点为采样分点。

② 梅花点法：适用于面积较小，地势平坦，土壤组成和受污染程度相对比较均匀的地块，设分点 5 个左右。

③ 棋盘式法：适宜中等面积、地势平坦、土壤不够均匀的地块，设分点 10 个左右；受污泥、垃圾等固体废物污染的土壤，分点应在 20 个以上。

④ 蛇形法：适宜于面积较大、土壤不够均匀且地势不平坦的地块，设分点 15 个左右，多用于农业污染型土壤（图 2-7）。各分点混匀后用四分法取 1 kg 土样装入样品袋，多余部分弃去。

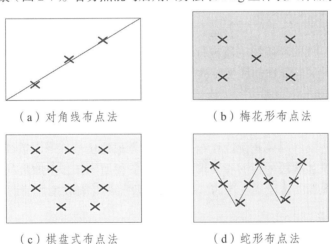

（a）对角线布点法　　　　　（b）梅花形布点法

（c）棋盘式布点法　　　　　（d）蛇形布点法

图 2-7　混合土壤采样点布设示意图

（三）建设用地土壤监测采样

1. 监测原则

（1）针对性原则

地块环境监测应针对土壤污染状况调查与土壤污染风险评估、治理修复、修复效果评估及回顾性评估等各阶段环境管理的目的和要求开展，确保监测结果的协调性、一致性和时效性，为地块环境管理提供依据。

（2）规范性原则

以程序化和系统化的方式规范地块环境监测应遵循的基本原则、工作程序和工作方法，保证地块环境监测的科学性和客观性。

（3）可行性原则

在满足地块土壤污染状况调查与土壤污染风险评估、治理修复、修复效果评估及回顾性评估等各阶段监测要求的条件下，综合考虑监测成本、技术应用水平等方面因素，保证监测工作切实可行及后续工作的顺利开展。

2. 监测内容

（1）地块土壤污染状况调查监测

地块土壤污染状况调查和土壤污染风险评估过程中的环境监测，主要工作是采用监测手段识别土壤、地下水、地表水、环境空气、残余废弃物中的关注污染物及水文地质特征，并全面分析、确定地块的污染物种类、污染程度和污染范围。

（2）地块治理修复监测

地块治理修复过程中的环境监测，主要工作是针对各项治理修复技术措施的实施效果所开展的相关监测，包括治理修复过程中涉及环境保护的工程质量监测和二次污染物排放的监测。

（3）地块修复效果评估监测

对地块治理修复工程完成后的环境监测，主要工作是考核和评价治理修复后的地块是否达到已确定的修复目标及工程设计所提出的相关要求。

（4）地块回顾性评估监测

地块经过修复效果评估后，在特定的时间范围内，为评价治理修复后地块对土壤、地下水、地表水及环境空气的环境影响所进行的环境监测，同时也包括针对地块长期原位治理修复工程措施的效果开展验证性的环境监测。

3. 监测计划制定

（1）资料收集分析

根据地块土壤污染状况调查阶段性结论，同时考虑地块治理修复监测、修复效果评估监测、回顾性评估监测各阶段的目的和要求，确定各阶段监测工作应收集的地块信息，主要包括地块土壤污染状况调查阶段所获得的信息和各阶段监测补充收集的信息。

（2）监测范围

地块土壤污染状况调查监测范围为前期土壤污染状况调查初步确定的地块边界范围。

地块治理修复监测范围应包括治理修复工程设计中确定的地块修复范围，以及治理修复中废水、废气及废渣影响的区域范围。

地块修复效果评估监测范围应与地块治理修复的范围一致。

地块回顾性评估监测范围应包括可能对土壤、地下水、地表水及环境空气产生环境影响的范围，以及地块长期治理修复工程可能影响的区域范围。

（3）监测对象

监测对象主要为土壤，必要时也应包括地下水、地表水及环境空气等。

① 土壤

土壤包括地块内的表层土壤和下层土壤，表层土壤和下层土壤的具体深度划分应根据地块土壤污染状况调查阶段性结论确定。地块中存在的回填层一般可作为表层土壤。

② 地下水

地下水主要为地块边界内的地下水或经地块地下径流到下游汇集区的浅层地下水。在污染较重且地质结构有利于污染物向下层土壤迁移的区域，则对深层地下水进行监测。

③ 地表水

地表水主要为地块边界内流经或汇集的地表水，对于污染较重的地块也应考虑流经地块地表水的下游汇集区。

④ 环境空气

环境空气是指地块污染区域中心的空气和地块下风向主要环境敏感点的空气。

⑤ 残余废弃物

地块土壤污染状况调查的监测对象中还应考虑地块残余废弃物，主要包括地块内遗留的生产原料、工业废渣，废弃化学品及其污染物，残留在废弃设施、容器及管道内的固态、半固态及液态物质，其他与当地土壤特征有明显区别的固态物质。

地块治理修复监测的对象还应包括治理修复过程中排放的物质，如废气、废水及废渣等。

（4）监测项目

地块土壤污染状况调查监测项目：地块土壤污染状况调查初步采样监测项目应根据《土壤环境质量　建设用地土壤污染风险管控标准（试行）》（GB 36600—2018）要求、前期土壤污染状况调查阶段性结论与本阶段工作计划确定，具体按照《建设用地土壤污染状况调查技术导则》（HJ 25.1—2019）相关要求确定。可能涉及的危险废物监测项目应参照 GB 5085 系列的相关指标确定。

地块土壤污染状况调查详细采样监测项目：包括土壤污染状况调查确定的地块特征污染物和地块特征参数，应根据 HJ 25.1—2019 相关要求确定。

地块治理修复、修复效果评估及回顾性评估监测项目。

土壤的监测项目为土壤污染风险评估确定的需治理修复的各项指标。地下水、地表水及环境空气的监测项目应根据治理修复的技术要求确定。

监测项目还应考虑地块治理修复过程中可能产生的污染物。

（5）监测点位布设

① 土壤监测点位布设方法

根据地块土壤污染状况调查阶段性结论确定的地理位置、地块边界及各阶段工作要求，确定布点范围。在所在区域地图或规划图中标注出准确地理位置，绘制地块边界，并对场界角点进行准确定位。地块土壤环境监测常用的监测点位布设方法包括系统随机布点法、系统布点法及分区布点法等。

对于地块内土壤特征相近、土地使用功能相同的区域，可采用系统随机布点法进行监测点位的布设。系统随机布点法是将监测区域分成面积相等的若干工作单元，从中随机（随机数的获得可以利用掷骰子、抽签、查随机数表的方法）抽取一定数量的工作单元，在每个工作单元内布设一个监测点位。抽取的样本数要根据地块面积、监测目的及地块使用状况确定。

如地块土壤污染特征不明确或地块原始状况严重破坏，可采用系统布点法进行监测点位布设。系统布点法是将监测区域分成面积相等的若干工作单元，每个工作单元内布设一个监测点位。

对于地块内土地使用功能不同及污染特征明显差异的地块，可采用分区布点法进行监测点位的布设。分区布点法是将地块划分成不同的小区，再根据小区的面积或污染特征确定布点的方法。地块内土地使用功能的划分一般分为生产区、办公区、生活区。原则上生产区的工作单元划分应以构筑物或生产工艺为单元，包括各生产车间、原料及产品储库、废水处理及废渣贮存场、场内物料流通道路、地下贮存构筑物及管线等。办公区包括办公建筑、广场、道路、绿地等，生活区包括食堂、宿舍及公用建筑等。对于土地使用功能相近、单元面积较小的生产区，也可将几个单元合并成一个监测工作单元。

一般情况下，应在地块外部区域设置土壤对照监测点位。对照监测点位可选取在地块外部区域的四个垂直轴向上，每个方向上等间距布设 3 个采样点，分别进行采样分析。如因地形地貌、土地利用方式、污染物扩散迁移特征等因素致使土壤特征有明显差别或采样条件受到限制时，监测点位可根据实际情况进行调整。对照监测点位应尽量选择在一定时间内未经外界扰动的裸露土壤，应采集表层土壤样品，采样深度尽可能与地块表层土壤采样深度相同。如有必要也应采集下层土壤样品。

② 地块土壤污染状况调查监测点位的布设

地块土壤污染状况调查初步采样监测点位的布设：可根据原地块使用功能和污染特征，选择可能污染较重的若干工作单元，作为土壤污染物识别的工作单元。原则上监测点位应选择工作单元的中央或有明显污染的部位，如生产车间、污水管线、废弃物堆放处等。

对于污染较均匀的地块（包括污染物种类和污染程度）和地貌严重破坏的地块（包括拆迁性破坏、历史变更性破坏），可根据地块的形状采用系统随机布点法，在每个工作单元的中心采样。监测点位的数量与采样深度应根据地块面积、污染类型及不同使用功能区域等调查阶段性结论确定。对于每个工作单元，表层土壤和下层土壤垂直方向层次的划分应综合考虑污染物迁移情况、构筑物及管线破损情况、土壤特征等因素确定。采样深度应扣除地表非土壤硬化层厚度，原则上应采集 0 ~ 0.5 m 表层土壤样品，0.5 m 以下下层土壤样品根据判断布点法采集，建议 0.5 ~ 6 m 土壤采样间隔不超过 2 m；不同性质土层至少采集一个土壤样品。同一性质土层厚度较大或出现明显污染痕迹时，根据实际情况在该层位增加采样点。一般情况下，应根据地块土壤污染状况调查阶段性结论及现场情况确定下层土壤的采样深度，最大深度应直至未受污染的深度为止。

地块土壤污染状况调查详细采样监测点位的布设：对于污染较均匀的地块（包括污染物种类和污染程度）和地貌严重破坏的地块（包括拆迁性破坏、历史变更性破坏），可采用系统布点法划分工作单元，在每个工作单元的中心采样。如地块不同区域的使用功能或污染特征存在明显差异，则可根据土壤污染状况调查获得的原使用功能和污染特征等信息，采用分区布点法划分工作单元，在每个工作单元的中心采样。单个工作单元的面积可根据实际情况确定，原则上不应超过 1600 m²。对于面积较小的地块，应不少于 5 个工作单元。采样深度应至土壤污染状况调查初步采样监测确定的最大深度。如需采集土壤混合样，可根据每个工作单元的污染程度和工作单元面积，将其分成 1 ~ 9 个均等面积的网格，在每个网格中心进行采样，将同层的土样制成混合样（测定挥发性有机物项目的样品除外）。

③ 地块治理修复监测点位的布设

地块残余危险废物和具有危险废物特征土壤清理效果的监测：在地块残余危险废物和具有危险废物特征土壤的清理作业结束后，应对清理界面的土壤进行布点采样。根据界面的特征和大小将其分成面积相等的若干工作单元，单元面积不应超过 100 m²。可在每个工作单元中均匀分布地采集 9 个表层土壤样品制成混合样（测定挥发性有机物项目的样品除外）。如监测结果仍超过相应的治理目标值，应根据监测结果确定二次清理的边界，二次清理后再次进行监测，直至清理达到标准。残余危险废物和具有危险废物特征土壤清理效果的监测结果可作为修复效果评估结果的组成部分。

污染土壤清挖效果的监测：对完成污染土壤清挖后界面的监测，包括界面的四周侧面和底部。根据地块大小和污染的强度，应将四周的侧面等分成段，每段最大长度不应超过 40 m，在每段均匀采集 9 个表层土壤样品制成混合样（测定挥发性有机物项目的样品除外）；将底部均分工作单元，单元的最大面积不应超过 400 m²，在每个工作单元中均匀分布地采集 9 个表层土壤样品制成混合样（测定挥发性有机物项目的样品除外）。对于超标区域根据监测结果确定二次清挖的边界，二次清挖后再次进行监测，直至达到相应要求。污染土壤清挖效果的监测可作为修复效果评估结果的组成部分。

污染土壤治理修复的监测：治理修复过程中的监测点位或监测频率，应根据工程设计中规定的原位治理修复工艺技术要求确定，每个样品代表的土壤体积应不超过 500 m³。

④ 地块修复效果评估监测点位的布设

对治理修复后地块的土壤修复效果评估监测一般应采用系统布点法布设监测点位，原则上每个工作单元面积不应超过 1600 m²。具体布设要求参照《污染地块风险管控与土壤修复效果评估技术导则（试行）》（HJ 25.5—2018）。

对原位治理修复工程措施（如隔离、防迁移扩散等）效果的监测，应依据工程设计相关要求进行监测点位的布设。

对异位治理修复工程措施效果的监测，处理后土壤应布设一定数量监测点位，每个样品代表的土壤体积应不超过 500 m³。具体布设要求参照《污染地块风险管控与土壤修复效果评估技术导则（试行）》（HJ 25.5—2018）。

4. 样品采集

建设用地每 100 hm² 占地不少于 5 个且总数不少于 5 个采样点，其中小型建设项目设 1 个柱状样采样点，大中型建设项目不少于 3 个柱状样采样点，特大型建设项目或对土壤环境影响敏感的建设项目不少于 5 个柱状样采样点。

（1）表层土壤样品的采集

表层土壤样品的采集一般采用挖掘方式进行，一般采用锹、铲及竹片等简单工具，也可进行钻孔取样。土壤采样的基本要求为尽量减少土壤扰动，保证土壤样品在采样过程不被二次污染。

（2）下层土壤样品的采集

下层土壤的采集以钻孔取样为主，也可采用槽探的方式进行采样。钻孔取样可采用人工或机械钻孔后取样。手工钻探采样的设备包括螺纹钻、管钻、管式采样器等。机械钻探包括实心螺旋钻、中空螺旋钻、套管钻等。槽探一般靠人工或机械挖掘采样槽，然后用采样铲或采样刀进行采样。槽探的断面呈长条形，根据地块类型和采样数量设置一定的断面宽度。槽探取样可通过锤击敞口取土器取样和人工刻切块状土取样。

（3）原位治理修复工程措施处理土壤样品的采集

对原位治理修复工程措施效果（如客土、隔离、防迁移扩散等）的监测采样，应根据工程设计提出的要求进行。

（4）挥发性有机物污染、易分解有机物污染、恶臭污染土壤的采样

应采用无扰动式的采样方法和工具。钻孔取样可采样快速击入法、快速压入法及回转法，主要工具包括土壤原状取土器和回转取土器。槽探可采用人工刻切块状土取样。采样后立即将样品装入密封的容器，以减少暴露时间。

（5）混合样处理

如需采集土壤混合样时，将等量各点采集的土壤样品充分混拌后四分法取得到土壤混合样。含易挥发、易分解和恶臭污染的样品必须进行单独采样，禁止对样品进行均质化处理，不得采集混合样。

（6）土壤样品的保存与流转

挥发性有机物污染的土壤样品和恶臭污染土壤的样品应采用密封性的采样瓶封装，样品应充满容器整个空间；含易分解有机物的待测定样品，可采取适当的封闭措施（如甲醇或水液封等方式保存于采样瓶中）。样品应置于 4 ℃ 以下的低温环境（如冰箱）中运输、保存，避免运输、保存过程中的挥发损失，送至实验室后应尽快分析测试。挥发性有机物浓度较高的样品装瓶后应密封在塑料袋中，避免交叉污染，应通过运输空白样来控制运输和保存过程中交叉污染情况。具体土壤样品的保存与流转应按照《土壤环境监测技术规范》（HJ/T 166—2004）的要求进行。

（四）其他土壤采样

1. 非机械干扰土

如果建设工程或生产没有翻动土层，表层土受污染的可能性最大，但不排除对中下层土壤的影响。生产或者将要生产导致的污染物，以工艺烟雾（尘）、污水、固体废物等形式污染周围土壤环境，采样点以污染源为中心放射状布设为主，在主导风向和地表水的径流方向适当增加采样点（离污染源的距离远于其他点）；以水污染型为主的土壤按水流方向带状布点，采样点自纳污口起由密渐疏；综合污染型土壤监测布点采用综合放射状、均匀、带状布点法。此类监测不采混合样，混合样虽然能降低监测费用，但损失了污染物空间分布的信息，不利于掌握工程及生产对土壤影响状况。表层土样采集深度 0～20 cm；每个柱状样取样深度都为 100 cm，分取三个土样：表层样（0～20 cm），中层样（20～60 cm），深层样（60～100 cm）。

2. 城市土壤采样

城市土壤是城市生态的重要组成部分，虽然城市土壤不用于农业生产，但其环境质量对城市生态系统影响极大。城区内大部分土壤被道路和建筑物覆盖，只有小部分土壤栽植草木，本规范中城市土壤主要是指后者，由于其复杂性分两层采样，上层（0～30 cm）可能是回填土或受人为影响大的部分，另一层（30～60 cm）为人为影响相对较小部分。两层分别取样监测。

城市土壤监测点以网距 2000 m 的网格布设为主，功能区布点为辅，每个网格设一个采样

点。对于专项研究和调查的采样点可适当加密。

3. 污染事故监测土壤采样

污染事故不可预料，接到举报后立即组织采样。现场调查和观察，取证土壤被污染时间，根据污染物及其对土壤的影响确定监测项目，尤其是污染事故的特征污染物是监测的重点。据污染物的颜色、印渍和气味以及结合考虑地势、风向等因素初步界定污染事故对土壤的污染范围。

如果是固体污染物抛洒污染型，等打扫后采集表层 5 cm 土样，采样点数不少于 3 个。

如果是液体倾翻污染型，污染物向低洼处流动的同时向深度方向渗透并向两侧横向方向扩散，每个点分层采样，事故发生点样品点较密，采样深度较深，离事故发生点相对远处样品点较疏，采样深度较浅。采样点不少于 5 个。

如果是爆炸污染型，以放射性同心圆方式布点，采样点不少于 5 个，爆炸中心采分层样，周围采表层土（0 ~ 20 cm）。

事故土壤监测要设定 2 ~ 3 个背景对照点，各点（层）取 1 kg 土样装入样品袋，有腐蚀性或要测定挥发性化合物，改用广口瓶装样。含易分解有机物的待测定样品，采集后置于低温（冰箱）中，直至运送、移交到分析室。

四、样品流转

1. 装运前核对

在采样现场样品必须逐件与样品登记表、样品标签和采样记录进行核对，核对无误后分类装箱。

2. 运输中防损

运输过程中严防样品的损失、混淆和沾污。对光敏感的样品应有避光外包装。

3. 样品交接

由专人将土壤样品送到实验室，送样者和接样者双方同时清点核实样品，并在样品交接单上签字确认，样品交接单由双方各存一份备查。

五、样品制备

（一）制样工作室要求

分设风干室和磨样室。风干室朝南（严防阳光直射土样），通风良好，整洁，无尘，无易挥发性化学物质。

（二）制样工具及容器

风干用白色搪瓷盘及木盘；粗粉碎用木槌、木滚、木棒、有机玻璃棒、有机玻璃板、硬质木板、无色聚乙烯薄膜；磨样用玛瑙研磨机（球磨机）或玛瑙研钵、白色瓷研钵；过筛用尼龙筛，规格为 2 ~ 100 目；装样用具塞磨口玻璃瓶，具塞无色聚乙烯塑料瓶或特制牛皮纸袋，规格视量而定。

（三）制样程序

制样者与样品管理员同时核实清点，交接样品，在样品交接单上双方签字确认。

1. 风 干

在风干室将土样放置于风干盘中，摊成 2～3 cm 的薄层，适时地压碎、翻动，拣出碎石、砂砾、植物残体。

2. 样品粗磨

在磨样室将风干的样品倒在有机玻璃板上，用木槌敲打，用木滚、木棒、有机玻璃棒再次压碎，拣出杂质，混匀，并用四分法取压碎样，过孔径 0.25 mm（20 目）尼龙筛。过筛后的样品全部置无色聚乙烯薄膜上，并充分搅拌混匀，再采用四分法取其两份，一份交样品库存放，另一份做样品的细磨用。粗磨样可直接用于土壤 pH、阳离子交换量、元素有效态含量等项目的分析。剖面样品参照表层样品风干步骤，剖面样品风干后，采用四分法分取后装入容器中，流转至土壤样品库保存；剩余样品按照表层样品要求进行粗磨，分层完成相关操作。将野外采集的土壤在湿润状态（不粘手且容易剥开，经接触不变形）的水稳性大团聚体样品，沿自然结构轻轻剥成 10～12 mm 直径的小土块，弃去根系与植物残渣和杂物。剥样时应沿土壤的自然结构轻轻剥开，避免样品受机械压力而变形。然后，将样品按表层样品制备相关要求风干，风干时应尽可能保持样品形态，严禁压碎或搓碎样品。

3. 细磨样品

用于细磨的样品再用四分法分成两份，一份研磨到全部过孔径 0.25 mm（60 目）筛，用于农药或土壤有机质、土壤全氮量等项目分析；另一份研磨到全部过孔径 0.15 mm（100 目）筛，用于土壤元素全量分析。

4. 样品分装

研磨混匀后的样品，分别装于样品袋或样品瓶，填写土壤标签一式两份，瓶内或袋内一份，瓶外或袋外贴一份。

5. 注意事项

制样过程中采样时的土壤标签与土壤始终放在一起，严禁混错，样品名称和编码始终不变；制样工具每处理一份样后擦抹（洗）干净，严防交叉污染。

分析挥发性、半挥发性有机物或可萃取有机物无需上述制样，用新鲜样按特定的方法进行样品前处理。

六、样品保存

按样品名称、编号和粒径分类保存。

1. 新鲜样品的保存

对于易分解或易挥发等不稳定组分的样品要采取低温保存的运输方法，并尽快送到实验室分析测试。测试项目需要新鲜样品的土样，采集后用可密封的聚乙烯或玻璃容器在 4 ℃ 以下避光保存，样品要充满容器。避免用含有待测组分或对测试有干扰的材料制成的容器盛装保存样品，测定有机污染物用的土壤样品要选用玻璃容器保存。

2. 预留样品

留样品在样品库造册保存。

3. 分析取用后的剩余样品

分析取用后的剩余样品，待测定全部完成数据报出后，也移交样品库保存。

4. 保存时间

分析取用后的剩余样品一般保留半年，预留样品一般保留 2 年。特殊、珍稀、仲裁、有争议样品一般要永久保存。新鲜土样保存时间见表 2-3。

表 2-3　新鲜样品的保存条件和保存时间

测试项目	容器材质	温度/ ℃	可保存时间/d	备注
金属（汞和六价铬除外）	聚乙烯、玻璃	<4	180	
汞	玻璃	<4	28	
砷	聚乙烯、玻璃	<4	180	
六价铬	聚乙烯、玻璃	<4	1	
氰化物	聚乙烯、玻璃	<4	2	
挥发性有机物	玻璃（棕色）	<4	7	采样瓶装满装实并密封
半挥发性有机物	玻璃（棕色）	<4	10	采样瓶装满装实并密封
难挥发性有机物	玻璃（棕色）	<4	14	

5. 样品库要求

保持干燥、通风、无阳光直射、无污染；要定期清理样品，防止霉变、鼠害及标签脱落。样品入库、领用和清理均需记录。

七、土壤分析测定

（一）测定项目

分常规项目、特定项目和选测项目。

（二）样品处理

土壤与污染物种类繁多，不同的污染物在不同土壤中的样品处理方法及测定方法各异。同时要根据不同的监测要求和监测目的，选定样品处理方法。

由于土壤组成的复杂性和土壤物理化学性状（pH、E_h 等）差异，造成重金属及其他污染物在土壤环境中形态的复杂和多样性。金属不同形态，其生理活性和毒性均有差异，其中以有效态和交换态的活性、毒性最大，残留态的活性、毒性最小，而其他结合态的活性、毒性居中。

（三）分析方法

1. 第一方法

标准方法，按《土壤环境质量　农用地土壤污染风险管控标准（试行）》（GB 15618—2018）和《土壤环境质量　建设用地土壤污染风险管控标准（试行）》（GB 36600—2018）中选配的分析方法（表2-4）。

表2-4　土壤污染物质分析方法

标准号	测定内容	测定方法
GB/T 14550	土壤质量六六六和滴滴涕的测定	气相色谱法
GB/T 17136	土壤质量总汞的测定	冷原子吸收分光光度法
GB/T 17138	土壤质量铜、锌的测定	火焰原子吸收分光光度法
GB/T 17139	土壤质量镍的测定	火焰原子吸收分光光度法
GB/T 17141	土壤质量铅、镉的测定	石墨炉原子吸收分光光度法
GB/T 22105	土壤质量总汞、总砷、总铅的测定	原子荧光法
HJ 77.4	土壤和沉积物二噁英类的测定	同位素稀释高分辨气相色谱-高分辨质谱法
HJ 605	土壤和沉积物，挥发性有机物的测定	吹扫捕集/气相色谱-质谱法
HJ 642	土壤和沉积物挥发性有机物的测定	顶空/气相色谱-质谱法
HJ 680	土壤和沉积物汞、砷、硒、铋、锑的测定	微波消解/原子荧光法
HJ 703	土壤和沉积物酚类化合物的测定	气相色谱法
HJ 735	土壤和沉积物，挥发性卤代烃的测定	吹扫捕集/气相色谱-质谱法
HJ 736	土壤和沉积物挥发性卤代烃的测定	顶空/气相色谱-质谱法
HJ 737	土壤和沉积物铍的测定	石墨炉原子吸收分光光度法
HJ 741	土壤和沉积物挥发性有机物的测定	顶空/气相色谱法
HJ 742	土壤和沉积物挥发性芳香烃的测定	顶空/气相色谱法
HJ 743	土壤和沉积物多氯联苯的测定	气相色谱-质谱法
HJ 745	土壤氰化物和总氰化物的测定	分光光度法
HJ 780	土壤和沉积物无机元素的测定	波长色散射线荧光光谱法
HJ 784	土壤和沉积物多环芳烃的测定	高效液相色谱法
铍 HJ 803	土壤和沉积物12种金属元素的测定	王水提取-电感耦合等离子体质谱法
HJ 805	土壤和沉积物多环芳烃的测定	气相色谱-质谱法
HJ 834	土壤和沉积物半挥发性有机物的测定	气相色谱-质谱法
HJ 835	土壤和沉积物有机氯农药的测定	气相色谱-质谱法
HJ 921	土壤和沉积物有机氯农药的测定	气相色谱法
HJ 922	土壤和沉积物多氯联苯的测定	气相色谱法
HJ 923	土壤和沉积物，总汞的测定	催化热解-冷原子吸收分光光度法

2. 第二方法

由权威部门规定或推荐的方法。

3. 第三方法

根据各地实情，自选等效方法，但应作标准样品验证或比对实验，其检出限、准确度、精密度不低于相应的通用方法要求水平或待测物准确定量的要求。

（四）分析记录

分析记录一般要设计成记录本格式，页码、内容齐全，用碳素墨水笔填写详实，字迹要清楚，需要更正时，应在错误数据（文字）上划一横线，在其上方写上正确内容，并在所划横线上加盖修改者名章或者签字以示负责。

分析记录也可以设计成活页，随分析报告流转和保存，便于复核审查。

分析记录也可以是电子版本式的输出物（打印件）或存有其信息的磁盘、光盘等。

记录测量数据，要采用法定计量单位，只保留一位可疑数字，有效数字的位数应根据计量器具的精度及分析仪器的示值确定，不得随意增添或删除。

（五）数据运算

有效数字的计算修约规则按《数值修约规则与极限数值的表示和判定》（GB/T 8170—2008）执行。采样、运输、储存、分析失误造成的离群数据应剔除。

平行样的测定结果用平均数表示，一组测定数据用 Dixon 法、Grubbs 法检验剔除离群值后以平均值报出；低于分析方法检出限的测定结果以"未检出"报出，参加统计时按二分之一最低检出限计算。

土壤样品测定一般保留三位有效数字，含量较低的镉和汞保留两位有效数字，并注明检出限数值。分析结果的精密度数据，一般只取一位有效数字，当测定数据很多时，可取两位有效数字。表示分析结果的有效数字的位数不可超过方法检出限的最低位数。

（六）监测报告

报告名称，实验室名称，报告编号，报告每页和总页数标识，采样地点名称，采样时间、分析时间，检测方法，监测依据，评价标准，监测数据，单项评价，总体结论，监测仪器编号，检出限（未检出时需列出），采样点示意图，采样（委托）者，分析者，报告编制、复核、审核和签发者及时间等内容。

任务二　土壤污染防治相关法律法规

一、土壤污染立法相关国际公约

土壤污染是全球性的，许多污染物通过人为活动在全球扩散和迁移，因此，需要在全球范围框架下去解决这种污染。但是，目前没有专门针对土壤污染预防、控制和修复的具有约束力的全球协议，只能通过一系列的国际公约解决部分问题。

土壤污染对食品安全和人类健康造成很大威胁，严重影响全球土壤健康。全球土壤伙伴关系组织（global soil partnership，GSP）和政府间土壤技术小组（intergovernmental technical panelon soils，ITPS）将土壤污染确定为世界土壤的主要威胁，与侵蚀、盐渍化等对土壤造成的威胁相比，土壤污染具有很强的隐蔽性、滞留性、累积性、不可逆转性和难治理性。人们用肉眼难以察觉，只有在污染程度对环境和人类健康造成严重影响时才能看到其影响。我国每年受重金属污染的粮食多达 1200 万吨，因重金属污染而导致的粮食减产高达 1000 多万吨，合计经济损失至少 200 亿元，农用薄膜造成的白色污染、滥用抗生素导致的污染等也对土壤健康造成极大的威胁。

土壤具有自净作用，含有机碳、生物、pH 或黏土类型和其他矿物复合物等成分，能过滤、缓冲、保留和降解污染物。人类受到土壤污染物的影响，可引发癌症等重大疾病。通常人为活动造成的土壤污染不仅限于界限分明的点源污染，且会造成大范围污染，甚至在某些情况下可以超越国界。当前，世界上所有国家和地区几乎都存在土壤污染，其污染程度、主要污染物和污染水平因工业化水平和主要污染源的不同而有很大差异。目前，修复受污染土壤的成本很高，且需要先进的技术。

综合有害生物管理、废污水处理、土壤管理自愿准则、农药和肥料行为准则等是管理土壤和实施土壤污染防治的国际公约，是解决土壤污染需要采取的一些重要措施，可以确保对土壤进行可持续的评估和管理。全世界仅有少数国家有保护土壤的国家立法，很多国家通过采取约束国际法律协议的尝试都没有成功，但一系列其他具有约束力的公约部分地解决了这些目标。

（一）世界土壤宪章

《世界土壤宪章》是由联合国成员国于 1981 年制定的，目标在于确保可持续管理、恢复或复原退化的土壤。针对近年来环境气候的变化，《世界土壤宪章》对新的科学知识予以更新和修订，尤其是涉及的新问题，诸如土壤污染及其对环境的影响，气候变化适应与减缓，以及城市扩展对土壤可供量和功能的影响。宪章将可持续土壤管理原则和实践纳入各级政府的政策指导和立法，敦促各国政府促进受污染土壤的修复，同时建议各个国家制定一项国家土壤政策。

（二）巴塞尔公约

《控制危险废物越境转移及其处置巴塞尔公约》（简称巴塞尔公约）于 1992 年生效，是控制危险废物非法越境转移的最重要的全球性环境条约。该公约起因于发达国家的"污染转移"行为。危险废物任意堆放，对土壤的污染严重，会使危险废物中的有害物质逐渐地渗入土壤中，降低土壤自我恢复能力，有毒物质被作物吸收，从而损害人体健康。公约规定"采取一切切实可行的步骤，保护人类健康和环境免受危险废物可能造成的不利影响"。目前，该公约已有 53 个签署国、187 个缔约方批准和实施，是四大化学品公约中批准最多的公约。另外，1999 年还通过的《责任和赔偿巴塞尔议定书》，旨在建立一个全面的责任和赔偿制度，对废物越境转移包括非法倾倒和意外泄漏造成的损害进行赔偿，该协议与危险废物污染土壤的发生和"污染者付费原则"的应用有关。巴塞尔公约近年来重点关切塑料废物的无害化处置要求，并鼓励各缔约方根据国情出台相关管理政策。

（三）鹿特丹公约

《关于在国际贸易中对危险化学品和农药事先知情同意的鹿特丹公约》（简称鹿特丹公约）于 2004 年生效，该公约涵盖农药和工业化学品，旨在促进各国之间的共同责任和合作努力，迄今为止，包括欧盟成员国在内的 164 个缔约方批准并实施。公约规定如果缔约方禁止或限制该化学品的进口，则该缔约方有义务在国家一级通过减少或禁止该化学品的国内生产来采取同样的措施。该公约通过以来，严格禁止、限制 52 种化学品使用：其中农药 35 种，包括 3 种极为危险的农药制剂，16 种工业化学品。由于农药严重污染土壤农业生态环境，这些禁限用措施有效地控制农药对土壤的污染。

（四）斯德哥尔摩公约

《关于持久性有机污染物的斯德哥尔摩公约》（简称斯德哥尔摩公约）于 2004 年生效，该公约有 152 个签署国，目前已获得包括欧盟成员国在内的 184 个缔约方的批准。该公约的主要目标是保护人类免受持久性有机污染物（POPs）的影响，减少环境中 POPs 的释放。土壤是 POPs 重要的源和汇，由于 POPs 具有的"三致"性，其造成的土壤污染已演变为全球性的主要环境问题之一。最初只有 12 种持久性有机污染物被认为对人类健康和生态系统有不利影响，通过修正案，有 16 种新化学品被添加到斯德哥尔摩公约中。

（五）水俣公约

《关于汞的水俣公约》（简称水俣公约）于 2017 年生效，是一项保护人类健康和环境免受汞和汞化合物影响的全球条约，有 129 个缔约方批准了该公约。汞释放到环境后将长期存在，能够通过大气长距离传输，经生物累积可对人体健康和环境造成显著不利影响，尤其是对于土壤的危害严重。该公约管控措施贯穿了汞的全生命周期，相关条款要求各缔约方在其境内公约生效后的 15 年内禁止建立新的汞矿，减少并最终消除所有汞矿，同时要求缔约方减少公约所列加汞产品的制造、进出口。该公约还涉及控制和减少环境中的汞排放，以及对已经被汞或汞化合物污染的场地修复。由于汞是一种不可毁灭的元素，因此该公约还规定了环境无害化临时储存和处置含汞废物的相关机制。

（六）应对土壤污染的国际自愿协议

除上述国际公约外，在国际组织框架内通过不具约束力的协议文书，也反映了各国应对土壤污染的意愿，这些协议主要是在粮农组织和世卫组织的框架内缔结的。

1. 可持续土壤管理自愿准则

联合国粮农组织于 2017 年发布了《可持续土壤管理自愿准则》（VGSSM）。其核心是可持续土壤管理十大准则，主要内容包括：尽量减少土壤侵蚀，提高土壤有机质含量，促进土壤养分均衡和循环，防止、尽量减少和减缓土壤盐碱化，减少土壤污染等。为了共同遏制土壤退化，同时提供适当的生态系统服务，VGSSM 确定了对土壤功能和健康的 10 种威胁，包括土壤污染，并提出了一套原则来最大限度地减少和控制这些威胁。在这些建议的框架内，鼓励成员国实施或加强有利于可持续土壤管理的包容性法规，以防止和最大限度地减少土壤中污染物的积累，并通过测试、监测和评估潜在的土壤污染信息，以减少对人类健康和环境的风险；VGSSM还关注受污染的土壤是否用于食品和饲料生产，并控制其物理退化以避免土壤污染物的扩散。

2. **肥料可持续使用和管理国际行为规范**

《肥料可持续使用和管理国际行为规范》于 2019 年获得联合国粮农组织大会批准。该规范为参与肥料管理的各利益相关方提供了一套服务，定义了防止肥料滥用及其对人类健康和环境的潜在影响的角色、责任和行动，可作为成员国实施法规、提高认识活动和其他具体行动的基础，以促进广泛传播规范中涉及的原则。该规范鼓励成员国就化肥产品中污染物的有害含量制定标准，加强肥料安全，鼓励土壤肥力综合管理，利用各种来源安全的养分。

3. **国际农药管理行为守则**

联合国粮农组织成员国于 2013 年通过了《国际农药管理行为守则》，该守则为涉及农药使用的各利益攸关方制定了自愿行为标准，以确保农药的合理使用。土壤是农药在环境中的"贮藏库"与"集散地"，施入农田的农药大部分残留于土壤环境介质中。该守则中规定的标准旨在确保以可持续的方式有效地和高效地使用农药，以最大限度地减少对人类健康和环境的不利影响，同时促进农业的可持续发展。守则强调对农药管理采用生命周期方法，即从生产到使用、环境中降解、作为未使用产品的破坏可能经历的所有阶段都应考虑在内。

4. **抗微生物药物耐药性全球行动计划**

世卫组织大会于 2015 年批准了《抗微生物药物耐药性全球行动计划》，该计划旨在预防和防止抗生素耐药性，并制订了防止抗微生物药物耐药性的五个目标：提高认识、增加对抗微生物药物耐药性的了解、降低感染发生率、优化抗微生物药物的使用以及增加对新药的投资。该行动计划鼓励成员国遵守国际标准，通过促进抗生素和其他兽药的合理使用，从而控制家畜中抗生素耐药菌的出现，减少粪便和尿液释放到土壤中的抗生素残留、抗生素耐药菌含量，从而有助于防止这些污染源对土壤造成的污染。

《巴塞尔公约》《鹿特丹公约》《斯德哥尔摩公约》和《水俣公约》是多边环境协定，所有这些公约都旨在最大限度地减少化学品和危险废物对人类健康和环境的不利影响。虽然它们都有相似的目标，但每一个公约都针对一个特定问题：巴塞尔公约处理危险废物，鹿特丹公约涉及农药和工业化学品，斯德哥尔摩公约处理持久性有机污染物（POPs），水俣公约侧重于汞和汞化合物等。从以上公约中可以看到，土壤污染防治不是单纯的观念或技术问题，要基于不同的土地利用类型选择不同的污染物治理标准，提高所有利益攸关方对严重的土壤污染问题及其对生态系统、人类健康影响的认识。同时，要提前采取预防行动，减少土壤污染。在实际污染土壤控制过程中，科学选择土壤污染修复目标，有效地降低污染土壤的清理费用，加深对土壤污染来源和机制的了解，通过土壤污染整治实现土地的再利用。

二、土壤污染国内相关法律法规

我国土壤污染防治法律体系形成初始时期在 20 世纪 70 年代，1973 年国务院召开第一次全国环境保护会议，会上通过了《关于保护和改善环境的若干规定（试行草案）》，止于1986年《土地管理法》的实施。该时期关于环境保护和污染防治的法律包括：1979年9月颁布的《环境保护法（试行）》，是我国的首部环境综合性法律；1982年颁布的《中华人民共和国宪法》第九条和第十条规定自然资源的利用和土地所有权；1986年《土地管理法》规定了土地的各项管理制度。总体而言，20世纪90年代之前，土壤污染并没有引起国家和公众的关注，缺少专门的法律来处理土壤污染问题，但该阶段立法中体现的原则性规定基本可以适应当时的土壤污染防治问题。

土壤污染防治法律体系奠基时期起于1987年的《大气污染防治法》，止于2004年《土地管理法》的修订。该时期国家针对环境污染和资源破坏进行了一系列立法，《水污染防治法》《大气污染防治法》《放射性污染防治法》《固体废物防治法》《城市生活垃圾管理办法》等应运而生。还制定了土壤相关标准和技术规范。该时期对于土壤污染多属于附属性立法，基于土壤环境污染问题的加剧，国家也逐步开始建立土壤污染防治的综合性法律文件。

土壤污染防治法律体系完善时期是改革开放30年来，针对难察觉、易潜伏的土壤污染问题，国家在该时期对土壤污染防治进行了政策和立法的探索，将土壤污染问题与大气、水等污染问题摆在同样高度，逐渐尝试一种全新的土壤立法模式，摆脱附属立法的瓶颈。2005年《关于落实科学发展　观加强环境保护的决定》中关于抓紧制定土壤污染法律法规为起点，2006年通过的《"十一五"规划纲要》中提到了开展全国土壤污染调查，2014年发布了《全国土壤污染状况调查公报》，2017年生态环境部发布了《中国生态环境状况公报》，其中第五章提到了全国各类土地现状。土壤防治综合法的推进是从2013年底《土壤污染防治法》正式立项开始的，从草案几经修改到2018年《中华人民共和国土壤污染防治法》正式通过，终于弥补了土壤污染防治的法律体系空白，使得土壤生态系统的整体性、系统性保护有法可依。

目前，我国现行法律中涉及土壤污染防治的法律法规主要有：《中华人民共和国土壤污染防治法》《环境保护法》《农业法》《土地管理法》《基本农田保护条例》《固体废物污染环境防治法》《水污染防治法》《大气污染防治法》等。另外，还有《土地复垦规定》《闲置土地处置办法》《矿产资源法》《水法》《森林法》《草原法》《农药管理条例》《水土保持法》《防沙治沙法》等与土地生态安全相关的法律法规。

（一）《中华人民共和国土壤污染防治法》

《中华人民共和国土壤污染防治法》（以下简称《土壤污染防治法》）于2019年1月1日颁布实施，是为了保护和改善生态环境，防治土壤污染，保障公众健康，推动土壤资源永续利用，促进经济社会可持续发展制定的法律。该法填补了我国土壤污染防治领域的立法空白，为扎实推进"净土"保卫战，全面落实土壤污染防治工作提供了有力的法律武器。

该法在坚持土壤污染预防为主、保护优先、风险管控、分类管理、污染担责、公众参与原则的基础上，明确了土壤污染防治规划、土壤污染风险管控标准、土壤污染状况普查和监测、土壤污染预防、保护、风险管控、修复等方面的基本制度和规则。

1. 出台背景

一直以来，在土壤污染防治工作上，我国始终存在着一些问题：部分土壤污染防治措施分散规定在一些法律中，缺乏系统性，针对性和可操作性不强，无法满足土壤污染防治工作的客观需要，导致土壤污染防治工作无法系统有序地进行。同时，土壤污染所具有的隐蔽性、滞后性、累积性和地域性，以及治理难、周期长等特点，导致土壤污染防治工作面临许多困难和复杂问题。解决以上问题，需要一套系统、综合的法律对策、专门的法律制度和可操作的措施。因此，《土壤污染防治法》的出台意义不言而喻，这是我国首次通过制定专门的法律来规范防治土壤污染，意味着我国土壤污染防治专项法律的空白得以填补。

2. 主要内容

《土壤污染防治法》所称的土壤污染，是指因人为因素导致某种物质进入陆地表层土壤，引起土壤化学、物理、生物等方面特性的改变，从而影响土壤功能和有效利用。

（1）明确土壤污染防治的政府责任

为了防止责任主体众多导致可能出现的混乱，《土壤污染防治法》建立了土壤污染防治政府责任制度。

《土壤污染防治法》第五条规定："地方各级人民政府应当对本行政区域土壤污染防治和安全利用负责。国家实行土壤污染防治目标责任制和考核评价制度，将土壤污染防治目标完成情况作为考核评价地方各级人民政府及其负责人、县级以上人民政府负有土壤污染防治监督管理职责的部门及其负责人的内容。"这意味着土壤污染普查将成为政府的一个常规性工作，把污染防治列为政府的绩效考核、作为地方负责人政绩的一部分，是一种强制性的约束，这将让各级地方政府更加重视土壤污染防治方面的工作。

《土壤污染防治法》第十四条规定，"国务院统一领导全国土壤污染状况普查。国务院生态环境主管部门会同国务院农业农村、自然资源、住房城乡建设、林业草原等主管部门，每十年至少组织开展一次全国土壤污染状况普查。"

（2）确立土壤污染责任主体

在《土壤污染防治法》中，土壤污染责任人一词共出现 29 次。预防、管控，都是为了治病于未萌。但当土壤已经受到污染时，还可以通过修复，恢复成健康、可利用的土地，只是一般需要大量的资金和较长的时间。谁负责给"生病"的土壤治病？《土壤污染防治法》第六章规定，"地方各级人民政府、生态环境主管部门或者其他负有土壤污染防治监督管理职责的部门未依照本法规定履行职责的，对直接负责的主管人员和其他直接责任人员依法给予处分。"该章其他条文中提出法律责任承担主体是土地污染责任人和土地使用权人，包括土壤污染重点监管单位；拆除设施、设备或建筑物、构筑物的企事业单位；拆除设施、设备或建筑物、构筑物的重点监管单位；尾矿库运营、管理单位；建设和运行污水集中处理设施、固体废物处理设施的单位；农业投入品生产者、销售者和使用者；土壤调查、风险评估、效果评估单位等。

（3）建立土壤污染风险管控和修复制度

《土壤污染防治法》不仅对土壤污染风险管控和修复的条件、土壤污染状况调查、土壤污染风险评估、污染责任人变更的修复义务等内容进行了规定，还针对农用地与建设用地两种不同类型土地涉及的土壤污染风险管控和修复制度进行了分别规定。

《土壤污染防治法》第四十九条规定，"国家建立农用地分类管理制度。按照土壤污染程度和相关标准，将农用地划分为优先保护类、安全利用类和严格管控类。"并对具体管理措施进行了规定。《土壤污染防治法》第五十八条规定，"国家实行建设用地土壤污染风险管控和修复名录制度"。名录制度名录应当根据风险管控、修复情况及时更新，并对列入名录的地块应当如何修复、如何进行污染防治进行了明确规定。

（4）建立土壤污染防治基金制度

《土壤污染防治法》建立了土壤污染防治基金，基金分两类，一类是中央土壤污染防治专项资金，另一类是省级土壤污染防治基金。具体条文为该法第七十一条规定，"国家加大土壤污染防治资金投入力度，建立土壤污染防治基金制度。"

基金的用途分为三种，一是农用地土壤污染防治，二是在土壤污染责任人或者土地使用权人无法认定时，进行土壤污染风险管控和修复，三是政府规定的其他事项。

基金如何建立未明确，只提到鼓励和提供社会各类捐赠，具体管理办法则由财政部会同生态环境、农业农村、自然资源、住房城乡建设、林业草原等主管部门制定。

（5）建立土壤有毒有害物质的防控制度

《土壤污染防治法》第十九条规定，"生产、使用、贮存、运输、回收、处置、排放有毒有害物质的单位和个人，应当采取有效措施，防止有毒有害物质渗漏、流失、扬散，避免土壤受到污染。"

《土壤污染防治法》第二十一条规定，"设区的市级以上地方人民政府生态环境主管部门应当按照国务院生态环境主管部门的规定，根据有毒有害物质排放等情况，制定本行政区域土壤污染重点监管单位名录，向社会公开并适时更新。土壤污染重点监管单位应当履行下列义务：（一）严格控制有毒有害物质排放，并按年度向生态环境主管部门报告排放情况；（二）建立土壤污染隐患排查制度，保证持续有效防止有毒有害物质渗漏、流失、扬散；（三）制定、实施自行监测方案，并将监测数据报生态环境主管部门。"前款规定的义务应当在排污许可证中载明。土壤污染重点监管单位应当对监测数据的真实性和准确性负责。生态环境主管部门发现土壤污染重点监管单位监测数据异常，应当及时进行调查。

（6）确立污染防治法风险管控和安全利用制度

《土壤污染防治法》重在"防"字，法律条文对预防、监控和责任归属着墨颇多，重点还是以风险管控和安全利用为主，以对未来造成新的污染进行控制和归责。而要完成这一系列的工作，将土壤污染状况调查清楚则是基本前提。简而言之，《土壤污染防治法》传递出的一个重要信息是"测是基础，防是重点"。

在《土壤污染防治法》中，风险管控和修复方面法律规定得非常详细。其中第三十五条中明确了土壤污染风险管控和修复，包括土壤污染状况调查和土壤污染风险评估、风险管控、修复、风险管控效果评估、修复效果评估、后期管理等活动。

土壤污染修复的义务是从调查开始的，土壤修复前后的一系列工作都离不开土壤检测。而且法律中把相关利益人的责任都规定得非常详细，包括政府的责任、使用权人的责任、污染人的责任还有农用地上农民的责任。例如《土壤污染防治法》第四十五条中规定了使用权人、污染人的责任应当实施风险管控和修复。

另外，《土壤污染防治法》在第六章中对土壤污染行为的处罚力度小，对行政罚款没有规定特别巨大的数额，是为了让责任人做风险管控和修复，这是特别大的一笔支出。《土壤污染防治法》没有把主要的责任通过行政处罚的形式让污染责任人承担责任，单看处罚金额，可能会觉得处罚的力度小，但是，法律的重点是要求相关责任人去做土壤污染修复工作，这也是建立土壤污染防治基金制度的主要目的，为土壤污染修复提供支持。

《土壤污染防治法》在修订期间，业内估算土壤修复部分的产值将有较大的规模，在法规正式出台后，土壤污染防治的重点还是以风险管控和安全利用为主，对全部污染的土壤进行修复是不可行和不科学的，实在必须修复的土壤才会去修复。

（7）建立土壤污染状况普查和监测制度

《土壤污染防治法》第十四条规定，国务院生态环境主管部门会同其他主管部门每十年至少开展一次全国土壤污染状况普查。为了弥补普查时间跨度较大的不足，该条还规定了国务院有关部门、设区的市级以上地方人民政府可以根据本行业、本行政区域实际情况组织开展土壤污染状况详查。

《土壤污染防治法》第十五条规定，国家实行土壤污染状况监测制度，由国务院生态环境主管部门负责制定土壤环境监测规范，统一规划国家土壤污染状况监测站（点）的设置。

与此同时，《土壤污染防治法》还特别规定了应当进行重点监测的农用地及建设用地的情形，以建设用地为例，对于曾经用于生产、使用、贮存、回收、处置有毒有害物质的、曾用于固体废物堆放、填埋的、曾发生过重大、特大污染事故的，要求相关部门对其进行土壤污染情况的重点监测。

（8）体现严惩重罚理念，对违法行为设定了严格的法律责任

对未按照规定进行风险管控或修复等违法行为，实行"双罚制"，既对违法企业给予处罚，也对企业有关责任人员予以罚款；对出具虚假的土壤污染调查、土壤污染风险评估等报告，情节严重的违法行为，予以禁止从业限制；对严重的污染土壤违法行为，依法追究刑事责任等。

《土壤污染防治法》第八十七条规定，违反本法规定，向农用地排放重金属或者其他有毒有害物质含量超标的污水、污泥，以及可能造成土壤污染的清淤底泥、尾矿、矿渣等的，由地方人民政府生态环境主管部门责令改正，处十万元以上五十万元以下的罚款；情节严重的，处五十万元以上二百万元以下的罚款，并可以将案件移送公安机关，对直接负责的主管人员和其他直接责任人员处五日以上十五日以下的拘留；有违法所得的，没收违法所得。

《土壤污染防治法》第九十条规定，违反本法规定，受委托从事土壤污染状况调查和土壤污染风险评估、风险管控效果评估、修复效果评估活动的单位，出具虚假调查报告、风险评估报告、风险管控效果评估报告、修复效果评估报告的，由地方人民政府生态环境主管部门处十万元以上五十万元以下的罚款；情节严重的，禁止从事上述业务，并处五十万元以上一百万元以下的罚款；有违法所得的，没收违法所得。前款规定的单位出具虚假报告的，由地方人民政府生态环境主管部门对直接负责的主管人员和其他直接责任人员处一万元以上五万元以下的罚款；情节严重的，十年内禁止从事前款规定的业务；构成犯罪的，终身禁止从事前款规定的业务。本条第一款规定的单位和委托人恶意串通，出具虚假报告，造成他人人身或者财产损害的，还应当与委托人承担连带责任。

《土壤污染防治法》第九十四条规定，违反本法规定，土壤污染责任人或者土地使用权人有下列行为之一的，由地方人民政府生态环境主管部门或者其他负有土壤污染防治监督管理职责的部门责令改正，处二万元以上二十万元以下的罚款；拒不改正的，处二十万元以上一百万元以下的罚款，并委托他人代为履行，所需费用由土壤污染责任人或者土地使用权人承担；对直接负责的主管人员和其他直接责任人员处五千元以上二万元以下的罚款：（一）未按照规定进行土壤污染状况调查的；（二）未按照规定进行土壤污染风险评估的；（三）未按照规定采取风险管控措施的；（四）未按照规定实施修复的；（五）风险管控、修复活动完成后，

未另行委托有关单位对风险管控效果、修复效果进行评估的。土壤污染责任人或者土地使用权人有前款第三项、第四项规定行为之一，情节严重的，地方人民政府生态环境主管部门或者其他负有土壤污染防治监督管理职责的部门可以将案件移送公安机关，对直接负责的主管人员和其他直接责任人员处五日以上十五日以下的拘留。

《土壤污染防治法》第九十五条规定，违反本法规定，有下列行为之一的，由地方人民政府有关部门责令改正；拒不改正的，处一万元以上五万元以下的罚款：（一）土壤污染重点监管单位未按照规定将土壤污染防治工作方案报地方人民政府生态环境、工业和信息化主管部门备案的；（二）土壤污染责任人或者土地使用权人未按照规定将修复方案、效果评估报告报地方人民政府生态环境、农业农村、林业草原主管部门备案的；（三）土地使用权人未按照规定将土壤污染状况调查报告报地方人民政府生态环境主管部门备案的。

3. 重要意义

这部法律是一部保护生态环境和人体健康，保障人民群众住得安心、吃得放心的法律，意义重大。一是贯彻落实了党中央有关土壤污染防治的决策部署。二是完善了中国特色法律体系，尤其是生态环境保护、污染防治的法律制度体系。三是为我国开展土壤防治工作，扎实推进"净土保卫战"提供了法治保障。《土壤污染防治法》的制定将对我国土壤污染防治产生长久深远的影响，该法律为我国土壤污染保护和治理确定了基本原则、基本制度和基本方法，同时使我国土壤污染防治工作的开展做到了有法可依。

三、我国涉及土壤污染的相关标准

在我国标准分类中，土壤污染涉及土壤、肥料综合、有毒害固体废弃物控制标准、基础标准与通用方法、固体燃料矿综合、技术管理、土壤环境质量分析方法、大气、水、土壤环境质量标准、土壤、水土保持、固体废弃物、土壤及其他环境要素采样方法、工程地质、水文地质勘查与岩土工程、污染控制技术规范等（表2-5）。

表2-5 与土壤污染相关的国家标准和行业标准

标准名称	标准号	实施日期
区域性土壤环境背景含量统计技术导则（试行）	HJ 1185—2021	2021-08-01
建设用地土壤修复技术导则	HJ 25.4—2019 代替 HJ 25.4—2014	2019-12-05
建设用地土壤污染状况调查技术导则	HJ 25.1—2019 代替 HJ 25.1—2014	2019-12-05
建设用地土壤污染风险评估技术导则	HJ 25.3—2019 代替 HJ 25.3—2014	2019-12-05
建设用地土壤污染风险管控和修复术语	HJ 682—2019 代替 HJ 682—2014	2019-12-05
建设用地土壤污染风险管控和修复监测技术导则	HJ 25.2—2019 代替 HJ 25.2—2014	2019-12-05
污染地块地下水修复和风险管控技术导则	HJ 25.6—2019	2019-06-18
污染地块风险管控与土壤修复效果评估技术导则	HJ 25.5—2018	2018-12-29
土壤环境质量　农用地土壤污染风险管控标准（试行）	GB 15618—2018 代替 GB 15618—1995	2018-08-01

续表

标准名称	标准号	实施日期
土壤环境质量　建设用地土壤污染风险管控标准（试行）	GB 36600—2018	2018-08-01
土壤　水溶性氟化物和总氟化物的测定　离子选择电极法	HJ 873—2017	2018-01-01
土壤和沉积物　多环芳烃的测定　高效液相色谱法	HJ 784—2016	2016-03-01
土壤和沉积物　有机物的提取　加压流体萃取法	HJ 783—2016	2016-03-01
土壤和沉积物　多氯联苯的测定　气相色谱-质谱法	HJ 743—2015	2015-07-01
土壤和沉积物　挥发性芳香烃的测定　顶空/气相色谱法	HJ 742—2015	2015-07-01
土壤和沉积物　挥发性有机物的测定　顶空/气相色谱法	HJ 741—2015	2015-07-01
土壤　氧化还原电位的测定　电位法	HJ 746—2015	2015-07-01
土壤　氰化物和总氰化物的测定　分光光度法	HJ 745—2015	2015-07-01
土壤和沉积物　铍的测定　石墨炉原子吸收分光光度法	HJ 737—2015	2015-04-01
土壤和沉积物　挥发性卤代烃的测定　顶空/气相色谱-质谱法	HJ 736—2015	2015-04-01
土壤和沉积物　挥发性卤代烃的测定　吹扫捕集/气相色谱-质谱法	HJ 735—2015	2015-04-01
土壤质量　全氮的测定　凯氏法	HJ 717—2014	2015-01-01
土壤有效磷的测定　碳酸氢钠浸提-钼锑抗分光光度法	HJ 704—2014	2014-12-01
土壤和沉积物　酚类化合物的测定　气相色谱法	HJ 703—2014	2014-12-01
土壤　有机碳的测定　燃烧氧化-非分散红外法	HJ 695—2014	2014-07-01
土壤和沉积　物汞、砷、硒、铋、锑的测定　微波消解/原子荧光法	HJ 680—2013	2014-02-01
土壤和沉积物　丙烯醛、丙烯腈、乙腈的测定　顶空-气相色谱法	HJ 679—2013	2014-02-01
土壤、沉积物　二噁英类的测定　同位素稀释/高分辨气相色谱-低分辨质谱法	HJ 650—2013	2013-09-01

标准名称	标准号	实施日期
土壤　可交换酸度的测定　氯化钾提取-滴定法	HJ 649—2013	2013-09-01
土壤　有机碳的测定　燃烧氧化-滴定法	HJ 658—2013	2013-09-01
土壤和沉积物　挥发性有机物的测定　顶空/气相色谱-质谱法	HJ 642—2013	2013-07-01
土壤　水溶性和酸溶性硫酸盐的测定　重量法	HJ 635—2012	2012-06-01
土壤　氨氮、亚硝酸盐氮、硝酸盐氮的测定　氯化钾溶液提取-分光光度法	HJ 634—2012	2012-06-01
土壤　总磷的测定　碱熔-钼锑抗分光光度法	HJ 632—2011	2012-03-01
土壤　可交换酸度的测定　氯化钡提取-滴定法	HJ 631—2011	2012-03-01
土壤　有机碳的测定　重铬酸钾氧化-分光光度法	HJ 615—2011	2011-10-01
土壤　毒鼠强的测定　气相色谱法	HJ 614—2011	2011-10-01
土壤　干物质和水分的测定重量法	HJ 613—2011	2011-10-01
土壤和沉积物　挥发性有机物的测定　吹扫捕集/气相色谱-质谱法	HJ 605—2011	2011-06-01
土壤　总铬的测定　火焰原子吸收分光光度法	HJ 491—2009 代替 GB/T 17137—1997	2009-11-01
土壤和沉积物　二噁英类的测定　同位素稀释高分辨气相色谱-高分辨质谱法	HJ 77.4—2008	2009-04-01
温室蔬菜产地环境质量评价标准	HJ 333—2006	2007-02-01
食用农产品产地环境质量评价标准	HJ 332—2006	2007-02-01
土壤环境监测技术规范	HJ/T 166—2004	2004-12-09

来源于生态环境部网站。

四、土壤污染国外相关法律法规

土壤污染防治立法，在欧美发达国家比较成熟。它们也经历了从农业时代到工业时代的过渡，在此期间随着工业化发展的不断推进，污染是在所难免的，引起了环境的恶化和对人体的危害，使人们意识到必须保护环境，防治环境污染。土壤污染因其具体的特殊性，对人类生存的重要性，更应该引起人们的重视，增强人们保护土壤的意识。

（一）日本土壤污染防治立法

第二次世界大战后，日本为了重振经济，实行了偏重重工业的经济发展政策，过于注重工业化进程，忽略环境保护，导致严重的土壤污染，特别是重金属和有机物化合物污染。20世纪 60 年代末，因日本企业排放有毒重金属污染水源，导致土壤中的重金属含量超标，土壤中生长的农作物受污染，污染物又通过食物链的传播危害人类的生命健康，"痛痛病事件"在日本造成极大影响。"痛痛病"事件让政府意识到保护土壤环境的重要，随后日本政府颁布《农用地土壤污染防治法》《土壤污染对策法》。后者是一个较为成熟法规，对日本治理土壤污染的法律法规系统化、专门化奠定基础。随后一系列土壤污染事件进一步推进该国政府，对土壤污染防治的工作重视。

"痛痛病"事件引发了社会各种负面效应，防止农业用地受到进一步的破坏，日本政府在中央层面颁布《农用地土壤污染防治法》。由此农业用地污染防治有了法律保障，依据的规定将对人体有害的重金属列为对土壤有污染的有害物质。

伴随日本的工业飞速发展，该国的城市土壤污染也随之加重，日本政府慢慢对这个问题重视起来。20 世纪 80 年代中期，针对城市土壤污染，制订《市街地土壤污染暂定对策方针》，第一次将城市土壤污染环境问题纳入治理范畴，但该文件制度的措施具有原则性和不可操作性等缺陷。日本政府 20 世纪 90 年代就颁布《土壤环境标准》，随后两次修订该文件，形成了较为统一的土壤环境标准体系，使土壤污染防治工作有据可循。

此前颁布的《农用地土壤污染防治法》并没有涉及工业用地。21 世纪初，日本政府颁布了《土壤污染对策法》（2002 年），这标志着日本应对城市土壤污染防治，已从国家层面进行立法。该法律在公布后的 2003 年开始正式实施。该法从受污染土地的利用及限制、土壤污染治理责任人等方面，对城市土壤污染的防治和措施，进行一定法律规定，现在日本用于防治土壤污染的律法主要是这一套完善的土壤污染治理制度。

日本有 50 多个地方政府，制定相关土壤污染防治法律。这些条例在内容上都有一定的共通之处，不少有效的对策措施和制度在地方条例中得到了体现。中央层面的法律只有两部，即《土壤污染对策法》（2002）、《农业用地土壤污染防治法》（1970）。其他的防治立法律全是地方性土壤污染防治立法。其对国家的立法制定与完善起到积极的影响作用。土壤污染防治的法律制定，与该国社会发展密不可分。其立法先从农业用地开始，随之由于工业污染的加重，城市土壤污染防治立法也开始进行。日本在 2003 年，正式构建土壤污染防治的法律框架，主要包括农业与城市用地的相关内容，将土壤环境监测标准作为目标，其基本保障为《环境基本法》。

《农用地土壤污染防治法》与《土壤污染对策法》都最具有代表性，前者是主要保护农用地，后者则是主要保护城市工业用地。前者利用法律调控农用地土壤污染，污染的农业用地合理利用，防止农作物生长受到影响，以此实现保护生态环境和国民健康的目的。《农用地土壤污染防治法》的内容有：一是对耕地土壤污染范围做出明确划分。当地政府结合其辖区内农业用地土壤或者农作物重金属监测数据进行详细分析，将农业用地超标的，定为"污染区域"并向社会发布公告，便于公众及时了解土壤污染状况。二是基于调查制订有效治理土壤污染的措施。实事求是，因地制宜，对不同"污染问题区域"的农业用地做出不同的治理对策。主要包括：详细测定污染地区里，耕地的有害重金属物质的情况；依据于此，划分不同区域，制定土地使用可行性的规划，对其进行合理安排；减少或消除土壤中的有害重金属物质以防止二次污染；根据所规划的修复后农业用地用途来引导农民合理耕种。三是排放污染物标准的提高。四是污染区域严重的，设为"警戒区"，并对警戒区域范围的农作物种植的数量和种类做出限制。各级知事有权对受到污染严重的农业用地，限制农民在该区域，进行耕作和活动。五是区域主管有权对自己管辖的区域，进行土地状况调查测定以及日常监测，并做出公示。

日本政府制定《土壤污染对策法》主要是针对城市土壤污染问题。该法运用环境风险对策模式，对日本全国范围内的企业废止和转产过程、城市再开发以及工厂等项目实施合理的土壤污染治理对策，以此实现保护国民健康的目的。此后该法成为土壤污染防治工作主要的法律依据。

《土壤污染对策法》的颁布，对日本社会影响非常深远，并且增强了公众保护土壤的意识。当然，距离城市土壤污染的全面解决还需一大步，因此，日本政府相继颁布《土壤污染对策法施行令》（第 336 号令）和《土壤污染对策法施行规则》（第 29 号令）两部法律，对其中规定进行详细解释，并作为实施时的具体参照。该法明确规定，土地的污染者及所有者有义务采取合理措施来减少污染扩散并消除污染，如果污染是由土地所有者以外的其他人造成的，土地所有者有权在履行清除污染的义务后，向污染者追偿清理费用以保护自身的权益。此外，土壤污染调查的地域范围、超标地域的确定，调查机构、治理措施、支援体系、报告及检查制度、惩罚条款，在该法中皆有所明确。并且规定了在土壤污染调查对象所具备的土地条件、消除污染的土地基准等。《土壤污染对策法》的具体实施在很大程度上使日本在土壤污染防治领域得到一定的丰富和强化，是一部在新的国际形势下，为了使各城市工业不断适应新发展而制定的土壤污染防治法律，将该国从防治农业耕地污染，向城市土壤污染防治进行拓展，使日本不断补充与改善土壤污染防治区域。

《土壤污染对策法》主要包含以下几项内容：① 调查土壤污染制度。在防治与治理土壤污染中，土壤污染调查是非常必要的。该制度对工矿企业存在的高污染进行调查，方便国家能随时掌握土壤实际状况并及时采取防治措施。即对调查的对象、时机，该对策法还进行了划分：一是针对采取特定设施废止有害物质的土壤污染调查，此时应通过调查来了解及确定土壤遭受污染的具体状况；二是对人体有重大损害的特定有害物质污染的调查，此时则由地方政府责令土地所有人进行调查。② 受污染区域制度。当调查结果不能达到环境标准时，将该土地设为有害物质污染重点区域，并向社会及时公开情况，便于公众及时了解土壤污染状况。同时也有利于防止因土地用途改变、土地转让、污染土壤转移等原因而引发新的环境问题。③ 采取污染防治措施制度。《土壤污染对策法》中，对该区域的污染危害到人体健康时，地方政府有权责令土地所有人，在规定时间内去除污染，或者采取相应措施防止污染物扩散并清除污染，若污染事件为其他污染行为人导致，前述措施应由污染行为人采取并承担相应责任。其所产生的费用将由土地管理者或所有者及污染责任人进行承担。④ 法律责任制度。第一责任人是土地的所有者，其民事责任应由所有者承担，然而如果有合理理由的，可以除外。土地所有者有权向污染行为人，进行追偿损失。虽然严格责任与溯及责任是该法采用的责任形式，但该法还对连带责任的适用范围，做出相关限制与规定，如污染者间没有特殊联系，法律规定禁止对其采用连带责任。

污染发生后的补救通常被作为日本土壤污染防治立法发展的基础，因此日本土壤污染防治立法的实用性较强，其不断完善的土壤污染防治法律制度更是以其自身具有的借鉴性广受各国学习借鉴。

（二）美国土壤污染防治立法

美国发达的工业对环境造成的各种污染相当严重，因此土壤污染问题很早就受到该国政府的重视，与土壤污染防治的相关立法也较早出现。发生于 20 世纪 30 年代的"黑风暴"事件，是一起严重土壤污染事件，对美国农业生产造成极大危害，《土壤保护法》也在此背景下应运而生。该法主要是防范休耕或退耕的水土侵蚀与流失，并未有更多内容说明人为原因造成土壤污染的问题。

随后"拉夫运河污染事件"发生，政府通过颁布《联邦危险物质法》与《固体废物处理法》具体规定了如何保护国家土壤。20 世纪 70 年代，美国工业化迅猛发展，工业迁移现象也普遍出现，工厂因搬迁丢弃的工业废弃物，造成的土地污染情况越发严重。这些危险的废弃物开始引起美国政府担心，政府相继出台了《固体废物处置法》（即 1976 年的《资源保护回收法》）。对有毒废弃物处理事项进行明文规定，在立法史上尚属首次，环境法中的一个漏洞得以弥补。该法促进了废弃物回收率与利用率的提高，通过该法律的实施，美国政府很好地解决了固体废弃物污染土壤问题。

此后美国政府颁布了《综合环境污染响应、赔偿和责任认定法案》。作为美国土壤污染防治体系的基础法，由有害物质引发的土壤污染的赔偿事宜是此法主要解决的内容。其主要立法意图是保障美国国内工业遗址产生的棕色地块的修复和整治。由此，美国环境保护法律体系正式形成。美国以成文的法律形式颁布，其主要目的就是确认资源损害的赔偿责任人，体现了环境保护的重要性，是一部环境保护基础法律。随着社会的发展，该法也出现了诸多问题。于是，美国国会修正了该法（即《超级基金增补与再授权法案》），此后，又于 1992 年、1997 年对其进行修订，分别修订了《公众环境应对促进法》《纳税人减税法》。

建设用地的污染及环境保护问题，在上述法案实施时受到较以往更多的关注。同时，美国国会为此对 CERCLA 进行大范围的修订。美国政府颁布了《小规模企业责任减轻和棕色地块振兴法》（2002 年）。该法对土壤污染的承担者与非承担者的进行了区分，对治理棕色地块有具体方案，加大了免责主体的范围，充分保护了无辜的土地所有者和使用者的权益，对棕色地块的开发利用起到了很好的促进作用。几次的修正案仅仅只是针对实施过程中出现的问题加以修正。该法成为与《超级基金增补及再授权法案》具有代表性的土壤污染防治法案。这两个修正案积极地推动了棕色地块的再开发利用和土壤污染风险管理的完善。该法确立了污染责任人制度，将对企业因搬迁造成的污染，进行生态安全标准检验。其中包含厂房等不动产的所有者、污染者及使用人，并采取溯及方式对土地连带无限责任，进行严格的一系列规定。即"超级基金"（Superfound）的信托基金，在资金方面为该法的实施提供保障。因此该法又被称为"超级基金法"。由于，责任者因某些客观因素影响，而无法支付相关费用或确认责任人，"超级基金"将会支付土壤污染相关治理费用。此后，国会相继制定了《小型企业责任免除和棕色地块振兴法案》，该法对责任者与非责任者进行界定，对小企业一部分责任进行减免，同时制定相关的区域评估制度，保护正常使用土地的所有者及使用者，提高公众土地恢复与治理的积极性，为再次利用和保护的棕色地块，提供了法律基础，促进国家土壤污染治理的进程。从此之后美国拥有了比较完善的土壤污染防治法律体系。

（三）德国土壤污染防治立法

德国涉及土壤污染防治的法律法规主要有《联邦土壤保护法》和《联邦土壤保护与污染地条例》。《联邦土壤保护法》提供了土壤污染清除计划和修复方式；《联邦土壤保护与污染地条例》是德国实施土壤保护的主要措施。德国相关立法涉及土壤领域的还有：《循环经济与废物管理法》《肥料和植物作物保护法》《基因工程法》《联邦森林法》等。《联邦土壤保护法》对这些部门法中尚未规定的有关土壤的领域进行规制，具有相应的补充作用。

1. 将行政机关权限摆在突出地位

德国《联邦土壤保护法》规定，每个土地使用者或所有者都有防止土壤污染和清除土壤污染的义务。该法明确了在何种情况下土地使用者或所有者有使地面透水和重建土壤自然功能的义务，此外还对物质在土壤中的传播进行了规范。

德国联邦政府有权基于土壤的价值和有关要求颁布相应的行政法规。这些法规针对疑似有残留污染的地区，明确了残留污染的检测机制，并要求及时清除残留污染。该法还规定了土壤污染的评估和调查的负责人。

德国《联邦土壤保护法》就如何对清除污染进行调查和规划以及责任的承担做出了规定，特别是将行政机关的权限摆在突出的地位。行政机关对土壤的监测负责，可以要求土地所有者采取自我监控措施，例如自行承担费用进行土壤和水域调查。根据要求，土地所有者应将调查结果告知行政机关。行政机关还有权就第三者应尽的义务做出其他规定。

《联邦土壤保护法》还规定了农业土地利用的内容。农业生产中，良好的专业工作可以保持土壤的肥沃性和其作为自然资源的生产力。法律规定农业生产者要履行其义务，有效防治土壤污染。

最后，《联邦土壤保护法》规定了相应的专家和调查单位，并对他们提出了相关要求。

《联邦土壤保护法》是德国第一部全面统一规制土壤保护的法律。该法针对所调整的各个领域进行了更具体的法律条款细化。这部法律以援助、行为守则和示范法令等形式为联邦和各州的行政机关提供解释性的指导。

2. 主管部门须调查土壤退化迹象

《联邦土壤保护与污染地条例》是德国实施土壤保护的主要措施性法规。该条例只有 13 项规定，通过大量包含具体事项的实体性附件来执行法规。《联邦土壤保护与污染地条例》行使了《联邦土壤保护法》赋予的种种权力。首先，该条例规定了污染的可疑地点、污染地和土壤退化的调查和评估，规定了抽样、分析与质保的标准；其次，该条例提出了通过排除污染、防止泄漏、保护和限制等措施来防范危险的要求，以及有关整治之调查与整治计划的补充要求；再次，该条例对防止土壤退化进行了相关规定；最后，它详细规定了启动值、行动值、风险预防值以及可允许的附加污染额度。

《联邦土壤保护与污染地条例》反映出在设计调查与评估可疑地点的程序时，对保护土壤的考虑。主管部门必须调查土壤退化迹象。例如，若某一地点长期被用来处置大量污染物，而且所使用的处置、耕作和加工方法可能使得大量污染物进入土壤，则应该被作为调查的对象。这些迹象还表现为污染地的庄稼、动物饲料和流经污染处的水流中污染物含量的增加，以及水力、风力导致的土壤侵蚀和沉积。若调查显示有合理根据怀疑土壤已退化，主管部门即可对那些须承担责任的当事方进行进一步调查。同时该条例规定，如果调查显示其怀疑是毫无根据的，则须依据该条例的规定进行补偿。

3. 循环思想和预防性保护

德国的相关立法除了规定已有污染地的处理以外，更为关键的是强调在土壤利用中的循环思想和预防性的保护。那些为避免产生新的污染地而制定的预防性法律条款，与处理已有的污染地的条款具有同等重要性。在预防性的土壤保护方面，德国联邦环保部将其未来的任务总结为观念上的策略。同时其他领域关于土壤保护的立法所产生的间接结果，也体现了相关措施和规定的预防性作用。

另外，对于农用地的保护也是德国相关法律中极为重要的规定。因为农用地在食物生产中具有特别的重要性，污染地所生产的食物产量极低，因此必须采取预防措施来避免由于肥料利用所造成的积累性污染。避免这样的污染的方法，是以《联邦土壤保护与污染地条例》中已体现的预防性原则为基础，根据所使用的化肥的种类和统一的标准来分别进行测量，从而避免污染物在土壤中的长期性积累。

（四）英国土壤污染防治立法

英国历史上的工业化进程造成大量的土地污染问题，包含了广泛的污染物质，几乎在所有的土地上都有遗留的物质，包括自然存在的物质，这些物质是由于多样而复杂的地质条件和人类污染扩散而产生的。在一些与工业使用和废物处理有关土地上，污染物浓度更高。这类土地可能对人体健康或环境构成足够的风险，从而被认为是受污染的土地。在英国，直到20 世纪 90 年代初，人们对历史污染的程度和影响的担忧日益加剧，才导致了立法干预。在一系列失败的政策和立法举措之后，一个复杂的法律体系已经建立起来。在英国，污染土地由若干不同法律制度联合规定，这些制度相互关联，包括：

1. 综合性立法

污染土地制度是由 1990 年英国颁布的《环境保护法》第 57 节中增加 Part ⅡA 规定的，为英国污染土地的确定和修复提供了法定框架。该法案于 2000 年 4 月 1 日生效。该法的规定是一个附属式、框架式法律规定，有时是复杂的，甚至是有争议的，因此伴随的法定指引和辅助次要立法应运而生，也是框架式立法必然的立法选择。ⅡA 部分对受污染场址的定义和识别、执法部门对污染土壤进行补救的职责、附有补救义务但不进行补救时的责任、补救费用的收取和保障等土壤保护的事前事后防护措施在法律上进行了规制。ⅡA 部分提供了一个主动的系统，用于控制污染土地，根据土壤的当前用途，减少对人类健康或环境造成不可接受的风险。它旨在做四件事：提高监管控制的透明度和重点；确保监管机构采取有效措施解决土壤污染问题；提高监管方法的内部协调性；并提供更加量身定制的监管机制，包括能够反映个别场址上发现的复杂性土壤污染。

2. 附属性立法

污染土壤整治问题也由其他一些环境法案和法规提供。英国颁布了《污染控制法》、1990年制定的《城乡规划法》、1991 年制定的《水资源法》《废物管理许可》《环境损害（预防和整治）条例》等，在这些不同的制度中可以找到与污染土壤有关的法律规范。

《法定指南》（2012 修正版）由环境、食品和农村事务国务秘书根据《1990 年环境保护法》第 78 条发布。这个指南首次发表于 2000 年，2006 年 10 月，环境、食品和农村事务部（Defra）

的通告第 01/2006 号《1990 年环境保护法：ⅡA 部分污染土地》取代了 02/2000 通告。2012 年英国环境、食品及农村事务部（Defra）发布了新《法定指南》，旨在为环境法第ⅡA 部分提供具体的辅助立法。规定了国家和地方的管理体制，并赋予地方政府监测职责，加强对土壤的监测。英国对受污染的土壤的管理是建立在风险管控的基础上的，所有土壤都含有可能对人体或环境受体有害的物质，尽管在绝大多数情况下，风险水平可能非常低。在进行第ⅡA 部分制度下的风险评估时，地方当局应把重点放在可能构成不可接受风险的土地上。除此之外，《法定指南》对ⅡA 部分已有规定的定义识别制度、污染修复制度、修复责任制度等进行了补充和更新。根据《法定指南》在英国的适用情况进行及时的审查，还包括其他各种改进，反映了在 11 年的制度运作之后所积累的经验以及研究和技术进展。本法案阐述ⅡA 部分的整治规定，例如整治的目标以及监管机构应如何确保整治规定是合理的。《法定指南》也解释了ⅡA 部分赔偿责任安排的具体方面，以及在某些情况下，执行当局向赔偿责任人追讨赔偿费用的程序。

任务三　土壤污染风险管控

　　根据欧美发达国家土壤污染治理经验，污染预防、风险管控、治理修复的投入比例大致为 1∶10∶100，优先保护好优质的土壤是避免后期治理与修复大量投入的关键。由于重金属、持久性有机污染物难以降解，污染物一旦进入土壤环境，与各类成分紧密结合后，对土壤结构、功能的破坏是长期的、持续的，即使采取治理与修复措施，通常也难以完全恢复原有结构和功能。因此，对环境质量尚好的土壤采取严格的风险管控，预防其受到污染，是必须坚持的优先策略。

　　为贯彻《中华人民共和国环境保护法》，保护土壤环境质量，管控土壤污染风险，2018 年生态环境部发布了《土壤环境质量　农用地土壤污染风险管控标准（试行）》（GB 15618—2018）（以下简称《农用地标准》），《土壤环境质量　建设用地土壤污染风险管控标准（试行）》（GB 36600—2018）（以下简称《建设用地标准》），将为开展农用地分类管理和建设用地准入管理提供技术支撑。

　　《农用地标准》《建设用地标准》提出了风险筛选值和风险管制值的概念，不再是简单类似于水、空气环境质量标准的达标判定，而是用于风险筛查和分类。这更符合土壤环境管理的内在规律，更能科学合理指导农用地、建设用地安全利用。

一、农用地土壤污染风险管控

　　GB 15618 于 1995 年首次发布，2018 年 7 月第一次修订。修订的主要内容：一是标准名称由《土壤环境质量标准》调整为《土壤环境质量　农用地土壤污染风险管控标准（试行）》；二是更新了规范性引用文件，增加了标准的术语和定义；三是规定了农用地土壤中镉、汞、砷、铅、铬、铜、镍、锌等基本项目，以及六六六、滴滴涕、苯并[a]芘等其他项目的风险筛选值；四是规定了农用地土壤中镉、汞、砷、铅、铬的风险管制值；五是更新了监测、实施与监督要求。《农用地标准》充分考虑我国土壤环境的特点和土壤污染的基本特征，以确保农产品质量安全为主要目标，为农用地分类管理服务。

（一）相关术语

1. 农用地

指《土地利用现状分类》（GB/T 21010—2017）中的耕地（0101 水田、0102 水浇地、0103 旱地）、02 园地（0201 果园、0202 茶园）和 04 草地（0401 天然牧草地、0403 人工牧草地）。

2. 农用地土壤污染风险

指因土壤污染导致食用农产品质量安全、农作物生长或土壤生态环境受到不利影响。

3. 农用地土壤污染风险筛选值

指农用地土壤中污染物含量等于或者低于该值的，对农产品质量安全、农作物生长或土壤生态环境的风险低，一般情况下可以忽略；超过该值的，对农产品质量安全、农作物生长或土壤生态环境可能存在风险，应当加强土壤环境监测和农产品协同监测，原则上应当采取安全利用措施。

4. 农用地土壤污染风险管制值

指农用地土壤中污染物含量超过该值的，食用农产品不符合质量安全标准等农用地土壤污染风险高，原则上应当采取严格管控措施。

（二）农用地土壤污染风险筛选值

1. 基本项目

农用地土壤污染风险筛选值的基本项目为必测项目，包括镉、汞、砷、铅、铬、铜、镍、锌，风险筛选值见表 2-6。

表 2-6 农用地土壤污染风险筛选值（基本项目）

单位：mg/kg

序号	污染物项目 ab		风险筛选值			
			pH≤5.5	5.5<pH≤6.5	6.5<pH≤7.5	pH>7.5
1	镉	水田	0.3	0.4	0.6	0.8
		其他	0.3	0.3	0.3	0.6
2	汞	水田	0.5	0.5	0.6	1.0
		其他	1.3	1.8	2.4	3：4
3	砷	水田	30	30	25	20
		其他	40	40	30	25
4	铅	水田	80	100	140	240
		其他	70	90	120	170
5	铬	水田	250	250	300	350
		其他	150	150	200	250

续表

序号	污染物项目 ab		风险筛选值			
			pH≤5.5	5.5<pH≤6.5	6.5<pH≤7.5	pH>7.5
6	铜	果园	150	150	200	200
		其他	50	50	100	100
7	镍		60	70	100	190
8	锌		200	200	250	300
a. 重金属和类金属砷均按元素总量计。						
b. 对于水旱轮作地，采用其中较严格的风险筛选值。						

2. 其他项目

土壤污染风险筛选值的其他项目为选测项目，包括六六六、滴滴涕和苯并[a]芘，风险筛选值见表2-7。

表 2-7　农用地土壤污染风险筛选值（其他项目）

单位：mg/kg

序号	污染物项目	风险筛选值
1	六六六总量	0.10
2	滴滴涕总量	0.10
3	苯并[a]芘	0.55

（三）农用地土壤污染风险管制值

农用地土壤污染风险管制值项目包括镉、汞、砷、铅、铬，风险管制值见表2-8。

表 2-8　农用地土壤污染风险管制值

单位：mg/kg

序号	污染物项目	风险管制值			
		pH≤5.5	5.5<pH≤6.5	6.5<pH≤7.5	pH>7.5
1	镉	1.5	2.0	3.0	4.0
2	汞	2.0	2.5	4.0	6.0
3	砷	200	150	120	100
4	铅	400	500	700	1000
5	铬	800	850	1000	1300

（四）农用地土壤污染风险筛选值和管制值的使用

（1）当土壤中污染物含量等于或者低于表2-6和表2-7规定的风险筛选值时，农用地土壤污染风险低，一般情况下可以忽略；高于表2-6和表2-7规定的风险筛选值时，可能存在农用地土壤污染风险，应加强土壤环境监测和农产品协同监测。

（2）当土壤中镉、汞、砷、铅、铬的含量高于表2-6规定的风险筛选值、等于或者低于表2-8规定的风险管制值时，可能存在食用农产品不符合质量安全标准等土壤污染风险，原则上应当采取农艺调控、替代种植等安全利用措施。

（3）当土壤中镉、汞、砷、铅、铬的含量高于表2-8规定的风险管制值时，食用农产品不符合质量安全标准等，农用地土壤污染风险高，且难以通过安全利用措施降低食用农产品不符合质量安全标准等农用地土壤污染风险，原则上应当采取禁止种植食用农产品、退耕还林等严格管控措施。

（五）监测要求

农用地土壤污染调查监测点位布设和样品采集执行《土壤环境监测技术规范》（HJ/T 166—2004）等相关技术规定要求。

（六）土壤污染物分析

土壤污染物分析方法按表2-9执行。

表2-9　土壤污染物分析方法

序号	污染物项目	分析方法	标准编号
1	镉	土壤质量　铅、镉的测定　石墨炉原子吸收分光光度法	GB/T 17141
2	汞	土壤和沉积物　汞、砷、硒、铋、锑的测定　微波消解/原子荧光法	HJ 680
		土壤质量　总汞、总砷、总铅的测定　原子荧光法　第1部分：土壤中总汞的测定	GB/T 22105.1
		土壤质量　总汞的测定　冷原子吸收分光光度法	GB/T 17136
		土壤和沉积物　总汞的测定　催化热解-冷原子吸收分光光度法	HJ 923
3	砷	土壤和沉积物　12种金属元素的测定　王水提取-电感耦合等离子体质谱法	HJ 803
		土壤和沉积物　汞、砷、硒、铋、锑的测定　微波消解/原子荧光法	HJ 680
		土壤质量　总汞、总砷、总铅的测定　原子荧光法　第2部分：土壤中总砷的测定	GB/T 22105.2
4	铅	土壤质量　铅、镉的测定　石墨炉原子吸收分光光度法	GB/T 17141
		土壤和沉积物　无机元素的测定　波长色散X射线荧光光谱法	HJ 780
5	铬	土壤　总铬的测定　火焰原子吸收分光光度法	HJ 491
		土壤和沉积物　无机元素的测定　波长色散X射线荧光光谱法	HJ 780
6	铜	土壤质量　铜、锌的测定　火焰原子吸收分光光度法	GB/T 17138
		土壤和沉积物　无机元素的测定　波长色散X射线荧光光谱法	HJ 780
7	镍	土壤质量　镍的测定　火焰原子吸收分光光度法	GB/T 17139
		土壤和沉积物　无机元素的测定　波长色散X射线荧光光谱法	HJ 780
8	锌	土壤质量　铜、锌的测定　火焰原子吸收分光光度法	GB/T 17138
		土壤和沉积物　无机元素的测定　波长色散X射线荧光光谱法	HJ 780

续表

序号	污染物项目	分析方法	标准编号
9	六六六总量	土壤和沉积物　有机氯农药的测定　气相色谱-质谱法	HJ 835
		土壤和沉积物　有机氯农药的测定　气相色谱法	HJ 921
		土壤质量　六六六和滴滴涕的测定　气相色谱法	GB/T 14550
10	滴滴涕总量	土壤和沉积物　有机氯农药的测定　气相色谱-质谱法	HJ 835
		土壤和沉积物　有机氯农药的测定　气相色谱法	HJ 921
		土壤质量　六六六和滴滴涕的测定　气相色谱法	GB/T 14550
11	苯并[a]芘	土壤和沉积物　多环芳烃的测定　气相色谱-质谱法	HJ 805
		土壤和沉积物　多环芳烃的测定　高效液相色谱法	HJ 784
		土壤和沉积物　半挥发性有机物的测定　气相色谱-质谱法	HJ 834
12	pH	土壤　pH 的测定　电位法	HJ 962

注：所有标准均未注明年份，按最新版执行。

二、建设用地土壤污染风险管控

党中央、国务院高度重视土壤环境保护工作。2016 年 5 月，国务院印发《土壤污染防治行动计划》（以下简称"土十条"），要求实施建设用地准入管理，防范人居环境风险。我国《土壤环境质量标准》（GB 15618—1995）自 1995 年发布实施以来，在土壤环境保护工作中发挥了积极作用，但随着形势的变化，已不能满足当前土壤环境管理的需要，不适用于建设用地。

为贯彻落实《中华人民共和国环境保护法》，加强建设用地土壤环境监管，管控污染地块对人体健康的风险，保障人居环境安全。2018 年生态环境部发布了《土壤环境质量　建设用地土壤污染风险管控标准（试行）》（GB 36600—2018），该标准将为建设用地准入管理提供技术支撑，对于贯彻落实《土十条》，保障农产品质量和人居环境安全具有重要意义。

（一）相关术语

1. 建设用地

指建造建筑物、构筑物的土地，包括城乡住宅和公共设施用地、工矿用地、交通水利设施用地、旅游用地、军事设施用地等。

2. 建设用地土壤污染风险

指建设用地上居住、工作人群长期暴露于土壤中污染物，因慢性毒性效应或致癌效应而对健康产生的不利影响。

3. 暴露途径

指建设用地土壤中污染物迁移到达和暴露于人体的方式。主要包括：① 经口摄入土壤；② 皮肤接触土壤；③ 吸入土壤颗粒物；④ 吸入室外空气中来自表层土壤的气态污染物；⑤ 吸入室外空气中来自下层土壤的气态污染物；⑥ 吸入室内空气中来自下层土壤的气态污染物。

4. 建设用地土壤污染风险筛选值

指在特定土地利用方式下，建设用地土壤中污染物含量等于或者低于该值的，对人体健康的风险可以忽略；超过该值的，对人体健康可能存在风险，应当开展进一步的详细调查和风险评估，确定具体污染范围和风险水平。

5. 建设用地土壤污染风险管制值

指在特定土地利用方式下，建设用地土壤中污染物含量超过该值的，对人体健康通常存在不可接受风险，应当采取风险管控或修复措施。

6. 土壤环境背景值

指基于土壤环境背景含量的统计值。通常以土壤环境背景含量的某一分位值表示。其中土壤环境背景含量是指在一定时间条件下，仅受地球化学过程和非点源输入影响的土壤中元素或化合物的含量。

（二）建设用地分类

建设用地中，城市建设用地根据保护对象暴露情况的不同，可划分为以下两类。

1. 第一类用地

包括 GB 50137 规定的城市建设用地中的居住用地（R），公共管理与公共服务用地中的中小学用地（A33）、医疗卫生用地（A5）和社会福利设施用地（A6），以及公园绿地（G1）中的社区公园或儿童公园用地等。

2. 第二类用地

包括 GB 50137 规定的城市建设用地中的工业用地（M），物流仓储用地（W），商业服务业设施用地（B），道路与交通设施用地（S），公用设施用地（U），公共管理与公共服务用地（A）（A33、A5、A6 除外），以及绿地与广场用地（G）（G1 中的社区公园或儿童公园用地除外）等。

（三）建设用地土壤污染风险筛选值和管制值

保护人体健康的建设用地土壤污染风险筛选值和管制值见表 2-10（基本项目）和表 2-11（其他项目）。

表 2-10　建设用地土壤污染风险筛选值和管制值（基本项目）

单位：mg/kg

序号	污染物项目	CAS 编号	筛选值		管制值	
			第一类用地	第二类用地	第一类用地	第二类用地
重金属和无机物						
1	砷	7440-38-2	20	60	120	140
2	镉	7440-43-9	20	65	47	172
3	铬（六价）	18540-29-9	3.0	5.7	30	78

序号	污染物项目	CAS 编号	筛选值		管制值	
			第一类用地	第二类用地	第一类用地	第二类用地
4	铜	7440-50-8	2.000	18000	8.000	36000
5	铅	7439-92-1	400	800	800	2500
6	汞	7439-97-6	8	38	33	82
7	镍	7440-02-0	150	900	600	2.000
挥发性有机物						
8	四氯化碳	56-23-5	0.9	2.8	9	36
9	氯仿	67-66-3	0.3	0.9	5	10
10	氯甲烷	74-87-3	12	37	21	120
11	1, 1-二氯乙烷	75-34-3	3	9	20	100
12	1, 2-二氯乙烷	107-06-2	0.52	5	6	21
13	1, 1-二氯乙烯	75-35-4	12	66	40	200
14	顺-1, 2-二氯乙烯	156-59-2	66	596	200	2.000
15	反-1, 2-二氯乙烯	156-60-5	10	54	31	163
16	二氯甲烷	75-09-2	94	616	300	2.000
17	1, 2-二氯丙烷	78-87-5	1	5	5	47
18	1, 1, 1, 2-四氯乙烷	630-20-6	2.6	10	26	100
19	1, 1, 2, 2-四氯乙烷	79-34-5	1.6	6.8	14	50
20	四氯乙烯	127-18-4	11	53	34	183
21	1, 1, 1-三氯乙烷	71-55-6	701	840	840	840
22	1, 1, 2-三氯乙烷	79-00-5	0.6	2.8	5	15
23	三氯乙烯	79-01-6	0.7	2.8	7	20
24	1, 2, 3-三氯丙烷	96-18-4	0.05	0.5	0.5	5
25	氯乙烯	75-01-4	0.12	0.43	1.2	4.3
26	苯	71-43-2	1	4	10	40
27	氯苯	108-90-7	68	270	200	1000
28	1, 2-二氯苯	95-50-1	560	560	560	560
29	1, 4-二氯苯	106-46-7	5.6	20	56	200
30	乙苯	100-41-4	7.2	28	72	280
31	苯乙烯	100-42-5	1290	1290	1290	1290
32	甲苯	108-88-3	1200	1200	1200	1200
33	间-二甲苯+对-二甲苯	108-38-3, 106-42-3	163	570	500	570
34	邻-二甲苯	95-47-6	222	640	640	640

续表

序号	污染物项目	CAS 编号	筛选值		管制值	
			第一类用地	第二类用地	第一类用地	第二类用地
半挥发性有机物						
35	硝基苯	98-95-3	34	76	190	760
36	苯胺	62-53-3	92	260	211	663
37	2-氯酚	95-57-8	250	2256	500	4500
38	苯并[a]蒽	56-55-3	5.5	15	55	151
39	苯并[a]芘	50-32-8	0.55	1.5	5.5	15
40	苯并[b]荧蒽	205-99-2	5.5	15	55	151
41	苯并[k]荧蒽	207-08-9	55	151	550	1500
42	菌	218-01-9	490	1293	4900	12900
43	二苯并[a, h]蒽	53-70-3	0.55	1.5	5.5	15
44	茚并[1, 2, 3-cd]芘	193-39-5	5.5	15	55	151
45	萘	91-20-3	25	70	255	700

表 2-11　建设用地土壤污染风险筛选值和管制值（其他项目）

单位：mg/kg

序号	污染物项目	CAS 编号	筛选值		管制值	
			第一类用地	第二类用地	第一类用地	第二类用地
重金属和无机物						
1	锑	7440-36-0	20	180	40	360
2	铍	7440-41-7	15	29	98	290
3	钴	7440-48-4	20°	70°	190	350
4	甲基汞	22967-92-6	5.0	45	10	120
5	钒	7440-62-2	165	752	330	1500
6	氰化物	57-12-5	22	135	44	270
挥发性有机物						
7	一溴二氯甲烷	75-27-4	0.29	1.2	2.9	12
8	溴仿	75-25-2	32	103	320	1030
9	二溴氯甲烷	124-48-1	9.3	33	93	330
10	1, 2-二溴乙烷	106-93-4	0.07	0.24	0.7	2.4
半挥发性有机物						
11	六氯环戊二烯	77-47-4	1.1	5.2	2.3	10
12	2, 4-二硝基甲苯	121-14-2	1.8	5.2	18	52
13	2, 4-二氯酚	120-83-2	117	843	234	1690

序号	污染物项目	CAS 编号	筛选值		管制值	
			第一类用地	第二类用地	第一类用地	第二类用地
14	2, 4, 6-三氯酚	88-06-2	39	137	78	560
15	2, 4-二硝基酚	51-28-5	78	562	156	1130
16	五氯酚	87-86-5	1.1	2.7	12	27
17	邻苯二甲酸二（2-乙基己基）酯	117-81-7	42	121	420	1210
18	邻苯二甲酸丁基苄酯	85-68-7	312	900	3120	9000
19	邻苯二甲酸二正辛酯	117-84-0	390	2812	800	5700
20	3, 3'-二氯联苯胺	91-94-1	1.3	3.6	13	36
有机农药类						
21	阿特拉津	1912-24-9	2.6	7.4	26	74
22	氯丹 b	12789-03-6	2.0	6.2	20	62
23	p, p'-滴滴滴	72-54-8	2.5	7.1	25	71
24	p, p'-滴滴伊	72-55-9	2.0	7.0	20	70
25	滴滴涕	50-29-3	2.0	6.7	21	67
26	敌敌畏	62-73-7	1.8	5.0	18	50
27	乐果	60-51-5	86	619	170	1240
28	硫丹	115-29-7	234	1687	470	3400
29	七氯	76-44-8	0.13	0.37	1.3	3.7
30	α-六六六	319-84-6	0.09	0.3	0.9	3
31	β-六六六	319-85-7	0.32	0.92	3.2	9.2
32	γ-六六六	58-89-9	0.62	1.9	6.2	19
33	六氯苯	118-74-1	0.33	1	3.3	10
34	灭蚁灵	2385-85-5	0.03	0.09	0.3	0.9
多氯联苯、多溴联苯和二噁英类						
35	多氯联苯（总量）	—	0.14	0.38	1.4	3.8
36	3, 3', 4, 4', 5-五氯联苯（PCB126）	57465-28-8	4×10^{-5}	1×10^{-4}	4×10^{-4}	1×10^{-3}
37	3, 3', 4, 4', 5, 5'-六氯联苯（PCB169）	32774-16-6	1×10^{-4}	4×10^{-4}	1×10^{-3}	4×10^{-3}
38	二噁英类（总毒性当量）	—	1×10^{-5}	4×10^{-5}	1×10^{-4}	4×10^{-4}
39	多溴联苯（总量）	—	0.02	0.06	0.2	0.6
石油烃类						
40	石油烃（$C_{10} \sim C_{40}$）	—	826	4500	5000	9000

（四）监测要求

建设用地土壤环境调查与监测按 HJ 25.1、HJ 25.2 及相关技术规定要求执行。

（五）土壤污染物分析

土壤污染物分析方法按 GB 36600 执行。

模块三　　土壤污染防治与修复

内容提要

　　本模块主要介绍了土壤环境污染防治方法，土壤污染修复的概念、研究的内容及技术分类。

任务一　土壤污染防治

　　土壤污染防治是防止土壤遭受污染和对已污染土壤进行改良、治理的活动。土壤保护应以预防为主。预防的重点应放在对各种污染源排放进行浓度和总量控制；对农业用水进行经常性监测、监督，使之符合农田灌溉水质标准；合理施用化肥、农药，慎重使用下水污泥、河泥、塘泥；利用城市污水灌溉，必须进行净化处理；推广病虫草害的生物防治和综合防治；整治矿山，防止矿毒污染等。

　　土壤污染的防治包括两个方面：一是"防"，就是采取对策防止土壤污染；二是"治"，就是对已经污染的土壤进行改良、治理。

一、预防措施

（一）科学地利用污水灌溉农田

　　污水灌溉就是人们有意识、有目的地利用土壤环境自净功能，解决水资源缺乏和污水资源化的重要应用工程措施。由于大多数污水中含有较丰富的 N、P、K、Cu、Zn 等，能为作物提供多种营养元素，且在一定范围内能使作物增产。污水灌溉不仅为农业生产提供了灌溉水源，也为污水的处理提供了一条廉价的解决途径，既保护了水环境，又缓解了水资源供需之间的矛盾。但污水中也含有大量的有毒有害物质，盲目地用污水灌溉导致了一些地区的土壤有毒有害物质积累，土壤受到不同程度的污染，造成作物减产，农产品质量变劣，土壤生态环境不断恶化，甚至使人们弃耕。如何合理利用污水资源，对土壤污染进行防治，已成为当前急需解决的土壤环境问题。农业是用水大户，占总用水量的 60%~70%。在中国，灌溉农业用水占总用水量的 70%以上，随着社会发展、城市化进程加快和人口增加，水资源供需矛盾会更加尖锐。污水灌溉应用于农业将成为缓解水资源供需矛盾的重要方面。污水回用于农田灌溉具有很大的潜力，但容易造成重金属累积以及病原微生物污染的健康风险，而且灌溉土壤一旦被污染，将难以治理，也会带来一系列的水土环境、生态安全等问题。

1. 污水灌溉存在的问题

最早提出使用污水灌溉的目的，一是对污水中 N、P 等植物营养素的期望，二是借助灌溉通过土壤对污水进行净化处理。这在一定技术保障前提下是可行的，也是有利的，但由于部分地区排污量及污染成分大量增加，致使依靠地表水灌溉的农田被迫使用污水灌溉。污水灌溉存在的主要问题如下：

（1）城市工业废污水处理率低，水质不达标；

（2）污灌前缺少污水处理措施；

（3）污水灌溉技术少，难以指导污水资源利用；

（4）污灌区缺乏污水灌溉环境监测评价。

2. 污水灌溉对土壤的影响

土壤是天然的净化器，土体通过对各种污染物机械吸收、阻留，土壤胶体的理化吸附、土壤溶液的溶解稀释、土壤中微生物的分解及利用，发生物理和生物化学作用，大部分有毒物质会分解、毒性降低或转化为无毒物质，有机物为作物生长发育所利用。但是土壤的净化和缓冲能力是有一定限度的，长期引用未经任何处理的不符合标准的污水灌溉农田，土壤中的有机污染物及重金属含量超过了土壤吸持和作物吸收能力，必然造成土壤污染，出现土壤板结、肥力下降、土壤的结构和功能失调，使土壤生态系统平衡受到破坏，引起土壤环境恶化，土壤生物群落结构衰退，多样性下降，产生环境生态问题。

（1）有机污染：氰、酚、多环芳烃、烷基苯、磺酸盐、苯并[a]芘等都是有害的有机化合物，其中很多是三致（致癌、致畸、致突变）物质。有机污染物的挥发性小，残留期长，难以被生物降解，易通过食物链在生物体内积累。

（2）重金属污染：土壤重金属污染具有污染物在土壤中移动性差、滞留时间长、不能被微生物降解的特点。长期灌溉含有大量重金属的污水，会使土壤中的一些重金属的含量增加。

（3）酸、碱、盐污染：经常用含酸、碱、盐的废污水灌溉会改变土壤的 pH，引起土壤次生盐渍化、碱化等土壤退化问题，导致土壤结构破坏。污水中 Na^+ 过高还会引起土壤颗粒分散，物理性质恶化。污水中的可溶性盐分随水进入农田土壤，越靠近污水输水干渠，土壤全盐含量越高。土壤酸度增加往往会加速土壤养分的淋失，特别是 Cu、Zn 等植物必需元素的淋失，而对于受重金属污染的土壤，酸度增加会引起重金属活性提高，从而增加对植物的毒害。

（4）氮污染：污水中所含大量氮磷化合物在土壤微生物的作用下，会转化为硝酸盐和磷酸盐。氮、磷在土壤中大量累积，会由于水的淋洗作用及地表径流引起水体富营养化；土壤氮含量过高，会导致作物徒长、倒伏、贪青、晚熟、易遭受病虫危害。

（5）生物污染：主要是病毒、病菌和寄生虫卵等。利用含有致病菌的污水灌溉的土壤，很可能会成为某些疾病流行的媒介，污染地下水和作物，进而危及人类及家畜的健康。有资料表明，污水灌溉处理不当地区居民的肝炎、脑血管、肺心等病的发生率、死亡率均比对照区要高。不同的灌溉方法会影响潜在的病菌传播，如滴灌、渗灌、微喷等。

（6）悬浮物污染：污水含有大量悬浮物，土壤经长期污灌，会增加土壤容重，堵塞土壤孔隙，破坏土壤结构，使土壤出现板结现象等，使土壤肥力降低。

3. 防治污灌对土壤污染的技术措施

污水灌溉所带来的诸多弊端已引起人们高度重视，必须采取科学对策，着手控制污染，改善水质，以保障污水灌溉的可持续发展。

（1）进行预处理，加强水质监测

污水灌溉水质控制是实现污灌区污染防治的先决条件，必须对污水进行预处理，使污水达到农田灌溉水质标准。为避免输水过程中对沿线土壤和地下水的污染，应采用管道输水，并在管道起点处进行消毒。还可利用低洼地修建各种氧化塘和人工湿地处理污水，使水质达标。

（2）建立污水灌溉制度，加强科学管理

污灌区的布局要进行合理的规划，根据污灌水质、土壤类型、作物品种和气候条件的不同，制定污水灌溉的管理办法。根据土壤水分动态、土壤污染降解能力、作物耗水需肥量、污染物在作物中的残留规律以及防渗要求，建立污水灌溉制度。污水灌溉对作物中有害元素残留的影响一般是后期，按照作物生育特性和需水、需肥临界期，确定污水灌溉时期。一般作物在幼苗期与花穗期均不能进行污灌。

（3）调整污灌区农作物种植结构

应根据污水的性质调整种植结构，氮、磷等养分含量较高、其他污染物含量很少的污水，用于蔬菜和粮食作物灌溉；重金属含量较高的污灌区种植不可食用的且耐重金属的植物，如草皮、花卉与观赏性或绿化用的苗木；高污染地区不作农业用地。同等污水灌溉条件下，粮食作物的污染物残留量为：小麦>水稻>玉米，蔬菜作物：叶菜类>水生蔬菜>茄果类>根菜类，应根据这个规律调整作物种植结构。调查研究表明，作物株体不同部位对污染物累积程度不一，呈现根、茎、叶、籽粒果实递减的规律。因此食用根、茎、叶的蔬菜和土豆等作物应杜绝污灌，小麦、玉米、谷子、棉花等作物可适量引污灌溉。

（4）改变污水灌溉方式

传统的淹灌、漫灌、沟灌，灌水分布不均，很容易造成灌水过量，致使局部地区土壤受到污染。喷灌、微灌、滴灌等灌水技术不仅节水节能，而且由于输配水管道的防渗作用，对防止土壤污染作用明显。

（5）污灌区渠道防渗

目前，大部分污灌区的干支渠未做防渗处理，污水渗漏量较多，部分地区输水渠道两侧的地下水已受到污染，因此应加强污灌区输水渠道防渗工程建设，特别是距村庄较近的渠段，更应做好防渗处理，避免污染饮用水源。

（6）整治和改造受污地区

对已经受污染的农地，可通过施加改良剂，如石灰、铁盐等，通过沉淀或吸附来降低重金属的有效性；也可通过改变耕作制度，如深翻、水改旱等，减轻重金属的危害。严重的地方，可采用排土法、客土法等工程措施。在水资源严重缺乏的地区，利用污水灌溉应借鉴各地先进经验，因地制宜，同时，污水灌溉对土壤环境引起的负面影响不容忽视，要采取积极有效的措施把污水灌溉引导到更高层次，使之成为农业可持续发展的新水源，更好地服务于我国的经济发展，创造出更大的经济效益、环境效益和社会效益。

总之，废水种类繁多，成分复杂，有些工业废水可能是无毒的，但与其他废水混合后，即变成了有毒废水。因此，利用污水灌溉农田时，必须符合《农田灌溉水质标准》（GB 5084—

2021 代替 GB 5084—2005、GB 22573—2008、GB 22574—2008），否则，必须进行处理，符合标准要求后方可用于灌溉农田。

（二）合理使用农药，积极发展高效低残留农药

1. 农药的类型及毒性

农药一般可分为化学农药、微生物源农药和植物源农药。但农药品种繁多，作用、功能和用途各异，可以从不同角度对其进行分类。

按防治对象分类，农药分为杀虫剂、杀菌剂、杀鼠剂、除草剂和植物生长调节剂等。其中杀虫剂是用来防治农、林、牧及卫生等害虫的药剂。其品种多，应用广，发展快。杀虫剂根据其作用方式的不同又可分为：胃毒剂、触杀剂、内吸剂、熏蒸剂、拒食剂、驱避剂、黏捕剂、引诱剂、昆虫生长调节剂等。杀菌剂可分为保护剂、治疗剂和铲除剂。除草剂可分为内吸型除草剂和触杀型除草剂，按作用性质则分为选择性除草剂和灭生性除草剂。农药是有毒物质，农药的毒性是能否危害环境与人畜安全的主要指标。急性毒性是衡量农药毒性强弱的常用指标。我国农药毒性的分级标准为五级：剧毒、高毒、中等毒、低毒和微毒。

杀虫剂的作用方式：

胃毒剂：药剂通过害虫的口器及消化系统进入体内，引起害虫中毒或死亡，具有这种胃毒作用的杀虫剂称为胃毒剂，如敌百虫等。此类杀虫剂适用于防治咀嚼式口器害虫，如黏虫、蝼蛄、蝗虫等；另外，对防治舐吸式口器的害虫（蝇类）也有效。

触杀剂：药剂接触害虫的表皮或气孔渗入体内，使害虫中毒或死亡，具有这种触杀作用的药剂称为触杀剂，如菊酯类、辛硫磷等。目前使用的大多数杀虫剂属于此类。可用于防治各种类型口器的害虫。

内吸杀虫剂：药剂通过植物的叶、茎、根部或种子被吸收进入植物体内，并在植物体内疏导、扩散、存留或产生更毒的代谢物。当害虫刺吸带毒植物的汁液或食带毒植物的组织时，使害虫中毒死亡，具有这种内吸作用的杀虫剂为内吸杀虫剂，如啶虫脒等。

熏蒸剂：药剂在常温下以气体状态或分解为气体，通过害虫的呼吸系统进入虫体，使害虫中毒或死亡，具有这种熏蒸作用的药剂称为熏蒸剂，熏蒸剂一般应在密闭条件下使用。

拒食剂：药剂被害虫取食后，破坏了虫体的正常生理功能，使其消除食欲而不能再取食以致饿死，如噻虫嗪等。

驱避剂：药剂本身没有杀虫能力，但可驱散或使害虫忌避，远离施药的地方，具有这种驱避作用的药剂为驱避剂，如樟脑丸、避蚊油等。

引诱剂：能将害虫诱引集中到一起，以便集中防治，一般可分食物引诱、性引诱、产卵引诱三种，如糖醋液、性诱剂等。

昆虫生长调节剂又称为激素干扰剂，由人工合成的拟昆虫激素，用于干扰昆虫首次本身体内激抗（是一类体内特殊腺体分泌物，控制和调节昆虫的正常代谢，生长和繁殖）的消长，改变体内正常的生理过程，使之不能正常地生长发育（包括阻止正常变态、打破滞育，甚至导致不育），从而达到消灭害虫的目的，如灭幼脲类等。

2. 高毒农药禁用和限制使用

《农药管理条例》规定，农药生产应取得农药登记证和生产许可证；农药经营应取得经营

许可证；农药使用应按照标签规定的使用范围、安全间隔期用药，不得超范围用药。剧毒、高毒农药不得用于防治卫生害虫，不得用于蔬菜、瓜果、茶叶、菌类、中草药材的生产，不得用于水生植物的病虫害防治。

（1）禁止（停止）使用的农药（50种）

六六六、滴滴涕、毒杀芬、二溴氯丙烷、杀虫脒、二溴乙烷、除草醚、艾氏剂、狄氏剂、汞制剂、砷类、铅类、敌枯双、氟乙酰胺甘氟、甘氟、毒鼠强、氟乙酸钠、毒鼠硅、甲胺磷、对硫磷、甲基对硫磷、久效磷、磷胺、苯线磷、地虫硫磷、甲基硫环磷、磷化钙、磷化镁、磷化锌、硫线磷、蝇毒磷、治螟磷、特丁硫磷、氯磺隆、胺苯磺隆、甲磺隆、福美胂、福美甲胂、三氯杀螨醇、林丹、硫丹、溴甲烷、氟虫胺、杀扑磷、百草枯、2,4-滴丁酯、甲拌磷、甲基异柳磷、水胺硫磷、灭线磷。

注：2,4-滴丁酯自2023年1月23日起禁止使用。溴甲烷可用于"检疫熏蒸梳理"。杀扑磷已无制剂登记。甲拌磷、甲基异柳磷、水胺硫磷、灭线磷，自2024年9月1日起禁止销售和使用。

（2）在部分范围禁止使用的农药（20种）（表3-1）

表3-1　部分范围禁止使用的农药

通用名	禁止使用范围
甲拌磷、甲基异柳磷、克百威、水胺硫磷、氧乐果、灭多威、涕灭威、灭线磷	禁止在蔬菜、瓜果、茶叶、菌类、中草药材上使用，禁止用于防治卫生害虫，禁止用于水生植物的病虫害防治
甲拌磷、甲基异柳磷、克百威	禁止在甘蔗作物上使用
内吸磷、硫环磷、氯唑磷	禁止在蔬菜、瓜果、茶叶、中草药材上使用
乙酰甲胺磷、丁硫克百威、乐果	禁止在蔬菜、瓜果、茶叶、菌类和中草药材上使用
毒死蜱、三唑磷	禁止在蔬菜上使用
丁酰肼（比久）	禁止在花生上使用
氰戊菊酯	禁止在茶叶上使用
氟虫腈	禁止在所有农作物上使用（玉米等部分旱田种子包衣除外）
氟苯虫酰胺	禁止在水稻上使用

3. 合理选药

一看对象。市场上农药品种繁多，农药质量参差不齐，防治对象也有很大差异。要根据防治对象选择农药，做到对症用药，避免盲目用药。尽可能选择对天敌杀伤作用小的农药品种。如咬食叶片的害虫可选用胃毒作用强的药剂，像菜青虫就可选用敌敌畏等具有胃毒作用的药剂；吮吸植物汁液的害虫宜选用内吸性药剂，像蚜虫、飞虱、叶蝉可选用吡虫啉等内吸性药剂。

二看药种。购买农药要根据需要防治的病虫害种类、主治什么和兼治什么来确定农药品种。优先选用安全、高效、经济的低毒低残留对口农药,特别是生物农药,逐渐淘汰高毒、高残留的广谱性农药,坚决不用国家明令禁止农药。

三看包装。购买和使用农药,要认真识别农药的标签和说明,凡是合格的商品农药,在标签和说明书都标明农药品名、有效成分、注册商标、批号、生产日期、保质期并有三证号(农药登记证号、生产批准证号和产品标准号),而且附有产品说明书和合格证。

凡是"三证"不全和没有"三证"号的农药不要购买。此外还要仔细检查农药的外包装,凡是标签和说明书识别不清或无正规标签的农药不要购买。除卫生农药外,农药标签下方都有一条与底边平行的、不褪色的特征颜色标志带,以表示不同类别的农药。除草剂为绿色;杀虫剂、杀螨剂和杀软体动物剂为红色;杀菌剂和杀线虫剂为黑色;植物生长调节剂为深黄色;杀鼠剂为蓝色。

四看外观。粉剂、可湿性粉剂、可溶性粉剂有结块现象;水剂有浑浊现象;乳油不透明;颗粒剂中粉末过多等,以上农药属失效农药或劣质农药,不要购买。

五看剂型。农药的常见剂型种类有乳油、可湿性粉剂、悬浮剂、水乳剂、微乳剂、颗粒剂、水分散剂和烟剂等,应优先选用水乳剂、微乳剂、水溶性粒剂等环保剂型产品。

4. 安全配药

一是用准药量。根据植保部门要求或按农药标签上推荐的用药量使用,准确称取药量和兑水量,不随意混配农药,或任意加大用药量。

二是采用"二次法"稀释。先用少量水将农药稀释成"母液",再将"母液"稀释至所需要的浓度;拌土、沙等撒施的农药,应先用少量稀释载体(细土、细沙、固体肥料等)将农药制剂均匀稀释成"母粉",然后再稀释至所需要的用量。

5. 注意农药与农药合理混用

(1)混配禁忌

首先,我们需要对药剂类型有一个基本的了解:不同药剂按其水溶液的酸碱性,常分为酸性农药、碱性农药、中性农药等。正常情况下,酸、碱性农药之间不能混配,混合在一起,会使成分分解破坏,降低药效,甚至造成药害。中性农药中,如有机磷类、氨基甲酸酯类、拟除虫菊酯类等农药以及其他常用真、细菌类药剂,大多数对碱性敏感,很容易受碱分解,不能与碱性农药混用。有机硫杀菌剂中,有很多是对酸性敏感的药剂,如多菌灵等,对酸反应不稳定;代森锌、波尔多液等遇酸易分解。部分微生物农药如春雷霉素、井岗霉素等不能同碱性农药混用,就是农作物撒施石灰或草木灰也不能喷洒上述农药。一般,在农药标签上并没有要求一定要标明其酸碱性,所以大部分都找不到这个指标。但是考虑到使用方便及安全,如果这种制剂对酸碱性环境有要求,往往在注意事项中有特别的说明,例如,本药剂不得与碱性药剂或肥料混用等条款,这些要仔细阅读。

另外,除了考虑酸碱性方面之外,在混用时还需要考虑以下这几种情况:

① 某些药剂不能与铜制剂混用。如福美双、代森锰锌、代森锌、甲基硫菌灵、硫菌灵以及其他含有重金属离子的制剂如铁、锌、锰、镍等制剂,跟铜制剂混用,会产生化学反应,导致失去活性,降低药效,还会引起药害。

② 很多农药品种不能与含金属离子的药物混用。如甲基硫菌灵、硫菌灵可与铜离子配合

而失去活性。

③微生物农药不能与杀菌剂混用。常用的微生物农药如杀螟杆菌、苏云金杆菌、春雷霉素、井冈霉素等不能与杀菌剂混用。因为杀菌剂本身就具有杀菌活性，会杀死或抑制某些微生物的生物活性，导致降低效果。

④具有交互抗性的农药不宜混用。如杀菌剂多菌灵、甲基托布津具有交互抗性，混合用不但不能起到延缓病菌产生抗药性的作用，反而会加速抗药性的产生，所以不能混用。

⑤不同制剂混用时要注意。如果不同的制剂混合后出现絮状物、大量沉淀、分层、浮油等现象，会导致减效、失效，还会引起药害。例如，有机磷类的可湿性粉剂与其他类别农药的可湿性粉剂混用，会导致悬浮率降低；可湿性粉剂与乳油混用，有时会出现"破乳"（就是将稳定的乳状液破坏）的现象；部分水剂（如乙烯利、杀虫双等）与一般乳油混用后，有时会出现"破乳"（就是将稳定的乳状液破坏）现象；嘧菌酯不能与乳油状物质混用等。

（2）混用原则

总的来说，无论是农药与农药混用还是农药与肥料混用，都要遵循下面这些原则：

①混配后都要保持各种有效成分的化学稳定性。如果混配之后药液出现不良表现，则不适宜混合使用。混合后即使药液物理性状良好，也要先进行小范围的试验，看是否容易出现肥害药害，再大面积使用。

②混用农药前要仔细阅读说明书，按产品使用说明书上的要求去做。

③混用的农药品种不宜太多。一般品种类型不要超过3种，否则它们之间发生相互作用的可能性会大大增加，失效或药害的风险也就增加。

④混用农药要做到现配现用，尽量在较短的时间内用完，不要存放太长时间，长时间放置也易失效。

⑤忌用井水、污水配药。井水中含有钙、镁等矿物质较多，与药液易起化学反应生成沉淀物，从而降低药效。而污水含杂质多，配药后喷洒时会堵塞喷头，同时还会破坏药液的稳定性，降低药效。

总之，科学地使用农药能够有效地消灭农作物病虫害，发挥农药的积极作用。严格按《农药管理条例》的各项规定进行保存、运输和使用。合理选择不同农药的使用范围、喷施次数、施药时间以及用量等，尽可能减轻农药对土壤的污染。禁止使用残留时间长的农药，如六六六、滴滴涕等有机氯农药。发展高效低残留农药，如拟除虫菊酯类农药，这将有利于减轻农药对土壤的污染。

（三）积极推广生物防治病虫害

生物防治方法是应用有益生物控制有害生物的科学方法。广义的生物防治法是利用生物有机体或其代谢产物抑制有害动、植物种群的繁衍生长。狭义的则指人们有限地引进或保护增殖寄生性昆虫、捕食性天敌和病原微生物等天敌，以抑制植物病、虫、杂草和有害动物种群繁衍生长的技术方法。该法首先由著名昆虫学家施密斯（H. Smith）1919年启用。生物防治的方法有很多，目前蔬菜病虫害绿色防控重点推广应用的是以虫治虫、以螨治螨、以菌治虫、以菌治菌、昆虫生长调节剂等生物防治关键措施。生物防治作为绿色防控重要组成部分，为农业可持续发展、食品安全保障等提供了物质基础和技术支撑。

1. 以虫治虫技术

利用自然界有益昆虫和人工释放的昆虫来控制害虫的危害，有寄生性天敌，如寄生蜂、寄生蝇、线虫、原生动物、微孢子虫；捕食性天敌，瓢虫、草蛉、猎蝽、蜘蛛等，最成功的是人工释放赤眼蜂防治玉米螟技术的广泛应用。

2. 以菌治虫技术

利用自然界微生物来消灭害虫，有细菌、真菌等，如苏云金杆菌、白僵菌、绿僵菌、颗粒体病毒、核型多角体病毒，白僵菌和苏云金杆菌应用较广。

3. 以菌治菌技术

主要是利用微生物在代谢中产生的抗生素来消灭病菌，有赤霉素、春雷霉素、阿维菌素、多抗霉素等生物抗生素农药已广泛应用。

4. 性信息素治虫技术

用同类昆虫的雌性激素来诱杀害虫的雄虫，有玉米螟性诱剂、小菜蛾性诱剂、李小食心虫性诱剂等。

5. 转基因抗虫抗病技术

转基因抗虫抗病技术是国际、国内最流行的生物科学技术，已成功地培养出抗虫水稻、棉花、玉米、马铃薯等作物新品种。但本身还面临许多问题，有对人类的安全性、抗基因的漂移、次要害虫上升为主要害虫等方面的问题没有解决。

6. 以菌治草

利用病原微生物防治杂草的技术，如我国用鲁保一号防治大豆菟丝子，美国利用炭疽菌防治水田杂草，效果都很好。

7. 植物性杀虫、杀菌技术

① 光活化素类是利用一些植物次生物质在光照下对害虫、病菌的毒效作用，这种物质叫光活化素，用它们制成光活化农药，这是一类新型的无公害农药。② 印楝素是一类高度氧化的柠檬酸，从印楝种子中分离出活性物质，具有杀虫成分。是目前世界公认的理想的杀虫植物，对 400 余种昆虫具有拒食绝育等作用，我国已研制出 0.3%印楝素乳油杀虫剂。③ 精油就是植物组织中的水蒸气蒸馏成分，具有植物的特征气味、较高的折光率等特性，对昆虫具有引诱、杀卵、影响昆虫生长发育等作用。也是一种新型的无公害生物农药。

8. 生物农药防治

生物农药是指利用生物活体（真菌、细菌、昆虫病毒、转基因生物、天敌等）或其代谢产物（信息素、生长素、萘乙酸钠、2,4-D 等）针对农业有害生物进行杀灭或抑制的制剂。又称天然农药，系指非化学合成，来自天然的化学物质或生命体，而具有杀菌农药和杀虫农药的作用。

生物农药与化学农药相比，其在有效成分来源、工业化生产途径、产品的杀虫防病机理和作用方式等诸多方面，有着许多本质的区别。生物农药更适合于扩大在未来有害生物综合治理策略中的应用比重。概括起来生物农药主要具有以下几方面的优点：① 选择性强，对人畜安全。市场开发并大范围应用成功的生物农药产品，只对病虫害有作用，一般对人、畜及各种有益生物（包括动物天敌、昆虫天敌、蜜蜂、传粉昆虫及鱼、虾等水生生物）比较安全，对非靶标生物的影响也比较小。② 对生态环境影响小。生物农药控制有害生物的作用，主要是利用某些特殊微生物或微生物的代谢产物所具有的杀虫、防病、促生功能。其有效活性成分完全存在和来源于自然生态系统，它的最大特点是极易被日光、植物或各种土壤微生物分解，是一种来于自然，归于自然正常的物质循环方式。因此，可以认为它们对自然生态环境安全、无污染。③ 诱发害虫患病。一些生物农药品种（昆虫病原真菌、昆虫病毒、昆虫微孢子虫、昆虫病原线虫等），具有在害虫群体中的水平或经卵垂直传播能力，在野外一定的条件之下，具有定殖、扩散和发展流行的能力。不但可以对当年当代的有害生物发挥控制作用，而且对后代或者翌年的有害生物种群起到一定的抑制，具有明显的后效作用。④ 可利用农副产品生产加工。目前，国内生产加工生物农药，一般主要利用天然可再生资源（如农副产品的玉米、豆饼、鱼粉、麦麸或某些植物体等），原材料的来源十分广泛，生产成本比较低廉。因此，生产生物农药一般不会产生与利用不可再生资源（如石油、煤、天然气等），不与生产化工合成产品争夺原材料。

（1）生物农药的主要类型有：

① 植物源农药。凭借在自然环境中易降解、无公害的优势，现已成为绿色生物农药首选之一，主要包括植物源杀虫剂、植物源杀菌剂、植物源除草剂及植物源光活化毒素等。自然界已发现的具有农药活性的植物源杀虫剂有博落回杀虫杀菌系列、除虫菊素、烟碱和鱼藤酮等。

② 动物源农药，主要包括动物毒素，如蜘蛛毒素、黄蜂毒素、沙蚕毒素等。昆虫病毒杀虫剂在美国、英国、法国、俄罗斯、日本及印度等国已大量使用，国际上已有 40 多种昆虫病毒杀虫剂注册、生产和应用。

③ 微生物源农药，是利用微生物或其代谢物作为防治农业有害物质的生物制剂。其中，苏云金菌属于芽杆菌类，是目前世界上用途最广、开发时间最长、产量最大、应用最成功的生物杀虫剂；昆虫病源真菌属于真菌类农药，对防治松毛虫和水稻黑尾叶蝉有特效；根据真菌农药沙蚕素的化学结构衍生合成的杀虫剂巴丹或杀暝丹等品种，已大量用于实际生产中。

（2）生物农药的 5 大优势：

① 生物农药的毒性通常比传统农药低。

② 选择性强。它们只对目的病虫和与其紧密相关的少数有机体起作用，而对人类、鸟类、其他昆虫和哺乳动物无害。

③ 低残留、高效。很少量的生物农药即能发挥高效能作用，而且它通常能迅速分解，从总体上避免了由传统农药带来的环境污染问题。

④ 不易产生抗药性。

⑤ 作为病虫综合防治项目 IPMP（inergrated pest management programs）的一个组成成分，能极大地降低传统农药的使用，而不影响作物产量。

（四）提高公众的土壤污染保护意识

土壤保护意识是指特定主体对土壤保护的思想、观点、知识和心理，包括特定主体对土壤本质、作用、价值的看法，对土壤的评价和理解，对利用土壤的理解和衡量，对自己土壤保护权利和义务的认识，以及特定主体的观念。

1. 宣传教育

通过媒体、网络、社交平台等渠道，定期发布土壤污染的危害、防治方法、法规政策等相关知识，让公众更加了解土壤污染的严重性和紧迫性。

2. 开展活动

举办土壤污染防治知识竞赛、讲座、培训班等活动，邀请专家和环保人士为公众解答疑问，提高公众的环保意识和参与度。

3. 公益广告

制作一批富有创意的土壤污染防治公益广告，在公共场所、媒体平台等渠道播放，让更多人了解土壤污染的危害和防治方法。

4. 创新传播方式

利用短视频、直播、漫画等创新形式，将枯燥的土壤污染知识变得更加生动有趣，提高公众的关注度和参与度。

5. 企业和政府的合作

鼓励企业积极参与土壤污染防治工作，与政府部门合作，共同开展土壤污染防治的宣传教育活动。

6. 互动式体验

组织公众参观土壤污染防治示范区、污染土壤修复现场等，让公众亲身感受土壤污染的严重性，增强公众的环保意识。

7. 社会监督

鼓励公众参与土壤污染的监督工作，举报污染企业和个人，形成全社会共同参与的土壤污染防治体系。

通过以上方式，有望增强公众的土壤污染保护意识，共同推动土壤污染防治工作的开展。

二、治理措施

1. 污染土壤的生物修复方法

土壤污染物质可以通过生物降解或植物吸收而被净化。蚯蚓是一种能提高土壤自净能力的动物，利用它还能处理城市垃圾和工业废弃物以及农药、重金属等有害物质。因此，蚯蚓被人们誉为"生态学的大力士"和"净化器"等。积极推广使用农药污染的微生物降解菌剂，以减少农药残留量。利用植物吸收去除污染：严重污染的土壤可改种某些非食用的植物如花卉、林木、纤维作物等，也可种植一些非食用的吸收重金属能力强的植物，如羊齿类铁角蕨属植物对土壤重金属有较强的吸收聚集能力，对镉的吸收率可达到10%，连续种植多年则能有效降低土壤含镉量。

2. 污染土壤治理的化学方法

对于重金属轻度污染的土壤，使用化学改良剂可使重金属转为难溶性物质，减少植物对它们的吸收。酸性土壤施用石灰，可提高土壤 pH，使镉、锌、铜、汞等形成氢氧化物沉淀，从而降低它们在土壤中的浓度，减少对植物的危害。对于硝态氮积累过多并已流入地下水体的土壤，一是大幅度减少氮肥施用量，二是配施脲酶抑制剂、硝化抑制剂等化学抑制剂，以控制硝酸盐和亚硝酸盐的大量累积。

3. 增施有机肥料

增施有机肥料可增加土壤有机质和养分含量，既能改善土壤理化性质特别是土壤胶体性质，又能增大土壤容量，提高土壤净化能力。受到重金属和农药污染的土壤，增施有机肥料可增加土壤胶体对其的吸附能力，同时土壤腐殖质可配合污染物质，显著提高土壤钝化污染物的能力，从而减弱其对植物的毒害。

4. 调控土壤氧化还原条件

调节土壤氧化还原状况在很大程度上影响重金属变价元素在土壤中的行为，能使某些重金属污染物转化为难溶态沉淀物，控制其迁移和转化，从而降低污染物危害程度。调节土壤氧化还原电位即 E_h 值，主要通过调节土壤水、气比例来实现。在生产实践中往往通过土壤水分管理和耕作措施来实施，如水田淹灌，E_h 值可降至 160 mV 时，许多重金属都可生成难溶性的硫化物而降低其毒性。

5. 改变轮作制度

改变耕作制度会引起土壤条件的变化，可消除某些污染物的毒害。据研究，实行水旱轮作是减轻和消除农药污染的有效措施。如 DDT、六六六农药在棉田中的降解速度很慢，残留量大，而棉田改水后，可大大加速 DDT 和六六六的降解。

6. 换土和翻土

对于轻度污染的土壤，采取深翻土或换无污染的客土的方法。对于污染严重的土壤，可采取铲除表土或换客土的方法。这些方法的优点是改良较彻底，适用于小面积改良。但对于大面积污染土壤的改良，非常费事，难以推行。

7. 实施针对性措施

对于重金属污染土壤的治理，主要通过生物修复、使用石灰、增施有机肥、灌水调节土壤 E_h、换客土等措施，降低或消除污染。对于有机污染物的防治，通过增施有机肥料、使用微生物降解菌剂、调控土壤 pH 和 E_h 等措施，加速污染物的降解，从而消除污染。总之，按照"预防为主"的环保方针，防治土壤污染的首要任务是控制和消除土壤污染源，防止新的土壤污染；对已污染的土壤，要采取一切有效措施，清除土壤中的污染物，改良土壤，防止污染物在土壤中的迁移转化。

任务二　土壤污染修复

土壤污染修复技术是指采用化学、物理学和生物学的技术与方法以降低土壤中污染物的浓度、固定土壤污染物、将土壤污染物转化成为低毒或无毒物质、阻断土壤污染物在生态系统中的转移途径的技术总称。目前的修复技术有植物修复技术、微生物修复技术、化学修复技术、物理修复技术和综合修复技术等几大类。对污染土壤实施修复阻断污染物进入食物链，防止对人体健康造成危害，促进土地资源保护和可持续发展具有重要意义。

一、土壤污染修复的基本原则

根据土壤污染类型在选择土壤污染修复技术时必须考虑修复的目的、社会经济状况、修复技术的可行性等方面。就修复的目的而言，有的是为了使污染土壤能够更安全地被农业利用，而有的则是限制土壤污染物对其他环境组分（如水体和大气等）的污染，而不考虑修复后能否被农业利用。不同修复目的可选择的修复技术不同，就社会经济状况而言，有的修复工作可以在充足的经费支撑下进行，此时可供选择的修复技术比较多；有的修复工作只能在有限的经费支撑下进行，此时可供选择的修复技术就有限。土壤是一个高度复杂的体系，任何修复方案都必须根据当地的实际情况而制定，不可完全照搬其他国家、地区和其他土壤的修复方案。因此，在选择修复技术和制定修复方案时应该考虑如下原则：

1. 科学性原则

采用科学的方法，综合考虑地块修复目标、土壤修复技术的处理效果、修复时间、修复成本、修复工程的环境影响等因素，制订修复方案。

2. 可行性原则

制订的地块土壤修复方案要合理可行，要在前期工作的基础上，针对地块的污染性质、程度、范围以及对人体健康或生态环境造成的危害，合理选择土壤修复技术，因地制宜制订修复方案，使修复目标可达，且修复工程切实可行。

3. 安全性原则

制订地块土壤修复方案要确保地块修复工程实施安全，防止对施工人员、周边人群健康以及生态环境产生危害和二次污染。

二、土壤污染修复的技术分类

从不同角度，可以对土壤污染修复技术进行不同分类。

1. 按修复土壤的位置分类

土壤污染修复技术可分为原位修复技术和异位修复技术。

（1）原位修复技术指对未挖掘的土壤进行治理的过程，对土壤没有太大扰动。其优点是比较经济有效，就地对污染物进行降解和减毒，无需建设昂贵的地面环境工程基础设施和远程运输，操作维护较简单。此外，原位修复技术可以对深层次土壤污染进行修复。缺点是控制处理过程中产生的"三废"比较困难。

（2）异位修复技术指对挖掘后的土壤进行修复的过程。异位修复分为原地处理和异地处理两种，原地处理指发生在原地的对挖掘出的土壤进行处理的过程，异地处理指将挖掘出的土壤运至另一地点进行处理的过程。其优点是对处理过程的条件控制较好，与污染物接触较好，容易控制处理过程中产生的"三废"的排放；缺点是在处理之前需要挖土和运输，会影响处理过的土壤的再使用且费用通常较高。

2. 根据操作原理分类

Adriano（1997）将修复技术分为物理修复技术、化学修复技术和生物修复技术。

物理修复技术和化学修复技术是利用污染物或污染介质的物理或化学特性，以破坏（如改变化学性质）、分离或同化污染物。具有实施周期短、可用于处理各种污染物等优点；但均存在处理成本高、处理工程偏大的缺点。

生物修复技术包括微生物修复技术和植物修复技术。微生物修复技术指利用微生物的代谢过程将土壤中的污染物转化为二氧化碳、水、脂肪酸和生物体等无毒物质的修复过程。植物修复技术是利用植物自身对污染物的吸收、固定、转化和积累功能，以及通过为根际微生物提供有利于修复进行的环境条件而促进污染物的微生物降解和无害化过程，从而实现对污染土壤的修复。微生物修复和植物修复均具有处理费用较低、可达到较高的清洁水平等优点；但均存在所需修复时间较长、受污染物类型限制等不足。

三、修复策略

针对受重金属、农药、石油、POPs 等中轻度污染的农业土壤，应选择能大面积应用的、廉价的、环境友好的生物修复技术和物化稳定技术，实现边修复边生产，以保障农村生态环境、农业生产环境和农民居住环境安全；针对工业企业搬迁的化工、冶炼等各类重污染场地土壤，应选择原位或异位的物理、化学及其联合修复工程技术，选择土壤-地下水一体化修复技术与设备，形成系统的场地土壤修复标准和技术规范，以保障人居环境安全和人群健康；针对各类矿区及尾矿污染土壤，应着力选择能控制生态退化与污染物扩散的生物稳定化与生态修复技术。将矿区边际土壤开发利用为植物固碳和生物质能源生产的基地，以保障矿区及周边生态环境安全和饮用水源。

四、修复程序

地块土壤修复方案总体编制程序如图 3-1 所示。

（一）选择修复模式

在分析前期污染土壤污染状况调查和风险评估资料的基础上，根据地块特征条件、目标污染物、修复目标、修复范围和修复时间长短，选择确定地块修复总体思路。

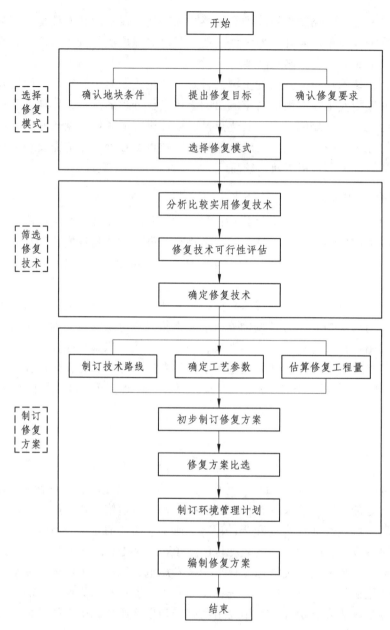

图 3-1　地块土壤修复方案编制程序

1. 确认地块条件

（1）核实地块相关资料

核实地块相关资料的完整性和有效性，重点核实前期地块信息和资料是否能反映地块目前实际情况。

（2）现场考察地块状况

考察地块目前现状情况，特别关注与前期土壤污染状况调查和风险评估时相比发生的重大变化，以及周边环境保护敏感目标的变化情况。现场考察地块修复工程施工条件，特别关注地块用电、用水、施工道路、安全保卫等情况，为修复方案的工程施工区布局提供基础信息。

（3）补充相关技术资料

通过核查地块已有资料和现场考察地块状况，如发现不能满足修复方案编制基础信息要求，应适当补充相关资料。必要时应适当开展补充监测，甚至进行补充性土壤污染状况调查和风险评估。

2. 提出修复目标

通过对前期获得的土壤污染状况调查和风险评估资料进行分析，结合必要的补充调查，确认地块土壤修复的目标污染物、修复目标值和修复范围。

（1）确认目标污染物

确认前期土壤污染状况调查和风险评估提出的土壤修复目标污染物，分析其与地块特征污染物的关联性和与相关标准的符合程度。

（2）提出修复目标值

按照土壤风险控制值、筛选值和管制值、地块所在区域土壤中目标污染物的背景含量以及国家和地方有关标准中规定的限值，结合目标污染物形态与迁移转化规律等，合理提出土壤目标污染物的修复目标值。

（3）确认修复范围

确认前期土壤污染状况调查与风险评估提出的土壤修复范围是否清楚，包括四周边界和污染土层深度分布，特别要关注污染土层异常分布情况，比如非连续性自上而下分布。依据土壤目标污染物的修复目标值，分析和评估需要修复的土壤量。

3. 确认修复要求

与地块利益相关方进行沟通，确认对土壤修复的要求，如修复时间、预期经费投入等。

4. 选择修复模式

根据地块特征条件、修复目标和修复要求，选择确定地块修复总体思路。永久性处理修复优先于处置，即显著地减少污染物数量、毒性和迁移性。鼓励采用绿色的、可持续的和资源化修复。治理与修复工程原则上应当在原址进行，确需转运污染土壤的，应确定运输方式、路线和污染土壤数量、去向和最终处置措施。

（二）筛选修复技术

根据地块的具体情况，按照确定的修复模式，筛选实用的土壤修复技术，开展必要的实验室小试和现场中试，或对土壤修复技术应用案例进行分析，从适用条件、对本地块土壤修复效果、成本和环境安全性等方面进行评估。

1. 分析比较实用修复技术

结合地块污染特征、土壤特性和选择的修复模式，从技术成熟度、适合的目标污染物和土壤类型、修复的效果、时间和成本等方面分析比较现有的土壤修复技术优缺点，重点分析各修复技术工程应用的实用性。可以采用列表描述修复技术原理、适用条件、主要技术指标、经济指标和技术应用的优缺点等方面进行比较分析，也可以采用权重打分的方法。通过比较分析，提出一种或多种备选修复技术进行下一步可行性评估。

2. 修复技术可行性评估

（1）实验室小试

可以采用实验室小试进行土壤修复技术可行性评估。实验室小试要采集地块的污染土壤进行试验，应针对试验修复技术的关键环节和关键参数，制定实验室试验方案。

（2）现场中试

如对土壤修复技术适用性不确定，应在地块开展现场中试，验证试验修复技术的实际效果，同时考虑工程管理和二次污染防范等。中试试验应尽量兼顾到地块中不同区域、不同污染浓度和不同土壤类型，获得土壤修复工程设计所需要的参数。

（3）应用案例分析

土壤修复技术可行性评估也可以采用相同或类似地块修复技术的应用案例分析进行，必要时可现场考察和评估应用案例实际工程。

3. 确定修复技术

在分析比较土壤修复技术优缺点和开展技术可行性试验的基础上，从技术的成熟度、适用条件、对地块土壤修复的效果、成本、时间和环境安全性等方面对各备选修复技术进行综合比较，选择确定修复技术，以进行下一步的制订修复方案阶段。

（三）制订修复方案

根据确定的修复技术，制订土壤修复技术路线，确定土壤修复技术的工艺参数，估算地块土壤修复的工程量，提出初步修复方案。从主要技术指标、修复工程费用以及二次污染防治措施等方面进行方案可行性比选，确定经济、实用和可行的修复方案。

1. 制订土壤修复技术路线

根据确定的地块修复模式和土壤修复技术，制订土壤修复技术路线，可以采用单一修复技术，也可以采用多种修复技术进行优化组合集成。修复技术路线应反映地块修复总体思路和修复方式、修复工艺流程和具体步骤，还应包括地块土壤修复过程中受污染水体、气体和固体废物等的无害化处理处置等。

2. 确定土壤修复技术的工艺参数

土壤修复技术的工艺参数应通过实验室小试和/或现场中试获得。工艺参数包括但不限于药剂投加量或比例、设备影响半径、设备处理能力、处理需要时间、处理条件、能耗、设备占地面积或作业区面积等。

3. 估算地块土壤修复的工程量

根据技术路线，按照确定的单一修复技术或修复技术组合的方案，结合工艺流程和参数，估算每个修复方案的修复工程量。根据修复方案的不同，修复工程量可能是调查和评估阶段确定的土壤处理和处置所需工程量，也可能是方案涉及的工程量，还应考虑土壤修复过程中受污染水体、气体和固体废物等的无害化处理处置的工程量。

4. 修复方案比选

从确定的单一修复技术及多种修复技术组合方案的主要技术指标、工程费用估算和二次污染防治措施等方面进行比选，最后确定最佳修复方案。

（1）主要技术指标

结合地块土壤特征和修复目标，从符合法律法规、长期和短期效果、修复时间、成本和修复工程的环境影响等方面，比较不同修复方案主要技术指标的合理性。

（2）修复工程费用

根据地块修复工程量，估算并比较不同修复方案所产生的修复费用，包括直接费用和间接费用。直接费用主要包括修复工程主体设备、材料、工程实施等费用，间接费用包括修复工程监测、工程监理、质量控制、健康安全防护和二次污染防范措施等费用。

（3）二次污染防范措施

地块修复工程的实施，应首先分析工程实施的环境影响，并应根据土壤修复工艺过程和施工设备清洗等环节产生的废水、废气、固体废物，噪声和扬尘等环境影响，制定相关的收集、处理和处置技术方案，提出二次污染防范措施。综合比较不同修复方案二次污染防范措施有效性和可实施性。

五、发展现状

1. 国外污染场地修复技术发展现状

美国 EPA 发布的最新版《超级基金修复报告》（2020.7，第 16 版）统计了 1982—2017 年场地地下水修复技术发展趋势，发现抽提处理技术占比则逐年下降（降至 22.2%），而生物修复、化学修复和渗透反应墙技术占比呈现动态上升的趋势，其中生物和化学修复技术占比涨幅明显（最高分别达到 40.8% 和 36.7%）。此外，曝气技术占比在 1993—1999 年间有小幅度的上升（最高达到 18.5%），但在 1999 年后逐渐下降。此外根据《超级基金修复报告》，2015—2017 年，原位修复技术平均占比为 51%，而抽提处理技术占比则相对较低，平均占比为 20%，低于 2013—2015 年的平均占比（23%）。因此，原位修复技术仍是目前优先选择的场地地下水修复技术和策略。美国超级基金计划发布的地下水修复文件中，关于原位修复技术文件的占比高达 51%，其中主要涉及原位微生物修复和原位化学修复技术。在微生物修复的决策文件中（30 项），70%（21 项）针对厌氧微生物修复；在选择化学修复的决策文件中（26 项），73%（19 项）针对原位化学氧化技术，30%针对原位化学还原技术。

2. 国内污染场地修复技术发展现状

我国修复场地主要位于沿海发达城市，以及污染严重的湖南、河北地区。场地污染类型包括有机污染（占 43%），重金属污染（占 30%），复合污染（占 25%）。目前，我国土壤修复的治理方式以复合修复为应用重点，其中关键修复技术包括土壤气相抽提、化学氧化还原、热脱附、淋洗与化学萃取。原位修复技术是我国主要采用的土壤地下水修复技术，占比 56%，主要包括化学氧化还原、热脱附、固化稳定化和抽提处理技术。此外，植物修复、动物修复和微生物修复技术因其环境友好性而拥有较好的应用前景。我国场地修复技术虽然发展很快，但仍然存在很多制约性和局限性，最需要加强的是环保设备的创新、绿色修复药剂的制备和低碳修复技术的研发等方面。高效环保设备的研发不仅能提升场地修复效率，而且能促进场地修复技术在全球范围内的进步和发展。除了提升环保设备开发的创新性，低碳修复技术和修复药剂的深度研发也尤为重要，这非常有利于提升污染场地的低碳原位修复效果。

3. 不同修复技术的比较

某一种修复技术的单独使用难以实现既能对土壤中的污染物的高效去除且修复成本低，对周围环境影响小的理想效果。因此针对不同重金属污染土壤的修复方案应根据污染场地的具体情况选择合适的修复技术方法根据土壤条件、污染物的性质、修复成本、修复技术的使用范围、预期的修复目标等诸多因素加以综合考虑，选择最合适的修复技术（表 3-2），或者多种技术手段相结合，取长补短，达到高效、低耗的目的。

表 3-2　不同修复技术的比较

修复技术	对周围环境的影响	技术复杂程度	技术成熟性	修复周期	经济成本
固定化/稳定化技术	较小	较低	技术成熟	较短，数周到数月	较低
土壤淋洗技术	较大	高	技术成熟	较短，1～3 个月	较高
电动修复技术	中等	高	技术成熟	较长 1～2 年	中等
阻隔填埋技术	较大	中等	技术成熟	较短，数周	高
植物修复技术	较小	较低	技术成熟	长，3～8 年	较低
微生物修复技术	较小	较高	技术不太成熟	长	较低

六、技术前景

根据国家战略需求，在双碳背景下，未来的场地修复会将低碳全面融入环境服务中，充分降低石油煤炭等高碳能源消耗，削减温室气体排放量，从而达到经济发展和生态环境保护双赢的社会发展形态。然而，以往的场地修复技术存在能源消耗过大、效率不高和造成潜在二次污染等弊端。因此，将低碳概念融入场地修复具有重大意义，未来发展趋势主要有以下几个方面：

1. 场地修复——低碳技术的开发应用

将低碳概念融入场地修复需开发低碳节能的修复技术。从高能耗的热活化、热脱附等聚焦修复为主转变为聚焦修复和低碳同步考虑，如开发低能耗的植物修复技术、可持续原位生物修复技术、原位风险阻隔技术、多相抽提等场地修复技术和土壤生态碳汇技术。植物修复技术和可持续原位生物修复技术能够根据场地污染物成分，自由选择合适的植物和微生物进行，实现低能耗和高选择性的场地修复，尽管修复周期相对较物理、化学技术较长，可通过与其他技术耦合等手段进行强化。多相抽提通过真空抽提和提取等手段，能够同时将污染场地有机气体、地下水和油类污染物进行多级分离和修复处理。该技术在高效完成污染物去除的同时对环境影响较小，但修复过程往往需要投加一定量的表面活性剂。

2. 场地修复——技术装备的低碳运行

将低碳概念融入污染场地修复技术，需要更深入地促进技术装备的低碳运行。技术装备低碳运行主要包括：选材绿色环保、设施结构优化、科学设计人性化和加强设备的智能化等方面。《"十四五"工业绿色发展规划》提出大力发展绿色环保装备，提高能源利用效率。污染场地修复同样必须加速环保设备的科技创新改造，不断革新和研发新装备和新技术，从而实现技术装备的低碳运行，助力碳中和目标的实现。张红振等研发了绿色修复核心技术装备，不仅制备了绿色原位氧化修复材料能有效缓解土壤和地下水污染情况，高效节能的原位燃气热脱附集成技术还可使能耗降低 30%~40%。此外，构建并完善土壤及地下水系统的风险管控体系和污染监控预警平台，进行多参数实时原位监测，可避免过度修复、粗放修复而导致的二次污染和资源浪费引起的碳排放过度问题。

3. 场地修复——碳排放智能监测计算

实施修复场地碳排放智能监测计算需依托互联网和云计算等技术手段，以信息化系统地实现碳排放的可视化、可量化和智能化分析。通过采集、监测、分析及管理各类能源消耗碳排放数据能够：① 为场地环保设备低碳运行改造提供数据支撑；② 对能耗过程与水平、费用支出等进行合理分配，发掘节能潜力；③ 量化节能减排措施，便于进一步开展场地精细化碳排放管理工作。目前，碳排放智能监测计算的主要难点在于对监测数据的准确度要求非常高，需进一步加强在仪器、点位布置、自动监测等方面的标准化。

4. 实验室先进的分子生物学技术逐渐向工程领域渗透

分子生物（如测序、蛋白组学技术等）技术近些年突破式发展，被广泛应用到生物（尤其是微生物）修复的研究当中，可以明确生物体中参与修复过程的基因、酶等生物分子的丰度变化，探明修复机理；另外也可以监测微生物群落的变化。随着我国基础研究的深入及国内工程实践的经验积累，先进的实验室技术将逐渐成熟并应用到工程当中。

5. 多种修复技术与生物修复技术耦合是未来清洁生产的发展方向

单一的植物、动物、微生物处理方法由于主体特点的限制修复效果受限，且综合成本较高。因此，国家重点研发计划"场地土壤污染成因与治理技术"专项中，针对生物修复提出了"大智物云"生物修复一体化装备的研制，充分结合了大数据、智能设备、物联网、云计算等新兴概念，将为传统的生物修复技术带来革命性的创新。未来，除了开发高新技术外，生物技术结合物理、化学、大数据、云计算、新材料等现代化技术，达到降低成本、能耗，提高修复效率的目的将是重要的发展趋势之一。

任务三　物理修复

物理修复技术是指通过对土壤物理性状和物理过程的调节或控制，使污染物在土壤中分离，转化为低毒或无毒物质的过程。

一、物理分离修复技术

借助物理手段将污染物从土壤胶体上分离开来的技术。

（一）技术原理

依据粒径的大小，采用过滤或微过滤的方法进行分离；依据分布、密度大小、采用沉淀或离心分离；依据磁性有无或大小，采用磁分离手段；根据表面特征，采用浮选法进行分离（表3-3）。

表 3-3　物理分离技术属性

技术种类	技术优点	局限性	所需装备
粒径分离（筛分）	设备简单，费用低廉，可持续高处理产出	筛子易塞、细格筛易损坏、产生粉尘	筛子、过滤器、矿石筛
水动力学分离（分类）	设备简单，费用低廉，可持续高处理产出	当土壤中有较大比例的黏粒、粉粒和腐殖质存在时很难操作	澄清池、淘析器、水力旋风器
密度分离（重力）	设备简单，费用低廉，可持续高处理产出	当土壤中有较大比例的黏粒、粉粒和腐殖质存在时很难操作	振荡床、螺旋浓缩器
泡沫浮选分离	尤其适合于细粒级的处理	颗粒必须以较低的浓度存在	空气浮选室或塔
磁分离	如果采用高梯度的磁场，可以恢复较宽范围的污染介质	处理费用比较高	电磁装置、磁过滤器

物理分离技术要考虑的一些因素：要求污染物具有较高浓度并且存在于具有不同物理特征的相介质中筛分干污染物时会产生粉尘固体基质中的细粒径部分和废液中的污染物需要进行再处理。

（二）物理分离过程

针对不同土壤颗粒粒级（如粗砂、细砂和黏粒等）、粒径或形状，可通过不同大小、形状网格的筛子进行分离；依据颗粒水动力学原理，将不同密度的颗粒，通过其重力作用导致的不同沉降、沉淀速率进行分离；根据颗粒表面特征的不同，采用浮选法，将其中一些颗粒吸引到目标泡沫上进行分离；一些物质具有磁性，或者污染物本身具有磁感应效应，尤其是一些重金属（图3-2）。

1. 粒径分离

根据颗粒直径的大小分离固体。

（1）干筛分：能成功处理大或中等的土壤颗粒，处理小于 0.06 ~ 0.09 m 粒级比较难。

（2）湿筛分：易产生一定量的污水，湿的土壤使下一步的化学处理比较难摩擦-洗涤，摩擦洗涤器不是真正的颗粒分离设备，但能够打碎土壤团聚体结构，将氧化物或其他胶膜从土壤胶体上洗下来。

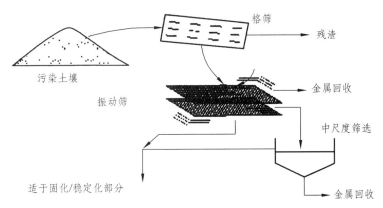

图 3-2 污染土壤物理分离过程示意图

2. 采用湿分离技术要遵循的原则

当大量重金属以颗粒状存在时，特别推荐采用湿筛分方式；如果接下来的化学处理需要水，如采用土壤清洗或土壤淋洗技术，也采用湿筛分；再利用或废液不需要很多的化学处理试剂，也采用湿筛分。

3. 水动力学分离

也称粒度分级，基于颗粒在流体中的移动速度将其分成两部分或多部分的分离技术。颗粒在流体中的移动速度取决于颗粒大小、密度和形状。可以通过强化流体在与颗粒运动方向相反的方向上运动，提高分离效率。

二、土壤蒸气浸提修复技术

土壤蒸气浸提修复技术（soil vapour extraction，SVE）是指通过降低土壤空隙的蒸气压，把土壤中的污染物转化为蒸气形式而加以去除的技术，是利用物理方法去除不饱和土壤中挥发性有机组分（VOCs）污染的一种修复技术，该技术适用于所治理的污染物必须是挥发性的或半挥发性有机物；污染物必须具有较低的水溶性，且土壤温度不可过高；污染物必须在地下水位以上（双相抽提除外）；被修复的污染土壤应具有较高的渗透性，对于容重大、土壤含水量大、孔隙度低渗透速率小的土壤，土壤蒸气迁移会受到很大限制，不适用此技术。SVE技术的优点是处理有机物的范围宽，轻组分石油烃类污染物去除率可达90%，不破坏土壤结构和不引起二次污染。

（一）土壤蒸气浸提修复技术的基本原理

在污染土壤内引入清洁空气产生驱动力，利用土壤固相、液相和气相之间的浓度梯度，在气压降低的情况下，将其转化为气态的污染物排出土壤外的过程。其主要特点见表3-4。

（二）土壤蒸气浸提技术种类

包括原位土壤蒸气浸提技术，异位土壤蒸气浸提技术，多相浸提技术（两相浸提技术、两重浸提技术），生物通风技术。

表 3-4　SVE 主要特点

项　目	主要特点
有效性	可迅速、有效地去除包气带中挥发性有机污染物
经济性	处理系统安装简单，不需特制设备
操作灵活性	可结合治理地下水抽排井安装，可与其他技术结合使用
后续处理	简单，在出口安装气体净化装置可避免二次污染
对环境的影响	小，不影响区域内建筑的结构稳定性

1. 原位土壤蒸气浸提技术

利用真空通过布置在不饱和土壤层中的提取并向土壤中导入气流，气流经过土壤时，挥发性和半挥发性的有机物挥发，随空气进入真空井，气流经过后，土壤得到了修复。

主要用于挥发性有机卤代物或非卤代物的修复，有时也应用于去除土壤中的油类、重金属及其有机物、多环芳烃或二噁英等污染物。

气体抽排井的分布、形状、深度、口径大小等需根据污染区的地质条件、地下水水位、污染范围等决定；抽气管道的铺设基本分两种情况：竖直和水平（图 3-3）。

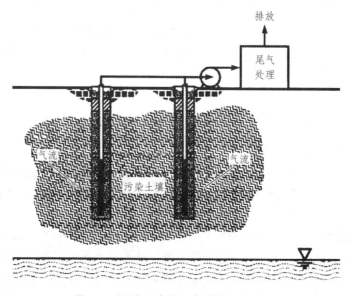

图 3-3　污染土壤的原位蒸气提取过程

2. 异位土壤蒸气浸提技术

指利用真空通过布置在堆积着的污染土壤中开有狭缝的管道网络向土壤中引入气流，促使挥发性和半挥发性的污染物挥发进入土壤中的清洁空气流，进而被提取脱离土壤（图 3-4）。同时，这项技术还包括尾气处理系统，主要用于处理挥发性有机卤代物和非卤代污染物污染土壤的修复。

异位土壤蒸气浸提技术与原位土壤蒸气浸提技术相比的优点：挖掘过程可以增加土壤中的气流通道；浅层地下水位不会影响处理过程；使泄漏收集变得可能；监测过程变得容易进行。

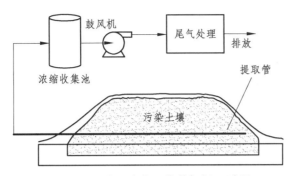

图 3-4 污染土壤的异位蒸气提取过程

3. 多相浸提技术

多相浸提技术（muti-phase extraction）是土壤蒸气浸提技术进行革新基础上发展起来的，是蒸气浸提技术的强化，可以同时对地下水和土壤蒸气进行提取。主要用于处理中、低渗透性地层中的 VOCs 及其他污染物。多相浸提技术可具体细分为两相（TPE）和两重浸提（DPE）两种方法（表 3-5）。

表 3-5 两重和两相浸提技术的优缺点

项 目	DPE	TPE
优点	不受目标污染物深度影响提取井内的真空损失少 不受地下水产生速率影响	地下水气提:污染物液相-气相转移速率最高达到 98% 井内无需泵及其他机械设备可用于现有的提取、观测井
缺点	使用潜水泵，因此需要有一定的没过水泵的水位与 TPE 相比，需要进行泵的控制	深度有限制：最深地下 150 m 地下水流速有限制：最大 5 g/min 由于需要提水到地面，耗费较大真空

（1）两相浸提技术

两相浸提技术（two-phase extraction），是指利用蒸气浸提或者生物通风技术向不饱和土壤输送气流，以修复挥发性有机物和油类污染物污染土壤的过程。气流同时也可以将地下水提到地上进行处理，两相提取井同时位于土壤饱和层和土壤不饱和层，施以真空后进行提取（图 3-5）。

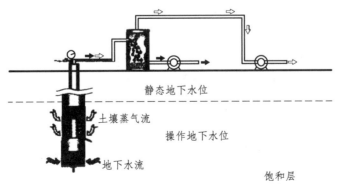

图 3-5 两相浸提技术

（2）两重浸提技术

两重浸提技术（dual-phase extraction）指既可以在高真空下也可以在低真空条件下使用潜水泵或者空气泵工作（图3-6）。

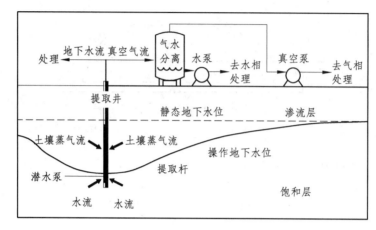

图 3-6　两重浸提技术示意图

4. 影响 SVE 技术发挥有效性的主要因素

挖掘和物料处理过程中容易出现气体泄漏；运输过程中有可能导致挥发性物质释放；占地空间要求较大；处理之前直径大于 60 mm 的块状碎石需提前去除；黏质土壤影响修复效率；腐殖质含量过高会抑制挥发过程。

三、固化/稳定化土壤修复技术

（一）定　义

固化/稳定化（solidification/stabilization）是指防止或者降低污染土壤释放有害化学物质过程的一组修复技术，通常用于重金属和放射性物质污染土壤的无害化处理，可以是原位也可以是异位。

固化是指将污染物包被起来，使之呈颗粒状或大块状存在，进而使污染物处于相对稳定状态。稳定化是指将污染物转化为不易溶解、迁移能力或毒性变小的状态和形式，即通过降低污染物的生物有效性，实现其无害化或者降低其对生态系统危害性的风险。

（二）原　理

固化/稳定化技术一般常采用的方法为：先利用吸附质如黏土、活性炭和树脂等吸附污染物，浇上沥青，然后添加某种凝固剂或黏合剂，使混合物成为一种凝胶，最后固化为硬块。

（三）特　点

需要污染土壤与固化剂/稳定剂等进行原位或异位混合，与其他固定技术相比，无需破坏无机物质，但可能改变有机物质的性质；稳定化可能与封装等其他固定技术联合应用，并可能增加污染物的总体积；固化/稳定化处理后的污染土壤应当有利于后续处理。

现场应用需要安装下面全部或部分设施：原位修复所需的螺旋钻井和混合设备；集尘系统；挥发性污染物控制系统；大型储存池。

（四）固化/稳定化技术优势

可以处理多种复杂金属废物；费用低廉；加工设备容易转移；所形成的固体毒性降低，稳定性增强；凝结在固体中的微生物很难生长，不致破坏结块结构。

（五）固化/稳定化技术影响因素

1. 物理机制

水分及有机污染物含量过高，部分潮湿土壤或者废物颗粒与黏结剂接触黏合，而另一部分未经处理的土壤团聚体或结块，最后形成处理土壤与黏结剂混合不均匀；亲水有机物对养护水泥或者矿渣水泥混合物的胶体结构有破坏作用；干燥或黏性土壤或废物容易导致混合不均。

2. 化学机制

化学吸附/老化过程；沉降/沉淀过程；结晶作用。

3. 其他因素

含油或油脂的污染土壤固化/稳定化后，其稳定性较差；污染土壤本身某些固定组分。

（六）异位固化/稳定化限制因素

最终处理时的环境条件可能会影响污染物的长期稳定性；一些工艺可能会导致污染土壤或固废体积显著增大；有机物质的存在可能会影响黏结剂作用的发挥；VOCs通常很难固定；对于成分复杂的污染土壤或固体废物还没有发现很有效的黏合剂；石块或碎片比例太高会影响黏结剂的注入和与土壤的混合。

（七）原位固化/稳定化的影响因素

许多污染物/过程相互复合作用的长期效应尚未有现场实际经验可以参考；污染物埋藏深度会影响、限制一些具体的应用过程；必须控制好黏结剂的注射和混合过程，防止污染物扩散进入清洁土壤；与水的接触或者结冰/解冻循环过程会降低污染物的固定化效果；黏结剂的输送和混合要比异位固化过程困难，成本相对也高。

四、玻璃化修复技术

玻璃化修复技术是指利用热能或高温条件（1600～20 000 ℃）使污染的介质成为玻璃产品或玻璃状的物质，而使其中的污染物质得以固定而不再释放的过程。热解产生的水分和热解产物由气体收集系统收集进行进一步处理。熔化的污染土壤（或废弃物）冷却后形成化学惰性的、非扩散的整块坚硬玻璃体，有害无机离子得到固化。

该技术源于 20 世纪 50～60 年代核废料的玻璃化处理技术，近年来被推广到污染土壤的治理。1991 年美国爱达荷州工程实验室把各种重金属废物及挥发性有机组分填埋于地下

0.66 m 后，使用原位玻璃化技术，证明了该技术的可行性。该技术优点是所形成的玻璃质强度高、耐久性好、抗渗出等，能有效处理金属污染物和有机污染物混合的污染土壤。缺点是该技术相对比较复杂，熔化过程需要高温，成本高，实际应用中会出现难以达到完全熔化及地下水渗透等问题。

玻璃化修复技术分原位和异位两种。

（一）原位玻璃化技术

是指通过向污染土壤插入电极，对污染土壤固相组分给予 1600～2000 ℃ 的高温处理，使有机污染物和一部分无机化合物如硝酸盐、硫酸盐和碳酸盐等得以挥发或热解从而从土壤中去除的过程（图 3-7）。其中，有机污染物热解产生的水分和热解产物由气体收集系统进行进一步处理，熔化的污染土壤冷却后形成化学惰性的、非扩散的整块坚硬玻璃体，有害无机离子得到固定。此技术适用于含水量较低、污染物深度不超过 6 m 的土壤。

原位玻璃化技术的影响因素有：埋设的导体通路；质量分数超过 20% 的砾石；土壤加热引起的污染物向清洁土壤的迁移；易燃易爆物质的累积；土壤或者污泥中可燃有机污染物的质量分数超过 5%～10%；固化的物质可能会妨碍今后现场的土地利用与开发；低于地下水位的污染修复需要采取措施防止地下水反灌；湿度太高会影响成本。

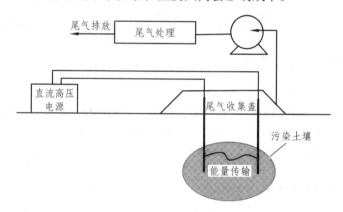

图 3-7　原位玻璃化技术示意图

（二）异位玻璃化技术

指使用等离子体、电流或其他热源在 1600～2000 ℃ 的高温熔化土壤及其中的污染物，使有机污染物在高温下被热解或蒸发去除，有害无机离子则得以固定化，产生的水分和热解产物由气体收集系统进行进一步处理（图 3-8）。熔化的污染土壤冷却后形成化学惰性的、非扩散的整块坚硬玻璃体，有害无机离子得到固定。

异位玻璃化技术影响因素：需要控制尾气中的有机污染物以及一些挥发的重金属蒸气；需要处理玻璃化后的残渣；湿度太高会影响成本。

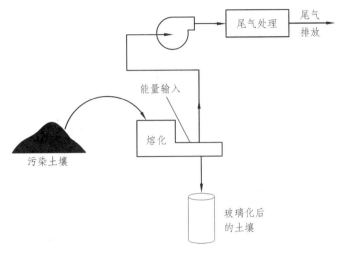

图 3-8　异位玻璃化技术示意图

五、换土法

换土法是一种有效的污染土壤物理处理方法，它是将污染土壤通过深翻到土壤底层或在污染土壤上覆盖清洁土壤、或将污染土壤挖走换上清洁土壤等方法。

换土法又可分为翻土、换土和客土三种方法。

翻土就是深翻土壤，使聚集在表层的污染物分散到土壤深层，达到稀释和自处理的目的。

换土就是把污染土壤取走，换入新的干净客土是向污染土壤内加入大量的干净土壤，覆盖在表层或混匀，使污染物浓度降低或减少污染物与植物根系的接触。

优点：能有效地将污染土壤与生态系统隔离，减少对环境的影响。

缺点：工程量大，费用高，只适用于小面积污染严重土壤。

六、热处理法

热处理是通过加热的方式，将一些具有挥发性的重金属和一些有机污染物等从土壤中解吸出来，或者进行热固定的一种方法。

热处理技术是应用于工业企业场地土壤有机污染的主要物理修复技术，包括热脱附、微波加热等技术，已经应用于苯系物、多环芳烃、多氯联苯和二噁英等污染土壤的修复。该技术主要针对工业"三废"物质排放导致污染的土壤，农业污染源如化肥、农药、畜禽粪便导致污染的土壤，生活污染源如城乡生活废水、农家肥导致污染的土壤其他污染源如废气焚烧导致污染的土壤。

应用方式主要通过直接加热使污染物挥发或分解，间接加热使污染物挥发。热处理技术的优点是工艺简单，处理范围宽，设备可移动，修复后土壤可再利用，可使挥发性有机化合物完全实现无害化。缺点是能耗大，操作费用高，且只适用于易挥发的污染物。

（一）热脱附技术

热脱附是用直接或间接的热交换，加热土壤中有机污染组分到足够高的温度，使其蒸发并与土壤介质相分离的过程（图 3-9）。热脱附技术可以作为某些技术的预处理手段，也可直接用于处理有害废物。

图 3-9 带干式洗涤器的低温热脱附系统

（图片来源于中国环境修复网）

该技术的优点是污染物处理范围宽、设备可移动、修复后土壤可再利用，特别对 PCBs 这类含氯有机物，非氧化燃烧的处理方式可以显著减少二噁英生成。缺点是价格昂贵、脱附时间过长、处理成本过高（表 3-6）。

表 3-6 常见的热脱附技术

热脱附技术	定义	应用范围
PCS 热脱附系统	利用热脱附和裂解技术处理有机或无机的有害固体废物	受 PCBS、汞、氯代烃类、卤素、重金属等污染的土壤
TFS 热脱附系统	整个系统包括一个间接加热的蒸馏系统，挥发性物质以尾气的形式被除去，处理后的土壤则回到原址	受挥发性、半挥发性、杀虫剂等污染的土壤
ADI 土壤修复系统	处理有害废物的直接和间接点火的热吸附系统，热土壤修复处理单元安装在尾气燃烧器中的直接点火的热脱附过滤器	受烃类物质、低浓度的 POP 污染，包括一些有机氯杀虫剂在内的半挥发性的化合物

（二）微波加热技术

微波是指频率为 $300 \sim 300\,000$ MHz 的电磁波，介质在微波场中主要发生离子传导和偶极子转动（图 3-10）。

微波辐射常作为诱导化学反应的催化剂。许多磁性物质、活性炭、过渡金属及其化合物等对微波有很强的吸收能力，微波辐射也会使其表面产生许多"热点"，这些热点处的能量比其他部位高很多，因此在这些区域比较容易发生化学反应。

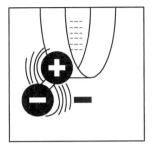 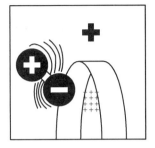 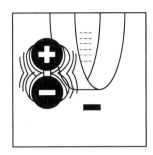

微波负极吸引材料分子的正极　　　　微波正极吸引材料分子的负极　　　　　　摩擦生热

图 3-10　微波加热原理示意图

传统的热修复技术是一种由外到内热传导加热，微波加热可对被加热物质里外一起加热。其机理是易挥发性和某些半挥发性污染物受热后的挥发作用；半挥发性和难挥发性污染物的受热分解作用；高温时玻璃化土对某些难挥发性污染物的包裹固定作用。

微波加热技术的优点是加热极快、热损耗小、热效率高、节约能源、过程便于控制、操作灵活、热源与加热材料不直接接触、对环境影响小、适用范围广，可选择性加热，分离回收某些有用的组分。缺点是目前主要处于试验研究阶段，仅做了一些可行性研究与单因素实验，对不同变量的影响没有系统研究。

七、水泥窑协同处置技术

水泥窑协同处置技术将固体废物处理与水泥生产有机结合，在进行水泥熟料生产的同时实现对固体废物的无害化处置，既减少了水泥原料和燃料的消耗，又节约了固体废物的处理成本，实现了固废处置的无害化和资源化，因此水泥窑协同处置技术被广泛应用于固体废物的处理中。

水泥生产的原料主要是石灰质原料、黏土质原料，另外还有硅石和铁粉等其他辅助材料。土壤主要是由矿物质、有机质、水分和空气等组成的混合体，矿物质占固相部分的 95% 左右，土壤矿物质以硅酸盐、铝硅酸盐以及铁、铝的氧化物等为主。因此，污染土壤水泥窑协同处置过程可以视为在水泥生料制备中用污染土壤替代黏土质原料，掺加比例依据污染土壤的污染成分是否对水泥生产过程、产品质量和环境造成不利影响来确定。

我国最早将水泥窑协同处置污染土壤作为应急措施。2004 年，北京地铁 5 号线宋家庄地铁站施工期间发生了一起工人中毒事件，该地块原为农药厂厂址，北京金隅水泥厂作为环境应急处置单位，开展了宋家庄地铁站污染土壤的焚烧处置。2007 年，北京金隅水泥厂在国内率先开展了水泥窑协同处置污染土壤的业务，协同处置了 20 万吨主要含滴滴涕和六六六等农药污染物的土壤。随着我国工业污染场地土壤修复行业的诞生，国内土壤污染问题逐渐引起社会的广泛关注。2007 年以来，水泥窑协同处置技术在国内污染土壤修复行业得到广泛应用，江苏、北京和湖北等地成功实施了多个污染土壤修复项目。数据资料显示，水泥窑协同处置污染土壤项目呈现逐年增加的趋势，截至 2020 年底，污染土壤修复项目采用水泥窑协同处置技术的占比大于 20%。尤其是近两年，污染土壤修复项目采用水泥窑协同处置技术的数量明显增多，市场应用前景好。

随着中国土壤污染治理与修复工作全面推进，土壤修复技术迅速发展。通过改进水泥窑的装置与处置技术，水泥窑协同处置技术适用范围不断拓宽，处置污染土壤的应用也不断提升、推广，成为中国处置场地重金属与有机污染土壤的一种常用技术。

（一）水泥窑焚烧处置

水泥窑焚烧处置污染土是指将污染土直接送入回转窑，利用水泥回转窑内的高温、气体长时间停留、热容量大、热稳定性好、碱性环境、无废渣排放等特点，在生产水泥熟料的同时，焚烧固化处理污染土。有机物污染土从窑尾烟气室进入水泥回转窑，窑内气相温度最高可达 1800 ℃，物料温度约为 1450 ℃，在水泥窑的高温条件下，污染土中的有机污染物转化为无机化合物，高温气流与高细度、高浓度、高吸附性、高均匀性分布的碱性物料（CaO、CaCO，等）充分接触，有效地抑制酸性物质的排放，使得硫和氯等转化成无机盐类固定下来；重金属污染土从生料配料系统进入水泥窑，使重金属固定在水泥熟料中。

水泥窑焚烧处置工艺流程（图 3-11）如下：① 污染土壤进场后暂存；② 在密闭设施内对土壤进行筛分预处理，密闭设施配备尾气净化设备，保证筛分过程中产生的废气能达到排放标准；③ 筛分后的土壤运至污染土卸料点，卸料点由密闭输送装置连接至窑尾烟室，卸料区设置防尘帘等密闭措施；④ 污染土经板式喂料机进入皮带秤计量，计量后的土壤经提升机提升后由密闭输送装置进入喂料点，送入窑尾烟室高温段焚烧；⑤ 污染土壤中的有机物经过水泥窑高温煅烧彻底分解，实现污染土壤的无害化处置，土壤则直接转化为水泥熟料，尾气达标排放，整个过程无废渣排出。

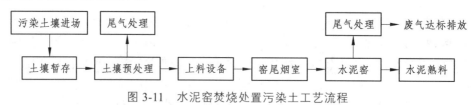

图 3-11　水泥窑焚烧处置污染土工艺流程

（二）热脱附与水泥窑结合处置

热脱附作为一种非燃烧技术，是指在真空条件下或通入载气时，通过直接或间接热交换，将土壤中的有机污染物加热到足够的温度，以使有机污染物从污染介质上得以挥发或分离，进入气体处理系统的过程。热脱附与水泥窑结合是指污染土基于水泥窑的热脱附技术，通过在水泥窑系统外挂热脱附设备，将水泥窑部分三次风引入热脱附设备中将污染土壤中的污染物质脱附出来，脱附后的尾气通过带有风机的风管导入水泥窑三次风管、分解炉或篦冷机处焚烧净化，脱附后的污染土作为水泥原料使用。

热脱附与水泥窑结合处置工艺流程为：① 将挖掘后的污染土壤在密闭环境下进行预处理（去除掉砖头、水泥块等影响工业窑炉工况的大颗粒物质）；② 通过筛分、脱水、破碎、磁选等，将污染土从车间运送到脱附系统中；③ 水泥窑热风引入热脱附设备，污染土壤被间接加热至污染物的沸点后，污染物与土壤分离，脱附后的尾气经水泥窑系统处理（图 3-12）。

图 3-12　热脱附与水泥窑结合处置污染土工艺流程

水泥窑焚烧处置技术处置污染土能力、种类受水泥窑系统限制，处理后土壤不能直接利用，污染土也会对水泥品质和窑况产生影响，系统处置能力和稳定性不高。研究表明：水泥窑焚烧处置技术的处理周期与水泥生产线的生产能力及污染土投加量相关，而污染土投加量又与土壤中污染物特性、污染程度、土壤特性等有关，一般通过计算确定污染土的添加量和处理周期，添加量一般低于水泥熟料量的 4%。热脱附与水泥窑结合处置技术将水泥窑与热脱附工艺相结合，整合了两项技术的优势，能够提供稳定、廉价的热源；低成本、高效率地处理尾气并解决了热脱附后土壤去向问题；同时解决了水泥窑协同处置技术从高温段添加量小的问题，并大幅度减小对水泥工况影响，更有利于水泥产品质量的稳定。该技术具有适用范围广、无废渣排出等特点，提高了设备的污染土壤处理能力和处理后土壤再利用水平，是一项节能、高效、低成本的绿色修复技术。广泛应用于有机和部分重金属污染土壤处置方面。研究表明：以 3000 t/d 的水泥生产线为例，热脱附与水泥窑结合处置系统每小时可处理污染土 10~20 t。

水泥窑协同处置污染土壤的整体效果较好，通过对污染土壤的清挖转运，场地污染去除彻底，能够为场地移除名录及后续开发建设争取时间。相比其他修复技术，水泥窑协同处置技术所具有的独特优势，近两年，水泥窑协同处置技术被广泛应用于污染土壤修复项目。根据《污染地块风险管控与土壤修复效果评估技术导则（试行）》（HJ 25.5—2018）要求，污染土壤固化/稳定化后应开展长期监测，原则上长期监测 1~2 年开展一次，可根据实际情况进行调整。

八、压裂修复技术

压裂技术（fracture）是应用某种力量使地下岩石或者大密度土壤（如黏土、胶泥）爆裂的技术（图 3-13）。它本身不是一种独立的污染土壤修复技术，只是用来使地层压裂，促进其他修复技术的修复效果。产生的裂痕为需要去除或分解的有害化学物质提供了逸出的通道。可分为三类：水力压裂（图 3-13）、气动压裂、爆炸强化压裂。

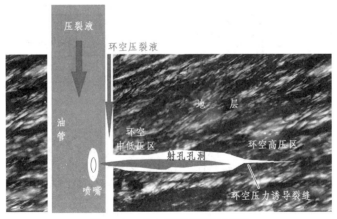

图 3-13　水力喷射压裂原理图
（图片来源于液化天然气信息网）

九、冰冻修复技术

冰冻修复是指将温度降低到 0 ℃ 以下，冻结土壤形成冻土层，使土壤或地下水中的有害和辐射性污染物失去生物学活性或得以固定的过程。是一种新兴的污染修复技术。具体修复措施：在地下以等间距的形式围绕污染源垂直安放管道，将对环境无害的冷冻剂溶液送入管道冻结土壤中的水分，形成地下冻土屏障，防止了土壤和地下水中的污染物扩散。可用在控制和隔离饱和土层中的辐射性物质、金属和有机污染物的迁移。

十、隔离包埋技术

采用物理方法将污染介质中的污染物与其周围环境隔离开来，减少其对周围环境的污染。

具体措施：以钢铁、水泥、皂土或灰浆为材料，在污染土壤周围修建隔离墙，并防止污染地区的地下水流到周围地区。为减少地表水的下渗，还可以在污染土壤上覆盖一层合成膜，或在污染土壤下面铺一层水泥和石块混合层。

十一、电动修复技术

电动修复的基本原理类似电池，利用插入土壤中的两个电极在土壤两端加上低压直流电场，土壤中的污染物在直流电场作用下定向迁移，富集在电极区域，再通过其他方法（移土、电镀、共沉淀、抽出、离子交换树脂等）去除（图 3-14）。特别适用于小范围的黏质的多种重金属（铜、锌、铅、镉、镍、砷、汞、锰等）、放射性元素（铀）污染土壤和苯酚、甲苯、乙酸、苯、p-硝基酚、三氯乙烯（TCE）、石油类物质（BTEX）、六氯丁二烯、六氯苯和丙酮等可溶性有机物污染土壤的修复。

技术适用性：电动修复技术一般以原位方式进行，常需强化或与其他修复技术联用。在处理点源污染方面，电动修复具有良好的应用前景，但仍有诸多局限有待突破（表 3-7）。

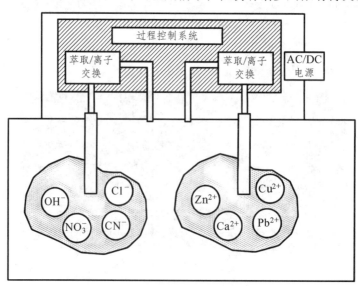

图 3-14　电动修复结构示意图

表 3-7 电动修复中的几种主要的电动效应

电动效应	定义	运动物质	速度	与土壤性质关系
电渗析	土壤中的水分或地下水从电化电极的阳极到阴极的移动	孔隙水	较慢	密切
电迁移	土壤中的离子或离子复合物移动到相反电极的输送过程	带电离子	快	较小
电泳	带电的颗粒与胶体离子在电场的影响下产生的传输现象,污染物与颗粒结合使污染物在土壤中得以移动	胶体离子	较慢	密切

电动修复的几种方法:

(1)原位修复,直接将电极插入受污染土壤,污染修复过程对电场的影响最小。

(2)序批修复,污染土壤被输送至修复设备分批处理。

(3)电动栅修复,受污染土壤中依次排列一系列电极用于去除地下水中的离子态污染物。

该技术的优点是处理成本低,修复效率高,后处理方便,处理彻底;可以处理其他方法不能处理的低渗透性土壤;不必向土壤中加入有害环境的物质等。缺点是对于污染物的选择性不高,阴阳极电解液电解后引起土壤 pH 的变化,实际工程治理成本高(图 3-15)。

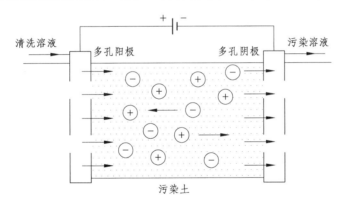

图 3-15 电动修复原理图

任务四 化学修复

土壤的化学修复是指利用加入土壤的化学修复剂(氧化剂、还原剂/沉淀剂或解吸剂/增溶剂等)与污染物发生一定的化学反应,通过沉淀、吸附、氧化-还原、催化氧化、质子传递、脱氯、聚合、水解等方法使土壤中污染物被降解和毒性被去除或降低的修复技术。

目前,包括新的固定化材料、生物淋洗试剂等在污染土壤修复方面的应用日趋广泛和深入。

一、固化/稳定化土壤修复技术

固化/稳定化（solidification/stabilization）是指防止或者降低污染土壤释放有害化学物质过程的一组修复技术，通常用于重金属和放射性物质污染土壤的无害化处理，可以是原位也可以是异位（图3-16）。

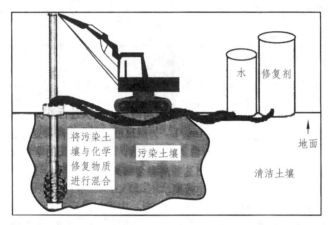

图 3-16　污染土壤的固化/稳定化过程

固化是将重金属污染土壤按一定比例与固化剂混合，经熟化最终形成渗透性很低的固体混合物，从而将污染物固封在固化体中，隔离污染土壤与外界环境的联系，达到控制污染物迁移的目的。

常用的固化剂有水泥、硅酸盐、高炉矿渣和粉煤灰等，其中水泥应用最广泛。

固化技术修复时间短、易操作，但会破坏土壤结构，而且需要使用大量的固化剂，只适用于污染严重但面积较小的土壤修复。

稳定化是通过向土壤中添加化学物质，改变重金属的形态或价态，将污染物转化为不易溶解、迁移能力或毒性小的状态或形式。

为了达到更好的处理效果，稳定化技术常与固化技术联合使用，在稳定化实施后将污染物固封在固化体中。固化/稳定化技术是工程中常用的修复技术，在我国的应用已达70%以上。

二、淋洗修复技术

当前大多数持久性有机污染场地面临用地功能的转换和二次开发，如商业用地、居民住宅等。这些场地中潜存的高风险污染土壤将成为人类"化学定时炸弹"，严重威胁人体健康和环境安全，已成为当前亟须解决的土壤环境问题。在持久性有机污染场地土壤修复技术中，由于化学修复方法具有效果好、周期短和成本低等特点被广泛运用于实际的场地修复。其中场地土壤淋洗修复技术是化学修复中一种常用的手段。

在美国超级基金资助的修复项目中，有8个土壤淋洗异位修复示范场地。国外学者对持久性有机污染场地土壤异位淋洗修复早在20世纪80年代就已开展相关研究。Khodadoust运用质量分数5%的TX-100和Tw-80淋洗PAHs污染场地土壤，去除率能达到75%，Villa运用TX-100对一块长期受到DDT和柴油污染的场地土壤进行异位淋洗修复，DDT、DDD和柴油的最大去除率能达到 66%、80% 和 100%，美国 CH2M HALL 公司成功运用土壤异位淋洗法对 2012 年伦敦奥运会主题体育馆污染场地进行了修复。

土壤淋洗修复技术是将淋洗液（水或含有冲洗助剂的水溶液、酸-碱溶液、配合剂或表面活性剂等）注入污染土壤或沉积物中，洗脱和清洗土壤中的污染物的过程。

该技术优点是长效性、易操作性、费用合理性（依赖于所利用的冲洗剂），灵活方便、有利于技术推广、适合治理的污染物范围很广。缺点是技术是否可行受土壤、沉积物或污泥等介质的性质的影响；若控制不当，淋洗废液可能会造成二次污染。

土壤淋洗技术作为客土法、热处理等传统土壤修复技术的有效替代，显示出了巨大的发展潜力。经过淋洗处理后，土壤可在一定程度上恢复其生态功能，回填后可作为农业用地或工业用地，具有显著的社会效益和经济效益。其原理是将淋洗剂按一定比例注入被污染的土壤中，使淋洗剂与土壤充分接触和混合，土壤中的污染物可以在物理和化学作用下进入淋洗液当中，在短时间内实现土壤污染物的减量化。淋洗剂的作用机理一般包括溶解、配合、吸附、静电作用、离子交换和氧化还原等。

近年来，土壤淋洗已有许多成功的应用案例。根据实施方式，土壤淋洗可分为原位淋洗和异位淋洗，土壤淋洗还可以与其他修复技术相结合，更高效地实现修复目标。

（一）原位淋洗

原位淋洗是指向污染土壤中施加淋洗液或"化学助剂"，使其向下渗透，穿过土壤并与污染物结合，通过解吸、螯合、溶解或固定等化学作用，达到修复污染土壤的目的（图 3-17）。

在原位土壤淋洗中，污染土壤本身不会被移动，通过注射井或喷淋头等加压装置将淋洗剂注入污染土层，然后液体在自身重力作用下进入土壤的缝隙，渗入土壤内部结构与污染物发生反应，将污染物带离土壤，然后通过地面上的抽提装置收集洗脱液，随后进行集中处理。以上过程应建立在水力研究的基础上，以保证淋洗剂与土壤颗粒的充分接触以及注射和抽提装置的可靠性，当场地的土壤和地下水同时被污染时，采用原位淋洗技术可以充分发挥同步处理的优势。原位淋洗避免了土壤的开挖、运输和回填步骤，降低了修复成本，减少了对土壤原有结构的破坏。原位淋洗技术对污染土壤的地质、水文和气候条件有一定的要求，通常适用于具有较高的水力传导性的砂质土和均质土。黏粒含量高的土壤不适合采用该方法，常年冻土地区的土壤传质效率低，也不适合采用该技术。此外，由于原位淋洗涉及对土壤及地下水等各种生态系统的影响，因此需要对淋洗后的土壤及地下水的性质变化进行评估，可采用土柱淋洗法在实验室条件下进行模拟。为降低对土壤及地下水的二次污染，应尽量采用环境友好型淋洗剂，建立洗脱液的回收和处理方法，并做好防渗措施，必要时可采用清水进行二次淋洗。出于便捷性和经济性的角度，如果当地环境符合原位淋洗的条件，尤其是大型的污染场地，则原位淋洗是首选。

原位淋洗主要用于处理地下水位线以上、饱和区的吸附态污染物。其操作系统的装备包括向土壤施加淋洗液的设备、下层淋出液收集系统、淋出液处理系统。需要把污染区域封闭起来，通常采用物理屏障或分割技术。

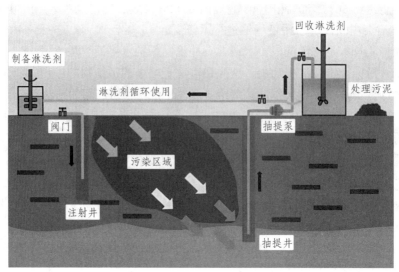

图 3-17　土壤原位淋洗示意图

（图片来自张桐）

（二）异位淋洗

异位淋洗相对原位淋洗的操作过程更为复杂，通常需要经过以下几个步骤：① 挖掘污染土壤并运送至修复地点；② 将土壤进行筛分，去除体积较大的杂物和石块；③ 进行污染土壤的淋洗修复处理；④ 固液分离；⑤ 洁净土壤的回填和洗脱液的处理。筛分中也涉及物理分离方法，如机械筛分、水力分级、静电分选、磁力分选等，合理的筛分能够减轻后续土壤淋洗过程的负担，因为细颗粒拥有更大的比表面积，因此更容易吸附污染物，如果能够实现细颗粒的高效淋洗，也会减少淋洗剂的用量进而降低成本（图 3-18）。

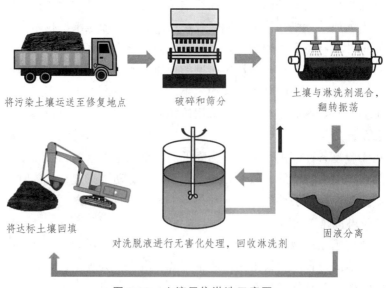

图 3-18　土壤异位淋洗示意图

（图片来自张桐）

异位淋洗相对于原位淋洗操作更加灵活，经过筛分后污染土壤体积减小，且淋洗过程在专门的封闭装置中进行，土壤与淋洗剂的充分混合使得淋洗效率得到提升，能够有效缩短淋洗时间。异位淋洗适用于各种类型污染物的治理，如重金属、放射性元素，以及许多有机物，包括石油类碳氢化合物、易挥发有机物和 PCBS 等。由于在挖掘、运输和淋洗设备中需要投入大量的资金，异位淋洗一般不适用于大型的污染场地修复。

（三）溶剂浸提技术

溶剂浸提技术是利用溶剂将有害化学物质从污染介质中提取出来或去除的修复技术。

该技术适用于修复受多氯联苯、石油类碳氢化合物、氯代碳氢化合物、多环芳烃等有机污染物污染的土壤。不用于去除重金属和无机污染物。

处理过程包括挖掘污染土壤、去除大块杂质、放入抽提罐、溶剂恢复系统、浸提液排出、加浸提溶剂（图 3-19）。

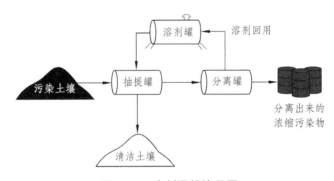

图 3-19　溶剂浸提流程图

（四）淋洗与其他修复技术联用

由于土壤的复杂性质和污染类型的多样化，目前还没有一种土壤修复技术可以完美地应用于所有类型的污染土壤。对于一些难降解、持久性污染物的去除，单独使用化学淋洗技术有一定的局限性，将土壤淋洗与其他技术或方法进行联用，能够强化土壤的修复效果。

（1）土壤淋洗与物理方法相结合，可以扩大应用范围，增强淋洗技术的优势。对于一些污染场地部分土壤不适合土壤淋洗的情况，可以采用客土法进行弥补。电化学技术与土壤淋洗相结合可以强化对污染物的去除，利用电化学方法处理淋洗废水和回收重金属也是近年来的研究热点。采用物理方法辅助土壤淋洗也可以实现淋洗过程的优化，比如超声波辅助土壤淋洗主要是利用超声波能量提高土壤与淋洗剂之间的传质效率，将超声波技术与常规机械搅拌相结合可以显著提高土壤污染物的去除效果。

（2）淋洗技术与稳定化技术的联合使用也较为常见。淋洗后土壤中重金属和有机污染物的形态可能会发生变化，因此将稳定化技术应用于淋洗之后更有利于土壤污染物环境风险的降低。这两者的结合既弥补了稳定化技术并未降低土壤污染物总量的弊端，还可巩固土壤淋洗的效果。石灰、生物炭和粉煤灰等物质都能起到固定土壤重金属的作用，一些改良剂在此基础之上还能够增加土壤养分含量，碱性稳定剂还能调节土壤的 pH。

（3）土壤淋洗与植物修复相结合，可以大幅缩短单独进行植物修复所需的时间，也能够减少土壤污染物对植物的毒性危害，植物根系的分泌物和掉落的植物成分还可以增加土壤有机质含量，改善土壤的理化性质，但也要注意淋洗剂在土壤中的残留对植物生长的影响以及植物的后续处理问题。微生物修复是一个环境友好、可持续发展的过程，可以与土壤淋洗技术相结合，充分发挥其优势。首先，淋洗过程对土壤有机污染物的富集能够大大提高其生物利用性，高效的污染物降解菌能够实现降解过程的绿色环保。微生物对于淋洗剂中有效成分的降解程度也需要关注，如果能够实现选择性的降解，即分解污染物而不分解或少分解淋洗剂成分，则可以实现淋洗剂的循环使用。

（4）纳米技术是一种在土壤修复领域中具有广阔应用前景的新兴技术。纳米材料具有比表面积大、反应活性高的特点，可以强化各种界面反应，促进土壤污染物的解吸，部分纳米材料还具有选择性降解污染物的能力。纳米技术在土壤和地下水原位修复方面显示出了巨大的发展潜力，纳米零价铁因其氧化、还原、离子交换和配合等属性而备受关注。纳米纤维素淋洗剂可以通过破坏土壤有机质与重金属或矿物的键合、竞争吸附和增溶作用实现对土壤中菲的去除，而且纳米纤维素可以从农业和工业废弃物中提取，是一种有发展前景的绿色材料。多种修复技术的组合是相辅相成的，采用的方法应具有协同效应。此外，操作步骤的增加可能也会提高修复成本，因此，是否要选择技术组合以及如何选择合适的、成本效益高的土壤修复技术组合，则应根据土壤条件、修复技术的适用范围、修复目标和成本预算等方面综合评估分析决定。

三、化学氧化修复技术

化学氧化技术是使用氧化剂与污染物发生反应，来去除或降低有害污染物毒性的过程。这个过程在原位进行，不需要挖出污染土壤或抽出地下水。原位化学氧化技术可以用于处理多种污染物，如油类、溶剂和杀虫剂。这一技术适用于处理地块中的污染源，尤其是还未下渗到地下水的污染源。在使用化学氧化技术修复地块时，通常也组合采用其他修复技术，如地下水抽提技术，来处理残余的污染物。

（一）化学氧化技术的工作原理

把氧化剂注入受污染的土壤和地下水中，氧化剂和污染物发生化学反应，变为无害物质。为让氧化剂能抵达不同深度的污染源并产生作用，需要在不同深度的污染区域安装地下水井，氧化剂被注入井中后与周围土壤或地下水混合，并与其中的污染物发生反应。化学氧化过程可能会产生较多的热量，使土壤和地下水中的污染物挥发并上升到地表。因此，必须控制化学氧化剂的使用量，以控制产生过多热量。此外，挥发出来的气体必须收集后做无害化处理。为提高修复效率，可以在氧化剂加到第一口井中后，将混有氧化剂的地下水抽出，再在抽出的水中添加一些氧化剂，加入第二口井中；然后再从第二口井中抽出混有氧化剂的地下水，继续添加氧化剂，再加入第一口井中。这种循环模式可以修复大面积的污染源（图3-20）。

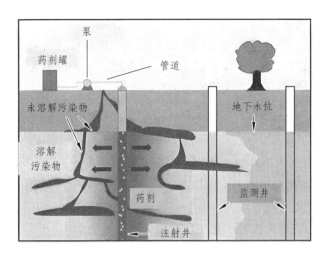

图 3-20 化学氧化原理示意图

（二）化学氧化技术的所需时间

化学氧化技术可以快速清理污染源，一般需要几个月到几年的时间。具体需要的时间取决于多种因素，如遇以下情况，可能需要较长的时间：

（1）污染范围很大；

（2）污染物所在的区域有黏土层，化学氧化剂很难接触到污染物；

（3）土壤或岩石结构不利于氧化剂扩散；

（4）氧化剂需在地下长期发挥作用。

（三）氧化剂

常用的四种氧化剂是高锰酸盐、过硫酸盐、过氧化氢和臭氧。前三种氧化剂是作为液体注射到地块中，而臭氧是强氧化剂，又是气体，使用难度较大。

有时会加入催化剂来加速氧化反应。例如，使用过氧化氢的时候加一些铁催化剂，能够加速化学反应，破坏更多污染物。化学氧化修复技术适用于修复被油类、有机溶剂、多环芳烃、PCP、农药以及非水溶态氯化物（如三氯乙烯 TCE）等污染物污染的土壤。

一般来说，化学氧化技术中的氧化剂应遵循以下原则进行选择：反应必须足够强烈，使污染物通过降解、蒸发及沉淀等方式去除，并能消除或降低污染物毒性；氧化剂及反应产物应对人体无害；修复过程应是实用和经济的。

现有化学氧化技术常用的氧化剂有臭氧、过氧化氢、次氯酸盐、氯气、二氧化氯、高锰酸钾和芬顿试剂等。其中过氧化氢及芬顿试剂高级氧化法目前得到了越来越多的应用。

四、化学还原与还原脱氯修复技术

利用化学还原剂（SO_2、FeO、气态 H_2S 等）将污染物还原为难溶态，从而使污染物在土壤环境中的迁移性和生物可利用性降低；或把其中有害的含氯分子中的氯原子去除，使之成为低毒性或无毒性的化合物。

处理过程为注射；反应；将试剂与反应产物抽提出来。

还原剂种类和方法：根据采用的不同还原剂，化学还原修复法可以分为活泼金属还原法和催化还原法。前者以铁、铝、锌等金属单质为还原剂，后者以氢气以及甲酸、甲醇等为还原剂，一般都必须有催化剂存在才能使反应进行。

五、光催化降解技术

光催化降解（光解）是指有催化剂的光降解，是一项新兴的深度土壤氧化修复技术（图3-21）。分为多相和均相两种类型。

光催化降解技术主要应用于农药、重金属等污染土壤的修复。其优点是高效、操作简单、费用低廉、可利用太阳能作为光源、无二次污染等。

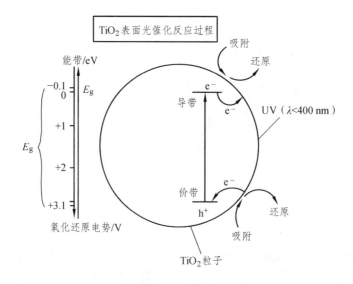

图 3-21　光催化降解污染物示意图

均相光催化降解主要以 Fe^{2+}、Fe^{3+} 及 H_2O_2 为介质，通过光助芬顿（photo-Fenton）反应使污染物降解，直接利用可见光。

多相光催化降解是在污染体系中投加一定量的光敏半导体材料，结合一定量的光辐射，使半导体在光的照射下激发产生电子空穴对，吸附在半导体上的溶解氧、水分子等与电子和空穴作用，产生·OH 等氧化性极强的自由基，与污染物之间的羟基加和、取代、电子转移等，使污染物全部或接近全部矿化，最终生成 CO_2、H_2O 及其他离子（如 Cl^-、NO_3^- 等）。

六、化学活性栅修复

依靠掺和进入污染土壤的化学修复剂与化学污染物发生氧化、还原、沉淀、聚合等化学反应，从而使污染物得以降解或转化为低毒性或移动性较低的化学形态（图3-22）。

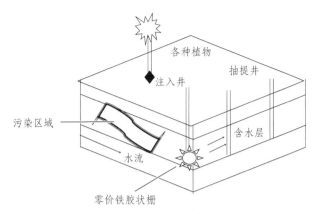

图 3-22　通过注入胶体零价铁形成的化学活性栅系统

目前，这一技术已经在受到石油烃，特别是卤代烃等有机污染物污染的土壤及地下水的修复中得到成功的应用。

任务五　生物修复

生物修复是利用微生物降解土壤地下水中污染物，将其最终转化为无机物质的技术。生物修复技术分为地面生物处理和原位生物修复两类。地面生物处理，是将受污染的土壤挖掘出来，在地面建造的处理设施内进行生物处理，主要有地面堆肥和泥浆生物反应器等。原位生物修复是在基本不破坏土壤和地下水自然环境的条件下，将受污染的土壤和地下水原位进行修复。原位生物修复又分为原位工程生物修复和原位自然生物修复。原位工程生物修复指采取工程措施，有目的地操作土壤和地下水中的生物过程，加快土壤修复生物修复。在原位工程生物修复技术中，一种途径是提供微生物生长所需的营养，改善微生物生长的环境条件，从而大幅度提高野生微生物的数量和活性，提高其降解污染物的能力，这种途径称为生物强化修复；另一种途径是投加实验室培养的对污染物具有特殊亲和性的微生物，使其能够降解土壤和地下水中的污染物，称为生物接种修复。原位自然生物修复，是利用土壤和地下水原有的微生物，在自然条件下对污染区域进行自然修复。但是，自然生物修复也并不是不采取任何行动措施，同样需要制定详细的计划方案，鉴定现场活性微生物，监测污染物降解速率和污染带的迁移等。

一、原位微生物修复

由于土壤中所含有的微生物具有体积小、繁殖快、代谢能力强以及适应性强等特点优势，因此，土壤在重金属和有机污染修复方面具有一定的优势。一般情况下，微生物修复机理主要包括吸附、富集、降解以及溶解等多方面内容。吸附的本质是通过微生物表面的电荷对带电离子进行吸收，或者利用微生物摄取必要的营养元素，以此对污染物中的有用物质进行吸附；降解主要是在细菌或真菌的生物降解作用下，对有机物或重金属的配合物进行剔除；溶解、沉淀主要是在土壤生物代谢活动产生的有机酸作用下，对重金属进行溶解或去除沉淀。

而微生物修复技术主要包括原位修复和异位修复两种类型。原位修复包括投菌法、生物通风、生物搅拌以及农耕法等，异位修复主要包括土地填埋法、土壤耕作法、预备床法以及泥浆生物反应器法等等。土著微生物本身具有活性高、降解污染物的特点优势，因此，致使其在原位修复技术中得到普遍运用。但对于一些特殊的土壤污染物，需要通过人为方式进行微生物投放，以此提升去除效率。微生物修复技术不仅成本能源消耗低，同时见效极快。除此之外，微生物在土壤中的养分循环调控过程中具有极大的发展空间。

近些年来，微生物成为社会大众培养和筛选的重要研究对象，例如，通过镉污染土壤筛选出具有较强耐镉能力的蜡样芽孢杆菌，以此对菌体上的吸附、积累以及生物矿化的影响机制进行研究。通过实践操作分析得出，在污染土壤中添加石油烃等一些物质对微生物修复技术进行强化，结合实验情况，对投放方式和条件进行确认，确保去除率得到有效提升。

原位微生物修复：是在污染源就地处理污染物的一种生物处理技术。包括自然修复和工程修复两种过程。具不需要污染物的运移、省时、高效的优点。分为生物通风修复、生物强化修复、土地耕作修复 3 类。

（一）生物通风修复

生物通风（bioventing）又称土壤曝气，是基于改变生物降解的环境条件而设计的。它是原位生物修复的一种方式。在受污染的土壤中至少打两口井，安装鼓风机和真空泵，将新鲜空气强行排入土壤中，然后再抽出，土壤中的挥发性毒物也随之去除（图 3-23）。

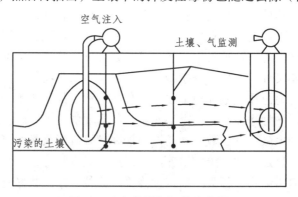

图 3-23　生物通气工艺示意图

影响生物通风技术修复效果的因素包括：

1. 土壤理化性质因素

（1）土壤的气体渗透率：土壤的渗透率一般应该大于 0.1 达西。

（2）土壤含水率：一般认为含水率达到 15% ~ 20% 时，生物修复的效果最好。

（3）土壤温度：大多数生物修复是在中温条件（20 ~ 40 ℃）下进行的，最大不超过 40 ℃。

（4）土壤的 pH：大多数微生物生存的 pH 范围为 5 ~ 9，通常中性条件下微生物对污染物降解效果较好。

（5）营养物的含量：一般认为，利用微生物进行修复时，土壤中 N、P 的比例应维持在 100：5 ~ 10：1，以满足好氧微生物的生长繁殖以及污染物的降解，并为缓慢释放形式时，效果最佳。一般添加的 N 源为 NH_4^+，P 源为 PO_4^{3-}。

（6）土壤氧气/电子受体：氧气作为电子受体，其含量是生物通风最重要的环境影响因素之一。在生物通风修复中，除了用空气提供氧气外，还可采用 H_2O_2、Fe^{3+}、NO_3^- 或纯氧作为电子受体。

2. 污染物特性因素

（1）污染物的可生物降解性：生物降解性与污染物的分子结构有关，通常结构越简单，分子量越小的组分越容易被降解。此外，污染物的疏水性与土壤颗粒的吸附以及微孔排斥都会影响污染物的可生物降解性。

（2）污染物的浓度：土壤中污染物浓度水平应适中。污染物浓度过高会对微生物产生毒害作用，降低微生物的活性，影响处理效果；污染物浓度过低，会降低污染物和微生物相互作用的概率，也会影响微生物的降解率。

（3）污染物的挥发性：一般来说挥发性强的污染物通过通风处理易从土壤中脱离。

（二）生物强化修复

生物强化法主要分为土著菌培养法和投菌法两种。其原理是通过培养能够对抗污染物的微生物的活性来达到修复土壤的目的（图3-24）。

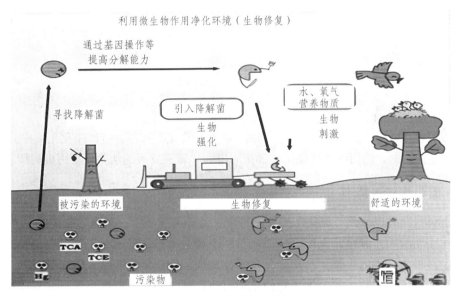

图 3-24　生物修复示意图

注：图片来源于日本国立环境研究所"通过微生物净化环境-关于生物修复研究"。https://www.nies.
go.jp/kanko/news/18/18-3/18-3-04.html.

土著菌培养就是要加强土壤中已有微生物的活性，从而将污染物充分转化为二氧化碳和水。土著菌优势是降解污染物的潜力巨大，但接种的微生物在环境中难以保持较高的活性以及工程菌的应用受到较严格的限制。

投菌法则是先培养出一批对某种污染物有高效降解能力的菌种，将其投入土壤中，来达到降解污染物的作用。投菌法应用主要是因为土著微生物不能满足降解要求，需接种外援微生物，这种外援微生物是定向筛选寻找天然存在、降解潜力大、攻击广谱、在极端环境下生存的微生物，或通过基因构建，即寻找高效降解的目的基因，利用细胞融合技术，将多种目的基因转移到同一微生物上。投菌法在应用过程中需要添加基质，这些基质需要满足能表达目的基因、对环境无毒无害、经济成本低、便于使用等要求，以促进目的基因的表达。

（三）土地耕作修复

土地耕作修复是以土壤作为接种物和供生物生长的基质的好氧生物过程。对污染土壤进行耕耙处理，同时在处理进程中施入肥料，进行灌溉，加入石灰，从而尽可能地为微生物降解提供一个良好的环境，使其有充足的营养、水分和适宜的 pH，保证污染物降解在土壤的各个层次上都能发生。

该技术的特点是成本低，可治理表层土壤污染。其缺点是修复效率不高，只能修复上层 50 cm 土壤。适用条件是浅表层污染、土壤渗透性差、污染物易降解。

土地耕作修复步骤是：

（1）去除大块石块和碎片，使土壤比较均匀一致；

（2）施入添加剂，使 90%以上的土壤有添加剂；

（3）限制营养物的投入，每次施用量< 45 kg/m³，防止流失；

（4）勤翻土壤或加入膨松剂；

（5）用石灰、明矾或磷酸调整土壤的 pH 等。

二、原位植物修复

植物修复是利用绿色植物来转移、容纳或转化污染物使其对环境无害。植物修复的对象是重金属、有机物或放射性元素污染的土壤及水体。

研究表明，通过植物的吸收、挥发、根滤、降解、稳定等作用，可以净化土壤中的污染物，达到净化环境的目的，因而植物修复是一种很有潜力、正在发展的清除环境污染的绿色技术。

（一）植物修复的特点

修复土壤的同时也净化、绿化了周围的环境；对环境扰动少，对土壤来说属于原位处理；植物修复污染土壤的过程也是土壤有机质含量和土壤肥力增加的过程，被植物修复净化后的土壤适合于多种农作物的生长；植物固化技术使地表长期稳定，控制风蚀水蚀，减少水土流失，有利于生态环境的改善和野生生物的繁衍；植物修复的成本较低，比理化修复费用低几个数量级；通过对植物的集中处理，造成二次污染的机会较少；植物修复是一个自然过程，易为公众所接受。

（二）植物修复的模式

（1）植物挥发：植物将挥发性污染物吸收到体内后再将其转化为气态物质，释放到大气中。

（2）植物过滤：指污染物被植物根系吸收后通过体内代谢活动来过滤、降解污染物质的毒性。

（3）植物稳定：利用特定植物的根或植物的分泌物固定重金，以降低其生物有效性。

（4）植物提取：利用植物对重金属的吸收，通过收获地上部来达到减少土壤重金属的目的。

（5）植物转化：植物吸收污染物后，在体内同化污染物或释放出某种酶，将有毒物质降解为无毒物质。

（6）植物辅助生物修复：通过土壤中植物根系及其周围微生物的活动，把有机污染物分解为小分子产物，或完全矿化为 CO_2、H_2O，去除其毒性。

1. 植物挥发

植物挥发（phytovolatilization）是指利用一些植物来促进重金属转变为可挥发的形态，并将之挥发出土壤和植物表面的过程。

其机理是利用植物根系吸收金属，在植物体内将 Se、As 和 Hg 等甲基化而形成可挥发性的分子，释放到大气中去，以降低土壤污染。目前，研究较多的是 Hg 和 Se（图 3-25）。据研究，烟草能使毒性大的二价汞转化为气态的汞，洋麻可使土壤中 47%的三价硒转化为甲基硒，挥发去除。

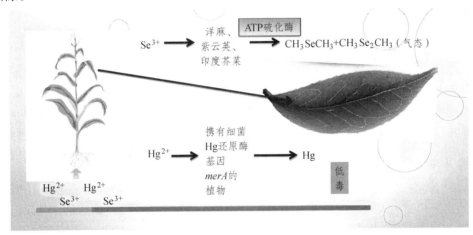

图 3-25　植物挥发技术

植物挥发易形成二次污染，将污染物转移到大气中，对人类和生物具有一定的风险。如汞、铅等挥发可能会对环境产生更大的影响。

2. 植物稳定

植物稳定（phytostabilization）又称植物钝化、植物固定。即利用植物根系固定和钝化等活动来固定土壤中的重金属，以降低其生物有效性，防止其进入地下水和食物链进一步污染环境。

植物稳定主要是通过保护土壤不受侵蚀，减少土壤渗漏来防止污染物的淋失，并通过金属在根部的积累、沉淀或根表吸收来加强土壤中重金属的固化。

植物根系分泌物能改变土壤根际环境，可使多价态的 Cr、Hg、As 的价态和形态发生改变，影响其毒性效应。根毛可直接从土壤交换吸附重金属增加根表固定。

但这只是一种临时的措施，不能彻底清除土壤重金属。

3. 植物提取

植物提取（phytoextraction）又称植物吸收，是利用一些植物对重金属的吸收作用和在地上部的积累，通过收获其地上部分进行集中处理，以达到降低土壤中重金属含量的目的。与植物挥发或植物稳定相比，植物提取法具有更大的可行性，更不易造成二次污染。它成为如今污染整治的重要手段之一，也是目前常见的一种环境友好的土壤污染治理技术。

（三）植物的选择

1. 超富集植物定义

1977 年新西兰科学家 Brooks 等提出了超富集植物（hyperaccumulator）的概念，用来描述自然界中发现的茎叶中可积累 Ni 达 1000 μg/g（干重）以上的植物。后来 Baker 和 Brooks 定义了重金属超富集植物，即能超量吸收重金属并将其运输到地上部，在地上部能够较普通植物累积 100 倍以上重金属的植物。

超富集植物的界定可考虑以下 2 个主要因素：

（1）植物地上部富集的重金属应达到一定的量，即富集系数，即指物体金属含量与土壤含量之比，以表征植物从土壤中去除金属的有效性；

（2）植物地上部的重金属含量应高于根部，即转运系数，即植物地上部金属含量与根部含量之比，以显示根部吸收的重金属向地上部的转运能力。

由于各种重金属在地壳中的丰度及在土壤和植物中的背景值存在较大差异，因此，对于不同重金属，其超富集植物富集浓度界限也有所不同。目前采用较多的是 Baker 和 Brooks 于 1983 年提出的参考值，即把植物叶片或地上部（干重）中：Cd 含量达到 100 mg/kg，As、Co、Cu、Ni、Pb 含量达到 1000 mg/kg，Mn、Zn 含量达到 10 000 mg/kg 以上的植物定为超富集植物。

2. 超富集植物的种类

超富集植物主要集中在十字花科，研究最多的主要是芸薹属、庭荠属及遏蓝菜属植物。

Cd 超富集植物：天蓝遏蓝菜（*Thlaspi caerulescens*）和东南景天（*Sedum alfredii*）被广泛认为是 Cd 超富集植物。龙葵（*Solanum nigrum*）、宝山堇菜（*Viola baoshanensis*）、商陆（*Phytolacca acinosa* Roxb）、印度芥菜（*Brassica juncea*）、油菜（*Brassica juncea*）等也是 Cd 超富集植物。

Ni 超富集植物：目前发现的超量积累植物大概有 400 多种，其中 277 种是 Ni 超富集植物。

Pb 超富集植物：主要为高山漆菇草、遏蓝菜属圆叶遏蓝菜植物。

Zn 超富集植物：Zn 超富集植物报道有 18 种，主要是十字花科的遏蓝菜属植物，其 Zn 最高积累量为 39 600 mg/kg（DW）。东南景天（*Sedum alfredii* Hance）由浙江大学在我国东南部地区古老铅锌矿上首次发现的 Zn 超富集植物，同时对 Pb 具有一定的积累作用。另外，通过野外调查发现长柔毛委陵菜（*Potentilla grifithii* Hook）也是一种新的 Zn 超积累植物。

Cu 超富集植物：迄今为止，已发现铜超富集植物 24 种，主要是甘薯属高山薯（*Ipomoea alpina*）、异叶柔花（*Aeollanthus biformifolius*）、星香草（*Haumaniastrum robertii*）植物。其中异叶柔花含铜高达 13 500 mg/kg（DW），是当今已知的铜积累量最高的植物。

1999 年陈同斌、韦朝阳在中国本土发现世界上第一种砷的超富集植物——蜈蚣草（*Pteris vittata*）。

（四）普通富集植物的强化修复

鉴于超富集植物生物量普遍较低，生长缓慢，植物修复效率有限，研究提高修复效率的措施成为当前一项十分迫切的任务。

普通富集植物的强化修复的原理是从土壤入手，与抑制土壤重金属进入植物的习惯做法相反，围绕增加土壤中靶重金属的植物利用性，强化土壤中靶重金属向植物体迁移、转化与积累。

从植物入手，在保证超积累植物与本地优势植物等不出现毒害的前提下，一方面提高植物地上部分对靶重金属的牵引力，促使土壤重金属顺利完成从土壤→植物根际→植物根系→植物茎叶的传输过程；另一方面利用农艺措施调节、控制修复植物的生长发育，以获得较高的生物产量。

可通过以下几种方式来强化植物修复：

1. 螯合诱导植物修复

螯合诱导植物修复是通过向土壤施加螯合剂来提高植物对金属的吸收量。由于螯合诱导植物修复能大幅度提高植物对金属的累积，已成为目前研究热点之一。常用螯合剂有 EDTA、NTA、EDDS、小分子量有机酸等。

2. 转基因技术

转基因植物修复技术主要包括两方面：一是通过基因筛选试验选择生物量大且金属富集能力强的超富集植物；二是将超富集植物的基因克隆移植到生物量大的耐性植物体内。Song 等将 $ycf1$ 基因克隆到植物上，转基因植物中 Pb、Cd 含量分别提高了 2 倍和 118 倍。转基因植物在修复金属污染土壤方面有良好的应用前景，能有效地提高植物对金属的耐性以及富集能力。

3. 其他方法

（1）施加营养剂（磷肥、氮肥等）可以促进植物生长发育，提高植物的生物量，同时还可以释放被吸附的金属，从而提高植物修复效率。

（2）植物-微生物联合修复是植物修复研究的新领域。根际微生物不仅能促进植物生长，提高生物量，还能产生某些分泌物，活化重金属；同时刺激植物的离子转运系统，增强向上转运的能力。但目前研究多处于盆栽实验阶段，距实际应用尚有一定距离。

（3）表面活性剂因其对土壤中重金属具有增溶和增流作用，使重金属解吸，并能增加植物细胞膜的透性，促进植物对重金属的吸收，所以在植物修复方面也有一定的应用。另外，调节土壤 pH、氧化还原电位等也能在一定程度上提高植物修复的效率。

（五）放射性污染的植物修复

植物可从污染土壤中吸收并积累大量的放射性核素，已发现桉树苗、天胡荽属等能大量吸收 ^{137}Cs 和 ^{90}Sr。

植物对放射性核素的吸收不仅与植物种类有关，还与土壤的性质有着密切的关系。土壤的离子交换能力越强，植物对放射性核素的吸收能力越大。另有研究表明在土壤中加入有机物、螯合剂和化肥可改变土壤的物理和化学特征，增加土壤中放射性核素的植物可利用性，降低这类污染物在土壤中的流动性。

放射性核素污染土壤的植物修复技术主要有 3 种：① 植物固化技术。即利用耐某种放射性核素植物降低该核素的活性，从而减少放射性核素被淋滤到地下水或通过空气扩散进一步污染环境的可能性。② 植物提取技术。即利用某种放射性核素的超积累植物将土壤中的核素转运出来，富集并搬运到植物根部可吸收部位和地上部位，待植物收获后再进行处理。连续种植这种植物，可使土壤中放射性核素的含量降低到可接受水平。③ 植物蒸发技术。即植物从土壤中吸收放射性核素（如氚），然后通过叶面作用将它们蒸发掉。超积累植物一般是指能够超量吸收并在体内积累重金属或放射性核素的植物，该植物地上部分能够累积普通作物10～500倍某种放射性核素。超积累植物通常出现在放射性核素含量较高的地区，但这些植物不一定是植物修复所需的理想植物。

（六）植物修复的局限性

植物修复是一种颇具吸引力的原位绿色技术。然而，就技术本身而言，植物修复技术也有许多限制因素。能用于植物修复的植物应有五个特性，其中关键两个即是超积累和高生物量。理想的可用于植物修复的植物，不仅其地上部必须有一个或一个以上的有毒重金属含量比在普通植物中的含量高百倍甚至千倍以上，而且植株生长快，干物质积累量大。但人们还未能找到一种同时超积累和高生物量的植物。超富集植物一般生长速度缓慢，生物量小，因而限制了它们在净化重金属污染土壤上的应用。

由于植物的重金属毒害及其耐性机理的关键因子至今还不明白，从而直接地影响植物抗重金属基因的分离与克隆，影响转基因植物的培育和抗性品种的构成。虽然从长远来说，植物提取修复技术大规模的推广应用有赖于基因工程技术，但近期内利用基因工程来提高植物提取修复功效的可能性较小。

为了解决这个问题，一方面是要寻找方法提高植物的生物量；另一方面也要采取措施促进土壤中难吸收态重金属的活化，从而提高植物修复的效率。

三、原位生态修复

生态修复（eco-remediation）是一个综合的概念，它包括原位专性微生物生态修复、原位特异性植物生态修复、原位细胞游离酶生态修复和原位白腐真菌生态修复等四部分内容。其方法及目前的进展见表 3-8。

表 3-8　原位生态修复的方法及进展

方法	使用的生态修复剂	适用性	现状
原位微生物生态修复	需氧微生物	石油烃等有机污染物	已有许多实际应用
	厌氧微生物	卤化模	仅仅是概念
原位植物生态修复	特异性植物	金属、亲脂性有机污染物	实验室和有限的田间试验
原位生物酶生态修复	细胞游离酶	有机农药	实验室阶段
原位白腐真菌生态修复	白腐真菌	多环芳烃、多氯联苯	田间试验阶段
共代谢机制生态修复	共代谢生物	PAHs、PCBs、TCE、TCA、氯甲烷、四氯化碳和氯仿	实验室和田间试验阶段
其他	非专性有机改良剂	含砷有机污染物	实验室阶段

污染土壤生态修复的综合处理系统是把具有不同特异功能的各种（2种以上）微生物注入

污染土壤以降解污染物的同时，还把一定数量的空气注入地下水位以下的区域，以促进地下水中挥发性污染物的挥发（图 3-26）。与此同时，还利用一些植物根系分泌的特异性化学物质，促进土壤中污染物的降解。

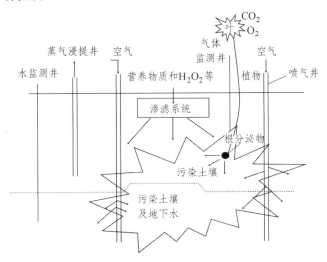

图 3-26　污染土壤生态修复综合处理技术系统

四、异位生物修复

异位生物修复是采用挖掘土壤或抽取地下水等工程措施移动污染物到邻近地点或反应器内进行的生物处理方法。

（一）预制床修复

预制床修复法是指在人工制备平台上通过强化微生物生长使土壤中有机污染物较彻底降解的方法。在不泄漏的平台上，铺上石子与砂子，将遭受污染的土壤以 15～30 cm 的厚度平铺其上，并加入营养液和水，必要时加入表面活性剂，定期翻动充氧，以满足土壤中微生物生长的需要（图 3-27）。处理过程中流出的渗滤液，回灌于该土层上，以便彻底清除污染物。

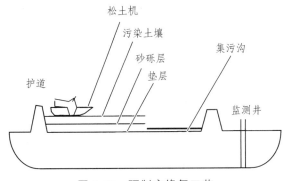

图 3-27　预制床修复工艺

挖掘堆置的处理床：将受污染的土壤从污染地区挖掘起来，防止污染物向地下水或更广大地域扩散，将土壤运输到一个经过各种工程准备（包括布置衬里，设置通气管道等）的地点堆放，形成上升的斜坡，并在此进行生物恢复的处理，处理后的土壤再运回原地（图 3-28）。

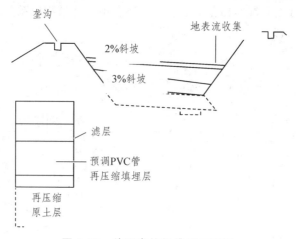

图 3-28　处理床挖掘堆置示意图

预制床修复的优点：可以在土壤受污染之初限制污染物的扩散和迁移，减少污染范围。缺点是在挖土方和运输方面的费用显著高于原位修复方法；在运输过程中可能会造成进一步的污染物暴露，还会由于挖掘而破坏原地的土壤生态结构。

（二）堆制式修复

利用传统的积肥方法，将污染土壤与有机废物（木屑、秸秆、树叶等）、粪便等混合起来，依靠堆肥过程中微生物的作用来降解土壤中难降解的有机污染物。

1. 堆制式修复的过程

第一阶段：高速降解

微生物活动很强烈，耗氧和降解的速率均很高，要非常注意供氧，可以通过强制通风或频繁混合供氧。但也需注意高温和气味的产生。

第二阶段：低速降解

一般不需要强制通风或混合，通常可以通过自然对流供氧。由于微生物活动大量减少、供能减少，所以温度不高、气味不重。通常易地进行，但对有毒化合物而言，一般尽量不作移动。

2. 堆制式修复的类型

（1）条形堆制

把污染土壤与疏松剂混合后，用机械摊成高 12 ~ 15 m、宽 30 ~ 35 m 的条形堆。这些条形堆通过每天倒翻混合时对流空气的运动，来保持好氧状态。

特点：条形堆很灵活，可以设置大量物料，且建设费用低。

（2）静态堆制

静态堆制利用强制通气使较大的堆好氧分解。封闭的操作可以控制水分和尘土飞扬（图 3-29）。

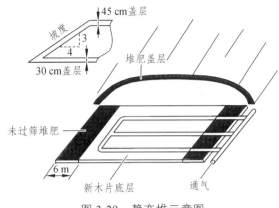

图 3-29　静态堆示意图

（3）反应器堆制

反应器堆制和其他堆制是一样的，但其操作性不如开放系统灵活。如果出现物料处置问题（如在反应器中混合料太紧实），不可能用铲车重新混合。所以大多数反应器系统使用先进的混合设备。

3. 影响堆制式修复的因素

（1）温度：污泥堆制的处理控制是控制堆温，根据每天堆温的不同控制通气量。堆温会影响三方面：① 达到一定的温度会将病原体杀死；② 温度超过 60 ℃ 会产生明显的气味，注意操作控制气味；③ 超过 60 ℃ 会使生物降解速率明显下降。

（2）水分：一般堆制过程中水分不应超过 60%，否则气体转移速率就会明显下降，致使降解速率下降。许多有毒废物降解的最适宜水分为 50% 左右，烃类推荐用 60%。

（3）原料配比：堆制混合物的最佳组分（有机能源和疏松剂）根据可处理性研究确定。即在实验室内根据耗氧速率确定最佳的混合比例可处理性研究要确定混合物比例的适合性和处理控制参数。测定目标化合物的降解，堆制式修复系统比固相或液相系统要困难得多，由于污染土壤与污泥混合、与膨胀剂混合，降低了分析检测的灵敏度。膨胀剂既有稀释作用也有吸着作用。

（4）堆龄：堆龄也会影响到烃类降解速率。处理柴油污染的土壤陈堆（6 周）明显优于新堆（2 周）。虽然新堆生物量高，但是陈堆中的污染物降解速率要高一倍。原因可能是新堆中的有机质妨碍了柴油的降解，同时，较高的天然有机质也会阻碍杀虫剂的降解。

（三）生物反应器修复

生物反应器是处理土壤的特殊反应器，通常为卧式、旋转鼓状、气提式，分批或连续培养，可污染现场或者异地处理。

生物反应器修复基本原理是利用微生物将土壤中有害有机污染物降解为无害无机物质（CO_2 和 H_2O），降解过程由改变土壤的理化条件来完成，也可接种特殊驯化与构建的工程微生物提高降解效率。

生物反应器主要特征是：

（1）以水相为处理介质，污染物、微生物、溶解氧和营养物均一分布，传递速度快，处理效果好，可最大限度满足微生物降解所需的最适宜条件，避免复杂、不利的自然环境变化。

（2）可以设计不同构造以满足不同目标处理物的需要，提供最大限度的控制。

（3）避免有害气体排入环境。

生物反应器存在的主要缺点：工程复杂，要求严格的前、后处理工序，处理费用高；同时还要注意防止污染物由土壤转移到地下水体中。

生物反应器处理污染土壤是将受污染的土壤挖掘起来与水混合后，在接种了微生物的反应器内进行处理，其工艺同污水生物处理方法。处理后的土壤与水分离后，经脱水处理再运回原地。反应装置不仅包括各种可拖动的小型反应器，也有类似稳定塘和污水处理厂的大型设施。反应器可以使土壤及其添加物如营养盐、表面活性剂等彻底混合，能很好地控制降解条件，如通气、控制温度、控制湿度及提供微生物生长所需的各种营养物质，因而处理速度快，效果好。

1. 泥浆生物反应器

泥浆生物反应器包括池塘、开放式反应器和封闭式反应器。处理步骤包括铲挖污泥土壤、消除直径大于 12 cm 的石块，制成泥浆。泥浆相含水量为 60% ~ 95%（质量分数），依生物反应器的性质而定。反应器可以是设计的容器，也可以是已有的湖塘。除了反应器外，还要有沉淀池和脱水设备（图 3-30）。

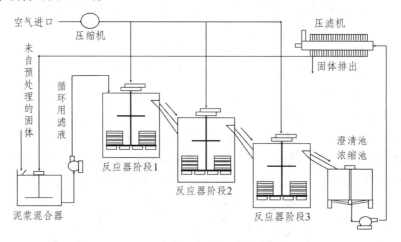

图 3-30 典型的泥浆相处理流程图

土壤泥浆反应器是最灵活的一种，它增强了营养物、电子受体和其他添加物的效力，因而能够达到最高的降解率和降解效率。在一个反应器中将受污染的土壤与 2 ~ 5 倍的水混合，使其成为泥浆状，同时加入营养物或接种物，在供氧条件下剧烈搅拌，进行处理。由于操作关键是其混合度，所以专门的泥浆搅拌器已经被研制了，为提高疏水性、有机污染物在泥浆水相中的浓度，还可以添加表面活性剂。

泥浆生物反应器具有以下特点：

（1）促进有机污染物的溶解，增加微生物与污染物的接触，加快生物降解速率。

（2）有利于表面活性剂的应用。

（3）使营养物、电子受体和主要基质分布均匀。

（4）因增加了能耗和物料处置、固液分离、水处理等过程，因此也就相应地增加了费用。

泥浆生物反应器的处理费用要比土地耕作、堆制修复等技术高得多，但比焚烧、溶剂萃取和热解吸处理要便宜得多。

2. 生物过滤系统

生物过滤系统采用一体化的集装箱式，结构如图 3-31 所示，主要包括箱体、风机、加湿器和填料床等。废气首先通过风机和集气管道收集进入组合式生物过滤设备，然后气体缓慢地通过生物活性滤床，被附着其上的微生物处理并以扩散气流的形式离开。生物过滤器内的固态介质一般使用土壤、堆肥、木屑等。其优点在于：设备少，操作简单，成本低廉，处理效率高等；其缺点在于：反应条件较难控制，占地面积较大，处理效率不够持续稳定，载体使用周期短等，且该工艺不适于处理较高浓度的废气和产酸废气。

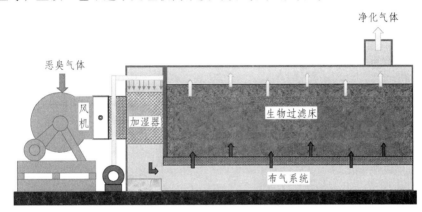

图 3-31 生物过滤系统示意图

实验一　土壤样品的采集与处理

土壤样品（简称土样）的采集与处理，是土壤分析工作的一个重要环节，直接关系到分析结果的正确与否。因此必须按正确的方法采集和处理土样，以便获得符合实际的分析结果。

一、实验用具

铁铲、锄头、土壤刀、土壤袋、木槌、研钵、土壤筛（0.25，1，2 mm）、卷尺、广口瓶、标签等。

二、土样的采集

分析某一土壤或土层，只能抽取其中有代表性的少部分土壤，这就是土样。采样的基本要求是使土样具有代表性，即能代表所研究的土壤总体。根据不同的研究目的，可有不同的采样方法。

（一）土壤剖面样品

土壤剖面样品是为研究土壤的基本理化性质和发生分类。应按土壤类型，选择有代表性的地点挖掘剖面，根据土壤发生层次由下而上地采集土样，一般在各层的典型部位采集厚约10 cm 的土壤，但耕作层必须全层柱状连续采样，每层采 1 kg；放入干净的布袋或塑料袋内，袋内外均应附有标签，标签上注明采样地点、剖面号码、土层和深度。

（二）耕作土壤混合样品

为了解土壤肥力情况，一般采用混合土样，即在一采样地块上多点采土，混合均匀后取出一部分，以减少土壤差异，提高土样的代表性。

1. 采样点的选择

选择有代表性的采样点，应考虑地形基本一致，近期施肥耕作措施、植物生长表现基本相同。采样点 5~20 个，其分布应尽量照顾到土壤的全面情况，不可太集中，应避开路边、地角和堆积过肥料的地方。

根据地形、地块大小、肥力等情况的不同，采样点的分布也不一致，一般可采用以下三种方法（图 4-1）：① 对角线采样法　适用于地块小、采样点少、肥力均匀、地形平坦、地形端正的地块；②棋盘式采样法　适用于地块面积大小中等、采样点较多（10 点以上）、地势平坦、地形整齐、肥力稍有差异的地块；③蛇形采样法；适用于地块面积大、地势不平坦、地形多变、肥力不均匀的地块。

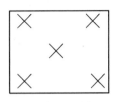

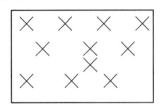
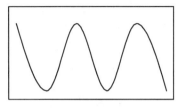

（a）对角线采样法　　　　（b）棋盘式采样法　　　　（c）蛇形采样法

图 4-1　土壤采样方法

2. 采样方法

在确定的采样点上，先用小土铲去掉表层 3 mm 左右的土壤，然后倾斜向下切取一片片的土壤（图 4-2）。将各采样点土样集中在一起混合均匀，按需要量装入袋中带回。

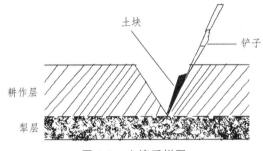

图 4-2　土壤采样图

（三）土壤物理分析样品

测定土壤的某些物理性质，如土壤容重和孔隙度等，须采原状土样。对于研究土壤结构性样品，采样时需注意湿度，最好在不粘铲的情况下采取。此外，在取样过程中，须保持土块不受挤压而变形。

（四）研究土壤障碍因素的土样

为查明植株生长失常的原因，所采土壤要根据植物的生长情况确定，大面积危害者应取根际附近的土壤，多点采样混合；局部危害者，可根据植株生长情况，按好、中、差分别取样（土壤与植株同时取样），单独测定，以保持各自的典型性。

（五）采样时间

土壤某些性质可因季节不同而有变化，因此应根据不同的目的确定适宜的采样时间。一般在秋季采样能更好地反映土壤对养分的需求程度，因而建议定期采样时在一年一熟的农田的采样期放在前茬作物收获后、后茬作物种植前为宜，一年多熟农田放在一年作物收获后。不少情况下均以放在秋季为宜。当然，只需采一次样时，则应根据需要和目的确定采样时间。在进行大田长期定位试验的情况下，为了便于比较，每年的采样时间应固定。

三、土样的数量

一般 1 kg 左右的土样即够化学物理分析之用，采集的土样如果太多，可用四分法淘汰。四分法的操作是：将采集的土样弄碎，除去石砾和根、叶、虫体，并充分混匀铺成正方形，划对角线分成四份，淘汰对角两份，再把留下的部分合在一起，即为平均土样（图 4-3）如果所得土样仍嫌太多，可再用四分法处理，直到留下的土样达到所需数量（1 kg），将保留的平均土样装入干净布袋或塑料袋内，并附上标签。

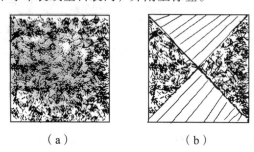

（a）　　　　　　　　　（b）　　　　　　　　　（c）

图 4-3　四分法取样步骤图

（一）风干处理

野外取回的土样，除田间水分、硝态氮、亚铁等需用新鲜土样测定外，一般分析项目都用风干土样。方法是将新鲜湿土样平铺于干净的纸上，弄成碎块，摊成薄层（厚约 2 cm）放在室内阴凉通风处自然干燥。切忌阳光直接暴晒和酸、碱、蒸气以及尘埃等污染。并在风干过程中拣去粗大的植物残体、石块、结核等。

（二）磨细和过筛

用木槌将土块研碎，切勿打碎石砾。然后取出一定土样（800 g 左右）。用 2 mm（10 号筛）筛孔过筛，不能通过的石砾称其重量，并计算其百分含量。从过筛的土样中取出 100 g 左右，作为机械分析用（可用通过 1 mm 筛孔土样）其余的土样反复碾细，用 1 mm 筛子过筛，不能通过的粗砂粒，也应称其重量，计算其百分含量。将通过 1 mm（18 号筛）的土样混匀后铺成薄层，划成若干小格，用骨匙从每一方格中取出少量土样，总量约 50 g。将其置于研钵中反复研磨，使其全部通过孔径 0.25 mm（60 号筛）的土筛，然后混合均匀。

（三）保　存

经处理后的土样，分别装入广口瓶，贴上标签。

四、思考题

（1）采集与处理土样的基本要求是什么？

（2）处理土样时为什么<1 mm 和<0.25 mm 的细土必须反复研磨使其全部过筛？

（3）处理通过孔径 1 mm 及 0.25 mm 土筛的两种土样，能否将两种筛套在一起过筛，分别收集两种土筛下的土样进行分析测定？为什么？

（4）根据土样处理结果，计算土壤石砾含量。

$$石砾含量（\%）=\frac{石砾重量}{土壤总重量}\times100$$

附表：筛号与筛孔直径（表4-1）。

表4-1 筛号与筛孔直径对应表

筛孔尺寸/mm	标准目数	筛孔尺寸/mm	标准目数	筛孔尺寸/mm	标准目数	筛孔尺寸/mm	标准目数
4.75	4	1.40	14	0.425	40	0.125	120
4.00	5	1.18	16	0.355	45	0.106	140
3.35	6	1.00	18	0.300	50	0.090	170
2.80	7	0.850	20	0.250	60	0.0750	200
2.36	8	0.710	25	0.212	70	0.0630	230
2.00	10	0.600	30	0.180	80	0.0530	270
1.70	12	0.500	35	0.150	100	0.0450	325

实验二 土壤含水量的测定

测定土壤水分是为了解土壤水分状况，以用于土壤水分管理，如确定灌溉定额的依据。在分析工作中，由于分析结果一般是以烘干土为基础表示的，也需要测定湿土或风干土的水分含量，以便进行分析结果的换算。

一、仪器和试剂

1. 仪 器

烘箱、分析天平、角匙、铝盒、干燥器、蒸发皿、镊子、玻璃棒、10 mL 量筒。

2. 试 剂

乙醇。

二、测定方法

土壤水分的测定方法很多，实验室一般采用烘干法。野外则可采用简易酒精燃烧法。

（一）烘干法

1. 原 理

将土样置于 105 ℃±2 ℃ 的烘箱中烘至恒重，即可使其所含水分（包括吸湿水）全部蒸发殆尽，以此求算土壤水分含量。在此温度下，有机质一般不致大量分解损失影响测定结果。

2. 操作步骤

（1）取干燥铝盒，称重为 W_1（g）。

（2）加土样约 5 g 于铝盒中，称重为 W_2（g）。

（3）将铝盒放入烘箱，在 105~110 ℃ 下烘烤 8 h，称重为 W_3 g。一般可达恒重，取出放入干燥器内，冷却 20 min 可称重。必要时，如前法再烘 1 h，取出冷却后称重，两次称重之差不得超过 0.05 g，取最低一次计算。

注：质地较轻的土壤，烘烤时间可以缩短至 5~6 h。

3. 结果计算

$$土壤水分含量 = \frac{W_2 - W_3}{W_3 - W_1} \times 100$$

$$水分换算系数 = \frac{W_3 - W_1}{W_2 - W_1}$$

（二）酒精燃烧法

1. 原　理

酒精可与水分互溶，并在燃烧时使水分蒸发。土壤烧后损失的重量即为土壤含水量（有机质>5%不宜用此法）。

2. 操作步骤

（1）取铝盒，称重为 W_1（g）。

（2）取湿土约 10 g（尽量避免混入根系和石砾等杂物），与铝盒一起称重为 W_2（g）。

（3）加酒精于铝盒中，至土面全部浸没即可，稍加振摇，使土样与酒精混合，点燃酒精，待燃烧将尽，用小玻璃棒来回拨动土样，助其燃烧（但过早拨动土样会造成土样毛孔闭塞，降低水分蒸发速度），熄火后再加酒精 3 mL 燃烧，如此进行 2~3 次，直至土样烧干为止。

（4）冷却后称重为 W_3（g）。

3. 结果计算

同前烘干法。

土壤分析一般以烘干土计重，但分析时又以湿土或风干土称重，故需进行换算，计算公式为

$$应称取的湿土或风干土样重 = 所需烘干土样重 \times (1 + 水分\%)$$

三、思考题

（1）列出实验数据，计算土壤水分含量。

（2）在烘干土样时，为什么温度不能超过 110 ℃？含有机质多的土样为什么不能采用酒精燃烧法？

（3）土壤含水率为 5.5%，则 50 g 干土相当于风干土多少克？

（4）土壤含水率为 5.5%，则 50 g 风干土相当于干土多少克？

实验三　土壤酸碱度的测定

一、土壤 pH 的测定

pH 的化学定义是溶液中 H^+ 活度的负对数。土壤 pH 是土壤酸碱度的强度指标，是土壤的基本性质和肥力的重要影响因素之一。它直接影响土壤养分的存在状态、转化和有效性，从而影响植物的生长发育。土壤 pH 易于测定，常用作土壤分类、利用、管理和改良的重要参考。同时在土壤理化分析中，土壤 pH 与很多项目的分析方法和分析结果有密切关系，因而是审查其他项目结果的一个依据。

土壤 pH 分水浸 pH 和盐浸 pH，前者是用蒸馏水浸提土壤测定的 pH，代表土壤的活性酸度（碱度）；后者是用某种盐溶液浸提测定的 pH，大体上反映土壤的潜在酸度。盐浸提液常用 $1 \ mol \cdot L^{-1}$ KCl 溶液或用 $0.5 \ mol \cdot L^{-1}$ $CaCl_2$ 溶液，在浸提土壤时，其中的 K^+ 或 Ca^{2+} 即与胶体表面吸附的 Al^{3+} 和 H^+ 发生交换，使其相当部分被交换进入溶液，故盐浸 pH 较水浸 pH 低。

土壤 pH 的测定方法包括比色法和电位法。电位法的精确度较高，pH 误差约为 0.02 单位，现已成为室内测定的常规方法。野外速测常用混合指示剂比色法，其精确度较差，pH 误差在 0.5 左右。

（一）混合指示剂比色法

1. 方法原理

指示剂在不同 pH 的溶液中显示不同的颜色，故根据其颜色变化即可确定溶液的 pH。混合指示剂是几种酸碱指示剂的混合液，能在一个较广的 pH 范围内，显示出与一系列不同 pH 相对应的颜色，据此测定该范围内的各种土壤 pH。

2. 操作步骤

在比色瓷盘孔内（室内要保持清洁干燥，野外可用待测土壤擦拭），放入黄豆大小的待测土壤，滴入混合指示剂 8 滴，轻轻摇动使土粒与指示剂充分接触，约 1 min 后将比色盘稍加倾斜用盘孔边缘显示的颜色与 pH 比色卡比较，以估读土壤的 pH。

3. pH 4~11 混合指示剂的配制

称 0.2 g 甲基红、0.4 g 溴百里酚蓝、0.8 g 酚酞，在玛瑙研钵中混合研匀，溶于 400 mL 95% 酒精中，加蒸馏水 580 mL，再用 $0.1 \ mol \cdot L^{-1}$ NaOH 调至 pH 7（草绿色），用 pH 计或标准溶液校正，最后定容至 1000 mL。其变色范围如表 4-2 所示。

表 4-2　pH 混合指示剂的变色范围

pH	4	5	6	7	8	9	10	11
颜色	红	橙	黄（稍带绿）	草绿	绿	暗蓝	紫蓝	紫

（二）电位测定法

1. 方法原理

以电位法测定土壤悬液 pH，通用 pH 玻璃电极为指示电极，甘汞电极为参比电极。这两个电极插入待测液时构成一电池反应，其间产生一电位差，因参比电极的电位是固定的，故此电位差的大小取决于待测液的 H^+ 活度或其负对数（pH）。因此可用电位计测定电动势，再换算成 pH。一般用酸度计可直接测读 pH。

2. 试 剂

（1）pH 4.003 标准缓冲液：称取在 105 ℃ 烘干的苯二甲酸氢钾（$KHC_8H_4O_4$）10.21 g，用蒸馏水溶解后稀释至 1000 mL。

（2）pH 6.86 标准缓冲液：称取在 45 ℃ 烘过的磷酸二氢钾 3.39 g 和无水磷酸氢二钠 3.53 g（或用带 12 个结晶水的磷酸氢二钠于干燥器中放置 2 周，使其成为带 2 个结晶水的磷酸氢二钠，再经过 130 ℃ 烘成无水磷酸氢二钠备用），溶解在蒸馏水中，定容至 1000 mL。

（3）pH 9.18 标准缓冲液：称 3.80 g 硼砂（$Na_2B_4O_7 \cdot 10H_2O$）溶于蒸馏水中，定容至 1000 mL。此缓冲液易变化，应注意保存。

（4）1 mol·L^{-1} KCl 溶液：称取 KCl 74.6 g 溶于 400 mL 蒸馏水中，用 10% KOH 或 HCl 调节至 pH 5.6 ~ 6.0，然后稀释至 1000 mL。

3. 仪 器

酸度计、50 mL 小烧杯、搅拌器等。

4. 操作步骤

称取通过 1 mm 筛孔的风干土 5 g 两份，各放在 50 mL 的烧杯中，一份加无 CO_2 蒸馏水，另一份加 1 mol·L^{-1} KCl 溶液各 25 mL（此时土水比为 1∶5），用搅拌器搅拌 1 min，放置 30 min 后用酸度计测定。

附：PHS-3C 型酸度计使用说明

（一）准备工作

把仪器电源线插入 220 V 交流电源，玻璃电极和甘汞电极安装在电极架上的电极夹中，将甘汞电极的引线连接在后面的参比接线柱上。安装电极时玻璃电极球泡必须比甘汞电极陶瓷芯端稍高一些，以防止球泡碰坏。甘汞电极在使用时应把上部的小橡皮塞及下端橡皮套除下，在不用时仍用橡皮套将下端套住。

在玻璃电极插头没有插入仪器的状态下，接通仪器后面的电源开关，让仪器通电预热 30 min。将仪器面板上的按键开关置于 pH 位置，调节面板的"零点"电位器使读数为±0 之间。

（二）测量电极电位

（1）按准备工作所述对仪器调零。

（2）接入电极。插入玻璃电极插头时，同时将电极插座外套向前按，插入后放开外套。

插头拉不出表示已插好。拔出插头时，只要将插座外套向前按动，插头即能自行跳出。

（3）用蒸馏水清洗电极并用滤纸吸干。

（4）电极浸在被测溶液中，仪器的稳定读数即为电极电位（pH）。

（三）仪器标定

在测量溶液 pH 之前必须先对仪器进行标定。一般在正常连续使用时，每天标定一次已能达到要求。但当被测定溶液有可能损害电极球泡的水化层或对测定结果有疑问时应重新进行标定。

标定分"一点"标定和"两点"标定两种。标定进行前应先对仪器调零。标定完成后，仪器的"斜率"及"定位"调节器不应再有变动。

1. 一点标定方法

（1）插入电极插头，按下选择开关按键使之处于 pH 位，"斜率"旋钮放在 100%处或已知电极斜率的相应位置。（2）选择一与待测溶液 pH 比较接近的标准缓冲溶液。将电极用蒸馏水清洗并吸干后浸入标准溶液中，调节温度补偿器使其指示与标准溶液的温度相符。摇动烧杯使溶液均匀。（3）调节"定位"调节器使仪器读数为标准溶液在当时温度时的 pH。

2. 两点标定方法

（1）插入电极插头，按下选择开关按键使之处于 pH 位，"斜率"旋钮放在 100%处。

（2）选择两种标准溶液，测量溶液温度并查出这两种溶液与温度对应的标准 pH（假定为 pHS_1 和 pHS_2）。将温度补偿器放在溶液温度相应位置。将电极用蒸馏水清洗并吸干后浸入第一种标准溶液中，稳定后的仪器读数为 pH_1。

（3）再将电极用蒸馏水清洗并吸干后浸入第二种标准溶液中，仪器读数为 pH_2。计算 $S=[(pH_1-pH_2)/(pHS_1-pHS_2)] \times 100\%$，然后将"斜率"旋钮调到计算出来的 S 值相对应位置，再调节定位旋钮使仪器读数为第二种标准溶液的 pHS_2 值。

（4）再将电极浸入第一种标准溶液，如果仪器显示值与 pHS_1 相符则标定完成。如果不符，则分别将电极依次再浸入这两种溶液中，在比较接近 pH 7 的溶液中时"定位"，在另一溶液中时调"斜率"，直至两种溶液都能相符为止。

（四）测量 pH

（1）已经标定过的仪器即可用来测量被测溶液的 pH，测量时"定位"及"斜率"调节器应保持不变，"温度补偿"旋钮应指示在溶液温度位置。

（2）将清洗过的电极浸入被测溶液，摇动烧杯使溶液均匀，稳定后的仪器读数即为该溶液的 pH。

（五）注意事项

（1）土水比的影响：一般土壤悬液越稀，测得的 pH 越高，尤以碱性土的稀释效应较大。为了便于比较，测定 pH 的土水比应当固定。经试验，采用 1:1 的土水比，碱性土和酸性土均能得到较好的结果；酸性土采用 1:5 和 1:1 的土水比所测得的结果基本相似，故建议碱性土采用 1∶1 或 1∶5 土水比进行测定。

（2）蒸馏水中 CO_2 会使测得的土壤 pH 偏低，故应尽量除去，以避免其干扰。

（3）待测土样不宜磨得过细，宜用通过 1 mm 筛孔的土样测定。

（4）玻璃电极不测油液，在使用前应在 0.1 mol·L^{-1} NaCl 溶液或蒸馏水中浸泡 24 h 以上。

（5）甘汞电极一般为 KCl 饱和溶液灌注，如果发现电极内已无 KCl 结晶，应从侧面投入一些 KCl 结晶体，以保持溶液的饱和状态。不使用时，电极可放在 KCl 饱和溶液或纸盒中保存。

实验四　土壤容重的测定

一、测定目的

土壤容重（又称为假比重）是用来表示单位原状土壤固体的质量，是衡量土壤松紧状况的指标。容重大小是土壤质地、结构、孔隙等物理性状的综合反映，因此，容重与土壤松紧度、孔隙度关系如表 4-3 所示。

表 4-3　土壤容重与松紧度、孔隙度的关系

松紧度	容重/g·mL^{-1}	孔隙度/%
最松	< 1.00	> 60
松	1.00～1.14	60～56
合适	1.14～1.26	56～52
稍紧	1.26～1.30	52～50
紧	> 1.30	< 50

土壤过松、过紧均不适宜作物生长发育的要求。过松跑墒，作物根扎不牢；过紧透水透气不良。土壤容重不是固定不变的，尤其是土壤表层常常因自然条件和人为措施而改变。测定容重不仅能反映土壤或土层之间物理性状的差异，而且是计算土壤孔隙度、土壤容积含水量和一定体积内土壤重量等不可缺少的基本参数。

二、仪器、工具

容重采土器（环刀）、折尺、剖面刀、铁锹、小木槌、小木板、烘箱、台秤。

三、测定方法——环刀法

1. 原　理

容重是在田间自然状态下，单位容积土壤的干重。单位为 g·cm^{-3}。测定时将一定容积的环刀（金属圆筒）插入土壤中采取土样，经烘干（105～110 ℃，6～8 h）后求出干土重，由环刀的容积算出单位容积的干土重量。

2. 操作过程

将采样点的表土铲平，在土壤的垂直剖面上，分层平稳地打入采土器（可在套环上垫一木板，直接敲击木板），切勿左右摇晃和倾斜，以免改变土壤的原来状况，待采土器全部进入土壤后，用铁铲挖去采土器四周的土壤，取出采土器，小心脱出采土器后端的安全钢环（不可搅动采土器内的土壤）。然后用小刀削平采土器两端的土壤，使土壤容积一定。（在整个操作中，如发现环刀内土壤亏缺或松动，应弃掉重取。）将土壤全部转入已知重量的铝盒中，放入 105 ℃ 烘箱中烘至恒重，重复 3～5 次，取平均值（如果兼测土壤含水量，则烘前应称湿土重）。在操作过程中，有关测定数据应及时记入表 4-4 中。

表 4-4　土壤容重的测定数据记录

重复次数	I	II	III
铝盒号			
铝盒重①			
铝盒+干土重第一次②			
铝盒+干土重第二次③			
采土器体积④（100 cm³）			
容重＝③-①/④/g·cm⁻³			
容重平均值/g·cm⁻³			

四、结果计算

$$d_a = \frac{W}{V} = \frac{W}{100}$$

式中　d_a——容重，$g·mL^{-1}$；

　　　W——环刀内干土重量，g；

　　　V——采土器的容积，通常为 100 cm³。

五、思考题

（1）根据表 4-4 记录的数据计算出土壤容重平均值。

（2）假设一土壤比重为 2.65，用你所测的土壤容重值计算出土壤孔隙度是多少？

（3）在田间用容重采土器取样过程中应注意哪些问题？

（4）简述测定土壤容重的意义何在。

实验五　土壤有机质的测定

有机质是土壤的重要组成部分，其含量虽少，但在土壤肥力上的作用却很大，它不仅含有各种营养元素，而且还是微生物生命活动的能源。土壤有机质的存在对土壤中水、肥、气、热等各种肥力因素起着重要的调节作用，对土壤结构、耕性也有重要的影响。因此土壤有机质含量的高低是评价土壤肥力的重要指标之一，是经常需要分析的项目。

测定土壤有机质的方法很多，有重量法、滴定法和比色法等。重量法包括古老的干烧法和湿烧法，此法对于不含碳酸盐的土壤测定结果准确，但由于方法要求特殊的仪器设备，操作繁琐、费时间，因此一般不作为例行方法来应用。滴定法中最广泛使用的是重铬酸钾氧化还原滴定法，该法不需要特殊的仪器设备，操作简便、快速，测定不受土壤中碳酸盐的干扰，测定的结果也很准确。

重铬酸钾氧化还原滴定法根据加热的方式不同又可分为外加热法（schollenberger 法）和稀释热法（walkley-baclk 法）。前者操作不如后者简便，但有机质的氧化比较完全（是干烧法的 90%～95%）。后者操作较简便，但有机质氧化程度较低（是干烧法的 70%～86%），而精密度较高，测定受室温的影响大。比色法是将被土壤还原成 Cr^{3+} 的绿色或在测定中氧化剂 $Cr_2O_7^{2-}$ 橙色的变化，用比色法测定。这种方法的测定结果准确性较差。本实验只选用重铬酸钾氧化还原滴定的两种方法。

用重铬酸钾氧化还原滴定法测定土壤有机质，实际上测得的是"可氧化的有机碳"，所以在结果计算时要乘以一个由有机碳换算为有机质的换算因数。换算因数随土壤有机质的含碳率而定。各地土壤有机质的组成不同，含碳率亦不一致，如果都用同一换算因数，势必会产生一些误差；但是为了便于各地资料的相互比较和交流，统一使用一个公认的换算因数还是必要的，目前国际上仍然一直沿用古老的"Van Bemmelen"因数，即 1.724，这是假设土壤有机质含碳为 58% 计算出的。

一、方法原理

在一定温度加热的条件下，用一定浓度的 $K_2Cr_2O_7$-H_2SO_4 溶液，氧化土壤有机 C，反应如下：

$$2Cr_2O_7^{2-} + 3C + 16H^+ \longrightarrow 4Cr^{3+} + 3CO_2\uparrow + 8H_2O$$

反应剩余的 $Cr_2O_7^{2-}$，以邻菲罗啉为指示剂，用 Fe^{2+} 标准溶液滴定：

$$Cr_2O_7^{2-} + 6Fe^{2+} + 14H^+ \longrightarrow 2Cr^{3+} + 6Fe^{3+} + 7H_2O$$

由氧化有机 C 的 $Cr_2O_7^{2-}$ 净消耗量计算土壤中有机碳的含量，再换算为有机质的量。由于此法对有机碳氧化还不够完全，所以测得的有机碳需乘以一个氧化校正系数，方能与经典的重量法的结果一致。氧化校正系数应根据氧化剂的浓度，消煮的温度与时间、催化剂的存在与否以及样品中有机碳的含量不同而有变化。常用的外加热法（用油浴、石蜡浴或磷酸浴加热），测得的结果与重量法（干烧法）对比，只能氧化 90% 左右的有机碳，因此测得的结果应乘以氧化校正系数 1.1。

土壤中如有 Cl^- 和 Fe^{2+} 存在，在测定时也能被 $K_2Cr_2O_7$-H_2SO_4 溶液氧化而导致结果偏高，须设法消除其干扰。

二、试剂配制

（1）0.8000 mol·L⁻¹（1/6 K₂Cr₂O₇-H₂SO₄）溶液

准确称取经 130 ℃ 烘 2~3 h 的 $K_2Cr_2O_7$-H_2SO_4 39.0000 g 溶于 1000 mL 水中。

（2）0.2 mol·L⁻¹ FeSO₄ 标准溶液

56 g $FeSO_4 \cdot 7H_2O$ 或 80 g $(NH_4)_2SO_4 \cdot FeSO_4 \cdot 6H_2O$ 溶于 60 mL 3 mol·L⁻¹ H_2SO_4 中，然后加水至 1 L。

（3）邻菲罗啉指示剂

1.49 g 邻菲罗啉（$C_{12}H_8N_2$）和 0.70 g $FeSO_4 \cdot 7H_2O$[或 1.0 g $(NH)_2SO_4 \cdot FeSO_4 \cdot 6H_2O$]溶于 100 mL 水中，贮于棕色瓶内。

（4）85% H₃PO₄ 工业品

供磷酸浴用。用前应先小心加热至约 180 ℃，逐尽水分。

三、操作步骤

准确称取通过 0.25 mm 筛孔的土样 0.2~1.0 g，放在光滑纸条的一端，小心地装入硬质试管（18 mm×180 mm）的底部。准确加 0.8000 mol·L⁻¹（1/6 $K_2Cr_2O_7$-H_2SO_4）溶液 5.00 mL，摇动试管，使土样分散，再加入 5 mL 98% 的浓 H_2SO_4，在试管口上加盖一小漏斗，以冷凝加热时逸出的水气。将试管放入加热至 170~180 ℃ 的磷酸浴中消煮，待试管内溶液开始滚动或有较大气泡发生时，开始计算时间，保持沸腾 5 min。取出试管，在空气中放冷却后，将试管内容物少量多次地洗入 250 mL 三角瓶中，此时三角瓶内溶液的总体积为 60~70 mL，保持混合液中 H_2SO_4 的浓度为 2~3 mol·L⁻¹（1/2H_2SO_4）。加入邻菲罗啉指示剂 3 滴，用 0.2 mol·L⁻¹ FeSO₄ 标准溶液滴定至终点（颜色由黄绿→灰绿→亮绿→棕红）。每批样品测定的同时，做 2~3 个空白标定，即用纯石英砂或灼烧过的土壤代替土样，其他操作手续与样品测定相同。

四、结果计算

$$土壤有机质 (\%) = \frac{\dfrac{0.8000 \times 5}{V_0}(V_0-V) \times 0.003 \times 1.724 \times 1.1}{W} \times 100$$

式中　V_0——空白标定时所消耗 FeSO₄ 标准液的体积，mL；

V——土壤测定时所消耗 FeSO₄ 标准液的体积，mL；

0.003——1/4c 的摩尔质量，kg·mol⁻¹；

1.724——由有机 C 换算为有机质的因数；

1.1——氧化校正系数（此法为 1.1）；

0.8000——K₂Cr₂O₇ 浓度；

5——使用 K₂Cr₂O₇ 体积；

W——烘干土样质量，g。

平行测定结果用算术平均值表示，保留 3 位有效数字。

2 次平行测定结果的允许差：土壤有机质含量小于 3%时为 0.05%；有机质含量 3%～8%时为 0.10%～0.30%。

五、思考题

（1）加热消煮过程中，试管溶液变成绿色时说明了什么？应采取什么措施？

（2）氧化有机碳时，为什么须严格控制温度（170～180 ℃），准确计时？

（3）如何消除在测定过程中 Cl^-、Fe^{2+}的干扰及氧化不完全等问题？

实验六　土壤中碱解氮的测定

（碱解-扩散法）

一、实验目的及说明

土壤有效氮迄今还没有很满意的化学测定方法。过去常用的酸水解法测定土壤水解性氮，对于有机质含量较高的土壤，其测定结果与作物生长有良好的相关。但该法用于测定有机质含量低的土壤时，其测定结果不理想。又由于是用酸水解土样，因此，该法不适用于含石灰质的土壤。

碱解-扩散法是近年来较为广泛应用的一种测定有效氮的方法，该法是用一定浓度的碱溶液，在一定的温度条件下，使土壤中易水解的有机态氮水解，生成氮时所测得的"水解性氮"也称碱解氮。土壤中碱解氮的含量与土壤有机质和全氮含量以及土壤的水热条件，微生物活动情况有密切相关，碱解氮含量的高低，能大致反映出近期内土壤氮素的供应情况，与作物生长和产量有一定的相关性，可作为土壤有效氮的指标。碱解-扩散法测定土壤有效氮，不受土壤中 $CaCO_3$ 的影响，操作简便，结果的精密度较高，适于大批样品的分析，但此法测得的有效氮不包括 NO_3-N，水解和扩散时间较长，需用扩散皿、恒温箱及微量滴定管等仪器设备。

二、方法原理

利用稀碱与土样在一定条件下进行水解作用，使土壤中易水解的有机态氮化合物转化为 NH_3，连同土壤中原有的 NH_4^+-N，一并用扩散法测定。碱的种类和浓度、土液比率、扩散皿的容积大小、水解时的温度和作用时间等因素，对测得的碱解氮含量高低都有影响。为了取得可以互相比较的结果，必须严格按照指定的条件进行测定。

三、试　剂

（1）2%硼酸溶液。

（2）甲基红-溴甲酚绿混合指示剂。

（3）0.01 mol·L⁻¹ HCl 标准溶液。

（4）1 mol·L⁻¹ NaOH 溶液：40.0 g 化学纯 NaOH 溶于 1 L 水中。

（5）碱性甘油：40 g 阿拉伯胶粉与 60 mL 水在烧杯中混合，温热至 70～80 ℃，搅拌促溶，约 1 h 后放冷。加入 20 mL 甘油和 20 mL 饱和 K_2CO_3 水溶液，搅匀，放冷。最好用离心机分离以除去泡沫和不溶物，将清液倾泻于小玻璃瓶中。此法配制的碱性甘油黏结性较好。也可用简单方法配制：在甘油中溶解几小粒固体 NaOH，搅拌均匀后便可使用。

（6）培养箱。

四、操作步骤

称取风干土样（1 mm）2.00 g，均匀地铺放在扩散皿外室的一边。取 2 mL 2% H_3BO_3-指示剂溶液放入扩散皿的内室。然后在扩散皿的外室磨口边缘上均匀地涂一薄层碱性甘油，盖上毛玻璃，从毛玻璃的小孔处（应对着扩散皿外室的无土处）注入 10 mL 1 mol·L⁻¹ NaOH，立即盖严扩散皿，并小心地转动扩散皿，使土粒与溶液均匀分散。然后用橡皮筋套紧，以防毛玻璃滑动。放入(40±1) ℃的恒温箱中，(24±0.5) h 后取出，揭开毛玻璃，用酸标准溶液滴定扩散皿内室 H_3BO_3 液吸收的 NH_3，边滴边用小玻璃棒轻轻搅动，直至溶液由蓝绿色突变为紫红色。

在测定样品同时，进行空白测定以校正试剂误差和滴定误差，同时最好用 NH_4^+-N 标准溶液做 NH_4^+-N 回收率的测定，以检验测定结果的准确性。

五、结果计算

$$土壤碱解 N（mg·kg⁻¹）= \frac{(V-V_0)\times c\times 14\,000}{m}$$

式中　V，V_0——土样测定和空白测定所用 HCl 标准液的体积，mL；

　　　　c——HCl 标准溶液的浓度，mol·L⁻¹；

　　　　14 000——N 的摩尔质量换算为 mg·kg⁻¹ 的系数；

　　　　m——干土样质量，g。

六、注意事项

（1）测定中如果要包括土壤 NO_3-N 在内，需在土样中加入 $FeSO_4$，并以 Ag_2SO_4 做催化剂，使 NO_3-N 还原为 NH_4^+-N。而 $FeSO_4$ 本身要消耗部分 NaOH，所以测定时所用 NaOH 的浓度需提高一些。例如，2 g 土加 10 mL 1.07 mol·L⁻¹ NaOH，0.2 g $FeSO_4$·$7H_2O$ 和 1 mL 饱和 Ag_2SO_4 溶液进行碱解和还原。

（2）测定以前扩散皿内室应用已调节至 pH 4.5 的水洗至加入的水不再变色为止（紫红色）。然后再加入 2% H_3BO_3-指示剂混合液。

（3）毛玻璃的内侧也需用毛笔涂一薄层碱性甘油，切勿涂多，以防从培养箱中取出扩散皿时，逸出的 NH_3 被毛玻璃上凝结的水吸收，影响测定结果。

（4）大批样品测定时，可将 6~8 个扩散皿叠起，用绳扎紧，放入培养箱，这样既可充分利用培养箱的容积，又可减少扩散皿漏气的可能性。

（5）NH_4^+-N 回收率的测定：吸取 100 mg·L^{-1} NH_4^+-N 标准液 5.00 mL 于扩散皿外室，按测定土样的同样操作测定。每批样品应做 4~6 个 NH_4^+-N 回收率试验。在样品滴定前先滴定 2 份盛标准液的扩散皿，作回收率检查。若 NH_4^+-N 的回收率达 98% 以上，证明溶液中的 NH_3 已扩散完全，可以开始滴定成批样品；如回收率尚未达到要求，则需延长扩散时间。

七、思考题

（1）什么是碱解氮？为什么要严格控制水解时的温度和时间？

（2）用碱解-扩散法测定出来的氮素包括哪几种氮素形态？对作物有效性如何？

（3）在测定过程中应注意哪些问题？

实验七　土壤有效磷的测定

（0.5 mol·L^{-1} $NaHCO_3$ 浸提-钼锑抗比色法）

一、实验目的及说明

土壤中有效磷的含量，随土壤类型、气候、施肥水平、灌溉、耕作栽培措施等条件的不同而异。通过测定土壤有效磷，有助于了解近期内土壤供应磷的情况，为合理施用磷肥及提高磷肥利用率提供依据。

土壤速效磷的测定中，浸提剂的选择主要是根据土壤的类型和性质测定。浸提剂是否适用，必须通过田间试验来验证。浸提剂的种类很多，近 20 年各国渐趋于使用少数几种浸提剂，以利于测定结果的比较和交流。我国目前使用最广泛的浸提剂是 0.5 mol·L^{-1} $NaHCO_3$ 溶液，测定结果与作物生长有良好的相关性，适用于石灰性土壤、中性土壤及酸性水稻土。此外还使用 0.03 mol·L^{-1} NH_4F-0.025 mol·L^{-1} HCl 溶液（Bray I 法）为浸提剂，适用于酸性土壤和中性土壤。

同一土壤用不同的方法测得的有效磷含量可以有很大差异，即使用同一浸提剂，而浸提时的土液比、温度、时间、振荡方式和强度等条件的变化，对测定结果也会产生很大的影响。所以有效磷含量只是一个相对的指标。只有用同一方法，在严格控制的相同条件下，测得的结果才有相对比较的意义。在报告有效磷测定的结果时，必须同时说明所使用的测定方法。

二、方法原理

石灰性土壤中磷主要以 Ca-P（磷酸钙盐）的形态存在。中性土壤 Ca-P、Al-P（磷酸铝盐）、Fe-P（磷酸铁盐）都占有一定的比例。0.5 mol·L^{-1} $NaHCO_3$（pH 8.5）可以抑制 Ca^{2+} 的活性，使某些活性更大的与 Ca 结合的 P 浸提出来；同时，也可使比较活性的 Fe-P 和 Al-P 起水解作用而被浸出。浸出液中磷的浓度很低，须用灵敏的钼蓝比色法测定，其原理详见土壤全磷的测定章节。

当土样含有机质较多时，会使浸出液颜色变深而影响吸光度，或在显色出现浑浊而干扰测定，此时可在浸提振荡后过滤，向土壤悬液中加入活性炭脱色，或在分光光度计 800 nm 波长处测定以消除干扰。

三、试剂配制

（1）0.5 mol·L^{-1} NaHCO$_3$（pH 8.5）浸提剂：42.0 g NaHCO$_3$（化学纯）溶于约 800 mL 水中，稀释至 1 L，用浓 NaOH 调节至 pH 8.5（用 pH 计测定），贮于聚乙烯瓶或玻璃瓶中，用塞塞紧。该溶液久置因失去 CO$_2$ 而使 pH 升高，所以如贮存期超过 20 d，在使用前必须检查并校准 pH。

（2）无磷的活性炭粉和滤纸：须做空白试验，证明无磷存在。如含磷较多，须先用 2 mol·L^{-1} HCl 浸泡过夜，用水冲洗多次后再用 0.5 mol·L^{-1} NaHCO$_3$ 浸泡过夜，在布氏漏斗上抽滤，用水冲洗几次，最后用蒸馏水淋洗 3 次，烘干备用。如含磷较少，则直接用 0.5 mol·L^{-1} NaHCO$_3$ 处理。

（3）钼锑抗试剂：10.0 g 钼酸铵[(NH$_4$)$_6$Mo$_7$O$_{24}$·4H$_2$O]（分析纯）溶于 300 mL 约 60 ℃ 的水中，冷却。另取 181 mL 浓 H$_2$SO$_4$（分析纯）慢慢注入约 800 mL 水中，搅匀，冷却。然后将稀 H$_2$SO$_4$ 倒入钼酸铵溶液中，随时搅匀，再加入 100 mL 0.3%（*M/V*）酒石酸氧锑钾 [K(SbO)C$_4$H$_4$O$_6$·1/2H$_2$O]溶液；最后用水稀释至 2 L，盛于棕色瓶中，此为钼锑贮备液。

临用前（当天）称取 0.50 g 抗坏血酸（分析纯）溶于 100 mL 钼锑贮备液中，此为钼锑抗试剂，在室温下有效期为 24 h，在 2～8 ℃ 冰箱中可贮存 7 d。

（4）磷标准贮备液（C_P = 100 mg·L^{-1}）称取 105 ℃ 烘干 2 h 的 KH$_2$PO$_4$（分析纯）0.4394 g，溶于 200 mL 水中，加入 5 mL 浓 H$_2$SO$_4$（分析纯），转入 1 L 容量瓶中，用水定容。该贮备液可长期保存。

（5）磷标准工作液（C_P = 5 mg·L^{-1}）：将一定量的磷标准贮备液用 0.5 mol·L^{-1} NaHCO$_3$ 溶液准确稀释 20 倍。该标准工作液不宜久存。

四、操作步骤

（1）称取风干土样（1 mm）2.50 g，置于干燥的 150 mL 三角瓶中，加入 50 mL[(25±1)℃ 的液温]0.5 mol·L^{-1} NaHCO$_3$，于振荡机上振荡 30 s～1 min，立即用无磷干滤纸过滤到干燥的 150 mL 三角瓶中。如果发现滤液的颜色较深，则应向土壤悬浊液中加入 0.3～0.5 g 活性炭粉，摇匀后立即过滤。

（2）在浸提土样的当天，吸取滤出液 10.00 mL（含 1～25 g P）放入干燥的 50 mL 三角瓶中，加入 5.00 mL 钼锑抗显色剂，慢慢摇动，使 CO$_2$ 逸出。再加入 10.00 mL 水，充分摇匀，逐尽 CO$_2$。在室温高于 15 ℃ 处放置 30 min 后，用 1 cm 光径比色杯在 660～720 nm 波长（或红色滤光片）处测读吸光度，以空白溶液（10.00 mL 0.5 mol·L^{-1} NaHCO$_3$ 溶液代替土壤滤出液，同上处理）为参比液，调节分光光度计的零点。

（3）校准曲线或直线回归方程：在测定土样的同时，准确吸取磷标准工作溶液 0、1.50、2.50、5.00、10.00、15.00、20.00、25.00 mL，分别放入 50 mL 容量瓶中，并用 0.5 mol·L⁻¹ NaHCO₃ 溶液定容。该标准系列溶液中磷的浓度依次为 0、0.15、0.25、0.50、1.00、1.50、2.00、2.50 mol·L⁻¹ P。吸取该标准系列溶液各 10.00 mL，同上处理显色，测读系列溶液的吸光度，然后以上述标准系列溶液的磷浓度为横坐标、相应的吸光度为纵坐标绘制校准曲线，或计算两个变量的直线回归方程。

五、结果计算

$$土壤有效磷（P）(mg·kg^{-1}) = C_P \times 20^{(7)+}$$

式中　C_P——从校准曲线或回归方程求得土壤滤出液中磷的浓度，mg·L⁻¹ P；

　　　20——浸提时的液土比。

平行测定的允许差：测定值 <10 mg·kg⁻¹ P 时允许绝对差值 < 0.5 mg·kg⁻¹ P；10～20 mg·kg⁻¹ P 时绝对差值 < 1 mg·kg⁻¹；>20 mg·kg⁻¹ P 时允许相对差 < 5%。

六、注意事项

（1）用 0.5 mol·L⁻¹ NaHCO₃ 浸提-钼锑抗比色法测定结果的评价标准如表 4-5 所示。

表 4-5　0.5 mol·L⁻¹ NaHCO₃ 浸提-钼锑抗比色法测定结果的评价标准

土壤有效 P/mg·kg⁻¹	< 5	5～15	> 15
土壤有效 P 供应标准	低（缺磷）	中等（边缘值）	高（不缺磷）

（2）温度对测定结果影响较大，经多次多地区土样测定结果表明，温度每升高 1 ℃，磷的含量相对增加约 2%，因此统一规定，在 (25±1) ℃ 的恒温条件下浸提。

（3）振荡机的振荡频率最好是约 180 r/min，但 150～250 r/min 的振荡机也可使用。

（4）如果土壤有效磷含量较高，应改为吸取较少量的滤出液（如土壤有效磷在 30～60 mg·kg⁻¹，吸 5 mL，在 60～150 mg·kg⁻¹，吸 2 mL），并用 0.5 mol·L⁻¹ NaHCO₃ 浸提剂补足至 10.00 mL 后显色。

（5）当显色液中磷的浓度很低时，可与标准系列显色液一起改用 2 cm 或 3 cm 光径比色杯测定。

（6）钼锑抗比色法磷显色液在波长为 882 nm 处有一个最大吸收峰，在波长为 710～720 nm 处还有一个略低的吸收峰。因此最好选择波长 882 nm 处进行测定，此时灵敏度高，且浸提液中有机质的黄色也不干扰测定。如所用的分光光度计无 882 nm 波长，则可选在波长为 660～720 nm 处或用红色滤光片测定，此时浸出液中有机质的颜色干扰较大，需用活性炭粉脱色后再显色。

（7）如果吸取滤出液少于 10 mL，则测定结果应再乘以稀释倍数。

七、思考题

（1）土壤中磷的形态有哪几种？有效磷的含义是什么？

（2）土壤中磷素的分布特征是什么？南北方土壤中磷的固定因子有何不同？

（3）施用磷肥应注意什么问题？

（4）用 $NaHCO_3$ 浸提-钼锑抗比色法测定土壤有效磷有何优点

实验八　土壤速效钾的测定

（醋酸铵-火焰光度计法）

土壤速效钾包括代换性钾和水溶性钾，在土壤中的含量一般较高，测定速效钾可了解土壤中可供作物吸收利用钾的含量，为合理施用钾肥提供科学依据。土壤中速效钾的测定，常用钠盐或铵盐作提取剂。通常用火焰光度计法、四苯硼钠比浊法等进行测定。

一、实验目的及说明

根据钾存在的形态和作物吸收利用的情况，可分为水溶性钾、交换性钾和黏土矿物中固定的钾三类，前两类可被当季作物吸收利用，统称为"速效性钾"，后一类是土壤钾的主要贮藏形态，不能被作物直接吸收利用，按其黏土矿物的种类和对作物的有效程度，有的是难交换性的"中效性钾"，有的是非交换性的"迟效性钾"和"无效性钾"。各种形态的钾彼此能相互转化，经常保持着动态平衡，称之为"土壤钾的平衡"。

土壤全钾的含量只能说明土壤钾总贮量的丰缺，不能说明对当季作物的供钾情况。一般土壤中全钾并不少，但速效性钾则仅 $20 \sim 200\ mg \cdot kg^{-1}\ K$，不到全钾量（华北平原耕层土壤全钾为 1.7%~2.2% K，或 2.0%~2.6% K_2O）的 1%~2%。为了判断土壤钾供应情况以及确定是否需用钾肥及其施用量，土壤速效钾的测定是很有意义的。

土壤速效钾的 95% 左右是交换性钾，水溶性钾仅占极少部分，由于土壤交换性钾的浸出量依从于浸提剂的阳离子种类，因此用不同浸提剂测定土壤速效钾的结果不一致而且稳定性也不同。目前国内外广泛采用的浸提剂是 $1\ mol \cdot L^{-1}\ NH_4Ac$ 溶液。因为 NH_4^+ 和 K^+ 的半径相近，以 NH_4^+ 取代交换性 K^+ 时所得结果比较稳定，重现性好，能将土壤表面的交换性钾和黏土矿物晶格间非交换性钾分开，不因淋洗次数或浸提时间的增加而明显增加出钾量。另外待测液可直接用火焰光计测定而无干扰。

在无火焰光度计时，可用 $1\ mol \cdot L^{-1}\ NaNO_3$ 浸提-四苯硼钠比浊法测定土壤速效钾。此法测值比 $1\ mol \cdot L^{-1}\ NH_4Ac$ 法低，分级指标须另订。

二、实验方法

（一）$1\ mol \cdot L^{-1}\ NH_4Ac$ 浸提-火焰光度法

1. 方法原理

用中性的 $1\ mol \cdot L^{-1}\ NH_4Ac$ 溶液浸提土壤时，NH_4^+ 与土壤胶体表面的 K^+ 进行交换，连

同水溶性 K$^+$一起进入溶液。浸出液中的 K$^+$可直接用火焰光度法测定。火焰光度法的原理详见土壤全钾测定一节。

2. 试剂配制

（1）1 mol·L^{-1} NHAc（pH 7.0）：77.08 g CH$_3$COONH$_4$（化学纯），溶于 900 mL 水中，用稀 HAc 或 NH$_4$OH 调节至 pH 7.0，然后稀释至 1 L。调节 pH 的具体方法如下：取出 50 mL 1 mol·L^{-1} NH4Ac 溶液，以 1∶1 NH$_4$OH 或 1∶4 HAc 调至 pH 7.0（用 pH 计测试）。根据 50 mL NH$_4$Ac 所用 NH$_4$OH 或 HAc 的体积，算出所配溶液的大概需要量，将全部溶液调至 pH 7.0。

（2）K 标准溶液：0.1907 g KCl（分析纯，110 ℃ 烘干 2 h）溶于 1 mol·L^{-1} NH$_4$Ac 溶液中，并用此溶液定容至 1 L，其 C_K = 100 mg·L^{-1}。

用时准确吸取 100 mg·kg^{-1} 标准溶液 0，1，2.5，5，10，20 mL，分别放入 50 mL 容量瓶中，用 1 mol·L^{-1} NH$_4$Ac 溶液定容，即得 0，2，5，10，10，40 mg·L^{-1} K 标准系列溶液，贮于塑料瓶中保存。

3. 操作步骤

称取风干土样（1 mm）5.00 g 于 150 mL 三角瓶中，加入 50 mL 1 mol·L^{-1} NH$_4$Ac 溶液，用塞塞紧，在往返式振荡机上振荡 30 min，用干的定性滤纸过滤，以小三角瓶或小烧杯收集滤液后，与 K 标准系列溶液一起在火焰光度计上测定，记录检流计读数。绘制校准曲线或计算直线回归方程。

4. 结果计算

$$土壤速效钾（mg·kg^{-1}）= C_K \times \frac{V}{m}$$

式中　C_K——从校准曲线或回归方程求得的待测液钾浓度，mg·kg^{-1}；

　　　V——浸提剂体积，mL；

　　　m——称样量，g。

如果浸出液中钾的浓度超过测定范围，应用 1 mol·L^{-1} NH$_4$Ac 稀释后测定，其测定结果应乘以稀释倍数。

注释：

（1）1 mg·kg^{-1} NH$_4$Ac 法测定结果的评价标准如表 4-6 所示：

表 4-6　1 mg·kg^{-1} NH4Ac 法测定结果的评价标准

土壤速效钾/ mg·kg^{-1} K	< 30	30 ~ 60	100 ~ 160	> 160
供 K 水平	极低	中	高	极高

（2）含 NH$_4$Ac 的 K 标准溶液及浸出液不宜久放，以免长霉，影响测定结果。

（二）1 mol·L^{-1} NaNO$_3$ 浸提-四苯硼钠比浊法

1. 方法原理

用四苯硼钠比浊法测定速效钾时，NH$_4^+$ 有干扰，故浸提剂不宜用 NH$_4$Ac，而用 1 mol·L^{-1}

NaNO$_3$溶液。浸出液中的 K$^+$，在微碱性介质中与四苯硼钠（NaTPB）反应，生成溶解度很小的微小颗粒四苯硼钾（KTPB）白色沉淀：

$$K^+ + [B(C_6H_5)_4]^- \longrightarrow K[B(C_6H_5)_4]\downarrow$$

根据溶液的浑浊度，可用比浊法测定钾的量。待测液含 K$^+$ 3 ~ 20 mg·kg^{-1} 范围内符合比尔定律。浸出液中如有 NH$_4^+$ 存在，也将生成四苯硼铵白色沉淀（NH$_4$TPB），干扰钾的测定。消除 NH$_4^+$ 的干扰可在碱性条件下用甲醛掩蔽，因为二者能缩合生成水溶性的、稳定的六亚甲基四胺：

$$4NH_3 + 6HCHO \longrightarrow (CH_2)_6N_4 + 6H_2O$$

浸出液中如有 Ca^{2+}、Mg^{2+}、Fe^{3+}、Al^{3+}等金属离子存在，在碱性溶液中有会生成碳酸盐或氢氧化物沉淀而干扰测定，可加 EDTA 掩蔽。

2. 试剂配制

（1）1 mol·L^{-1} NaNO$_3$ 浸提剂：85.0 g NaNO$_3$（化学纯）溶于水中，稀释至 1 L。

（2）甲醛-EDTA 掩蔽剂：2.50 g EDTA 二钠盐（C$_{10}$H$_{14}$N$_2$O$_8$Na$_2$·2H$_2$O，化学纯）溶于 20 mL 0.05 mol·L^{-1} 硼砂溶液（19.07 g Na$_2$B$_4$O$_7$·10H$_2$O/L 中），加入 80 mL 3%的甲醛溶液（HCHO，分析纯），混匀后即成 pH 9.2 的掩蔽剂。配好后须用 3%四苯硼钠作空白检查，应无浑浊生成。

（3）3%四苯硼钠溶液：3.00 g 四苯硼钠（Na[B(C$_6$H$_5$)$_4$]，化学纯）溶于 100 mL 水中，加 10 滴 0.2 mol·L^{-1}NaOH，放置过夜，用紧密滤纸过滤，清亮滤液贮于棕色试剂瓶中。此试剂要求严格，每批样品测定的同时，都须用同一四苯硼钠溶液作校准曲线。

（4）钾标准溶液：0.1907 g KCl（分析纯，110 ℃ 干燥 2 h）溶于 1 mol·L^{-1} NaNO$_3$ 溶液中，并用它定容 1 L，此溶液的 C_K = 100 mg·L^{-1}。

标准系列溶液：准确吸取 100 mg·L^{-1} K 标准溶液 0，1.5，2.5，5，7.5，10，12.5 mL，分别放入 50 mL 容量瓶中，用 1 mol·L^{-1} NaNO$_3$ 溶液定容，即为 0，3，5，10，15，20，25 mg·L^{-1} K 标准系列溶液。

3. 操作步骤

称取 5.00 g 风干土样（1 mm）放入 150 mL 三角瓶中，加入 1 mol·L^{-1} NaNO$_3$ 浸提剂 25.00 mL，加塞，振荡 5 min，用干滤纸过滤。吸取清滤液 8.00 mL，放入 25 mL 三角瓶中，准确加入 1.00 mL 甲醛-EDTA 掩蔽剂，摇匀，然后用移液管沿瓶壁加入 1.00 mL 3%四苯硼钠溶液，立即摇匀。放置 15 ~ 30 min，在分光光度计波长 420 nm 处和 1 cm 光径比色杯中比浊（比浊之前，须再混匀一次）。用空白溶液（用 8.00 mL 浸提剂代替土壤滤出液，其他试剂都相同）调节分光光度计吸光度 A 的 0 点。

工作曲线可分别吸取上述 3，5，10，15，20，25 mg·L^{-1} K 标准系列溶液各 8.00 mL，按照测定的相同步骤各加 1.00 mL 甲醛-EDTA 掩蔽剂和 1.00 mL 3%四苯硼钠溶液，测定吸光度后绘制校准曲线或求回归方程。

4. 结果计算

$$土壤速效钾（mg·kg^{-1}）= C_K \times \frac{V}{m}$$

式中 C_K——从校准曲线或回归方程求得待测液中 K 浓度，mg·kg^{-1}；

     V——浸提剂体积，mL；

     m——称样量，g。

注释：

测定值的评价标准见表 4-7。

表 4-7   1 mol·L^{-1} NaNO$_3$ 浸提-四苯硼钠比浊法测定结果评价标准

土壤速效钾/ mg·kg^{-1}	< 20	20 ~ 50	> 50
供 K 水平	缺钾	中等	足够

三、思考题

（1）土壤中的速效钾包括哪几种形态？土壤钾元素丰缺主要取决于哪些因素？

（2）两种方法测定土壤钾的方法，其评价指标为什么不一样？

（3）用四苯硼钠比浊法测定土壤中的速效钾基本原理是什么？如何消除 NH$_4^+$ 的干扰？

实验九   土壤铅、镉、镍的测定

一、原子吸收分光光度法

（一）方法提要

土壤样品经王水-高氯酸消化处理后，镍元素用原子吸收分光光度法直接测定；铅、镉因含量较低，以碘化钾-甲基异丁酮萃取富集后，用原子吸收分光光度法测定。

（二）适用范围

本方法适用于各类型土壤中铅、镉、镍的测定。

（三）主要仪器设备

（1）原子吸收分光光度计。

（2）铅、镉、镍元素空心阴极灯。

（3）250 mL 分液漏斗。

（四）试 剂

（1）盐酸：优级纯，密度 1.19 g·cm^{-3}。

（2）硝酸：优级纯，密度 1.42 g·cm^{-3}。

（3）王水：3 体积盐酸与 1 体积硝酸混合，现用现配。

（4）高氯酸：优级纯，70% ~ 72%。

（5）碘化钾溶液[c(KI)=2 mol·L^{-1}]：称取 333.4 g 碘化钾（优级纯）溶于去离子水中，稀释至 1 L，贮于棕色瓶中。

（6）抗坏血酸溶液（50 g·L^{-1}）：称取 5.00 g 抗坏血酸溶于水中，稀释至 100 mL。现用现配。

（7）甲基异丁酮（MIBK）。

（8）稀盐酸[c(HCl)=0.1 mol·L^{-1}]：吸取 8.3 mL 浓盐酸于去离子水中，稀释至 1 L。

（9）稀硝酸[c(HNO$_3$)=0.1 mol·L^{-1}]：吸取 6.3 mL 浓硝酸于去离子水中，稀释至 1 L。

（10）铅标准贮备液[ρ(Pb)=1000 μg·mL^{-1}]：称取 1.5980 g 经 105~110 ℃ 烘干的硝酸铅（光谱纯）溶于 0.1 mol·L^{-1} 硝酸中，转入 1 L 容量瓶中，用硝酸溶液定容。存于塑料瓶中。

（11）镉标准贮备液[ρ(Cd)=1000 μg·mL^{-1}]：称取 1.0000 g 金属镉（优级纯或高纯）溶于 20 mL 1：1 盐酸中，转入 1 L 容量瓶中，以 0.1 mol·L^{-1} 盐酸定容。存于塑料瓶中。

（12）镍标准贮备液[ρ(Ni)=1000 μg·mL^{-1}]：称取 1.0000 g 镍（高纯）溶于 20 mL 1：1 盐酸中，转入 1 L 容量瓶中，用 0.1 mol·L^{-1} 盐酸定容。存于塑料瓶中。

（13）铅、镉混合标准溶液：分别吸取 10.00 mL、1.00 mL 铅、镉标准贮备液于 1 L 容量瓶中，用 0.1 mol·L^{-1} 盐酸定容，即为 10 μg·mL^{-1} 铅、1 μg·mL^{-1} 镉的混合标准溶液。贮于塑料瓶中备用。

（五）分析步骤

1. 仪器测定条件

见表 4-8。

表 4-8 原子吸收光谱法测定铅、镉、镍的仪器条件

元素	铅	镉	镍
测定波长/nm	283.3	228.8	232.0
燃 气	乙 炔	乙 炔	乙 炔
助燃气	空 气	空 气	空 气
测定相	有机相	有机相	水 相
火焰类型	氧化型	氧化型	氧化型
曲线浓度范围/μg·mL^{-1}	0.1~1.0	0.01~0.10	0.2~2.0

2. 操作步骤

（1）样品处理

称取通过 0.149 mm 孔径尼龙筛的风干试样 5 g（精确至 0.01 g），置于 150 mL 三角瓶中，加 20 mL 王水，轻轻摇匀，盖上小漏斗，置于电热板或电沙浴上，在通风橱中低温加热至微沸（温度在 140~160 ℃），待棕色氮氧化物基本赶完后，取下冷却。加 10~20 mL 浓高氯酸（视样品中有机质的含量而定），再加热消化至产生浓白烟，挥发大部分高氯酸，三角瓶内样品成糊状近干，取下稍冷。用约 20 mL 水洗涤容器内壁，摇匀，以中速定量滤纸过滤于 100 mL 容量瓶中，再用热的去离子水洗涤残渣 3~4 次，冷却后用水定容。同时做空白试验。

（2）镍的测定：直接用滤液上机测定。用氘灯扣除背景吸收或在非吸收线 236.2 nm 处扣除背景吸收。

（3）铅、镉的测定：吸取 50 mL 滤液于预先加入 100 mL 0.1 mol·L^{-1}盐酸的 250 mL 分

液漏斗中，经萃取分离后上机测定。萃取方法为：向漏斗中加入 10 mL 2 mol·L⁻¹ 碘化钾溶液，摇匀；加 5 mL 50 g·L⁻¹ 抗坏血酸溶液，摇匀。精确加入 10.0 mL 甲基异丁酮溶液，加塞，用力振摇 1 min，静置分层，弃去水相，把有机相放入小试管中，加塞。以甲基异丁酮调节仪器零点，按表 4-8 仪器条件上机测定，读取浓度值或吸光度。

（4）镍校准曲线绘制：吸取 20 mL 1000 μg·mL⁻¹ 镍标准贮备液于 1000 mL 容量瓶中，用 0.1 mol·L⁻¹ 盐酸定容，即为 20 μg·mL⁻¹ 镍标准溶液。存于塑料瓶中。再吸取此标准溶液 0.00，1.00，3.00，5.00，7.00，9.00 mL，分别置 6 个 100 mL 容量瓶中，加 0.5 mL 王水、1.5 mL 高氯酸，用 0.1 mol·L⁻¹ 盐酸定容，即为 0.0，0.2，0.6，1.0，1.4，1.8 μg·mL⁻¹ 镍的标准系列溶液。与样品同条件上机测定，读取吸光度，绘制校准曲线。

（5）铅、镉校准曲线绘制：吸取上述（四）（13）铅、镉混合标准溶液 0.00，2.50，5.00，7.50，10.00，12.50 mL 于 50 mL 容量瓶中，用 0.1 mol·L⁻¹ 盐酸或 0.1 mol·L⁻¹ 硝酸定容，即为 0.0，0.5，1.0，1.5，2.0，2.5 μg·mL⁻¹ 铅标准系列溶液和 0.0，0.05，0.10，0.15，0.20，0.25 μg·mL⁻¹ 镉标准系列溶液。

将上述定容后的标准系列溶液转入预先盛有 50 mL 0.1 mol·L⁻¹ 盐酸的 6 个 250 mL 分液漏斗中，加入 10 mL 2 mol·L⁻¹ 碘化钾溶液，摇匀，加入 5 mL 50 g·L⁻¹ 抗坏血酸溶液，摇匀，准确加入 10.0 mL 甲基异丁酮试剂，加塞，用力振摇 1 min，静置分层，弃去水相，把有机相放入小试管中，加塞。以甲基异丁酮试剂调节仪器零点，与样品同条件上机测定，读取吸光度，绘制校准曲线。

（六）结果计算

$$铅、镉、镍（Pb、Cd、Ni）（mg·kg^{-1}）= \frac{\rho V D}{m}$$

式中　ρ——由校准曲线查得测定液中元素的质量浓度，μg·mL⁻¹；

　　　V——测定液体积，mL；

　　　D——分取倍数，本试验中镍为 1，铅、镉为 $\frac{100}{50} = 2$；

　　　m——试样质量，g。

（七）精密度

（1）试验回收率：铅为 94%～105%，镉为 94%～107%，镍为 94%～108%。

（2）土壤镍消解液最低检测限 0.04 mg·L⁻¹。

（3）铅、镉、镍平行测定结果允许相对误差均为 10%。

（八）注意事项

（1）消化样品时防止烘干、碳化，以免金属损失，结果偏低。

（2）样品经高氯酸消化并蒸至近干后，土粒若为深灰色，说明有机物质尚未消化完全，应再加高氯酸重新消解至土样呈灰白色。

（3）含有机物过多的土壤，应增加王水量，使大部分有机物消化完全，再加入高氯酸，否则加高氯酸会发生强烈反应，使瓶中内容物溅出，甚至发生爆炸，分析时务必小心。

二、无焰原子吸收分光光度法（石墨炉）

（一）方法提要

对于铅、镉含量较低的土壤样品，经王水-过氧化氢处理后，适于用石墨炉无焰法测定。由于样品消解液基体干扰对测定有较大影响，采用加入磷酸做抑制剂，既可提高灰化温度，避免铅、镉的损失，又可消除基体干扰。

（二）适用范围

本方法适用于含铅、镉较低的各类土壤中铅、镉含量的测定。

（三）主要仪器设备

（1）原子吸收分光光度计及石墨炉装置。

（2）铅、镉空心阴极灯。

（四）试　剂

（1）盐酸：优级纯，密度 1.19 g·cm^{-3}。

（2）硝酸：优级纯，密度 1.42 g·cm^{-3}。

（3）王水：同一、（四）（3）。

（4）磷酸：优级纯，85%。

（5）过氧化氢，30%。

（6）铅、镉混合标准溶液：分别吸取 10.00 mL、0.50 mL 铅[一、（四）（10）]、镉[一、（四）（11）]标准贮备液于 1 L 容量瓶中，用 0.1 mol·L^{-1} 盐酸定容，即为 10 μg·mL^{-1} 铅、0.5 μg·mL^{-1} 镉混合标准溶液。吸取 10 mL 此标准溶液于 100 mL 容量瓶中，用 0.1 mol·L^{-1} 盐酸定容，即为 1 μg·mL^{-1} 铅、0.05 μg·mL^{-1} 混合标准溶液。

（五）分析步骤

1. 测定条件

列于表 4-9。

表 4-9　无焰原子吸收分光光度法的仪器测定条件

元素	灯电流 /mA	波长 /nm	狭缝宽度 /nm	干燥温度 /°C	时间 /s	灰化温度 /°C	时间 /s	原子化温度 /°C	时间 /s	空烧温度 /°C	时间 /s	进样体积 /μL
Pb	10	283.3	0.7	120	20	1000	20	2600	10	2700	4	20
Cd	5	228.8	0.7	120	20	750	20	2600	10	2700	4	200

2. 操作步骤

（1）样品预处理：称取通过 0.149 mm 孔径尼龙筛风干试样 1 g（精确至 0.0001 g）于三

角瓶中,以水稍加湿润,加 15 mL 王水,放置过夜。次日在电热板上加热,先低温(150 ~ 180 ℃)溶解 1 h,取下冷却,约加 20 滴 30%过氧化氢溶液,煮沸消解,视样品溶解情况再重复 2 ~ 3 次,最后再滴加 3 mL 硝酸加热蒸发近干(重复 2 次),加入 15 mL 1%硝酸,加热溶解盐类,过滤于 50 mL 容量瓶中,再以 1%热硝酸溶液洗涤残渣,加 5 mL 磷酸,用 1%硝酸定容。同时进行空白试验。

(2)样液测定:镉元素按仪器测定条件直接上机测定;铅元素则需取 5 mL 试液于 25 mL 试管中,加 2 mL 1%磷酸,用 1%硝酸定容后进行测定。由铅、镉的测定吸光度值,查对应校准曲线,减去空白,代入公式进行结果计算。

(3)校准曲线的绘制:分别吸取 1 μg·mL⁻¹ 铅、0.05 μg·mL⁻¹ 镉混合标准液 0.00,0.50,1.00,1.50,2.00,3.00 mL 于 6 个 50 mL 容量瓶中,加 5 mL 1%磷酸,用 1%硝酸定容,即为 0.0,0.01,0.02,0.03,0.04,0.06 μg·mL⁻¹ 铅和 0.0,0.0005,0.0010,0.0015,0.0020,0.0030 μg·mL⁻¹ 镉的混合标准系列溶液,按仪器测定条件上机测定,读取吸光度或浓度值。

(六)结果计算

$$铅或镉(Pb、Cd)(mg·kg^{-1}) = \frac{\rho \times V \times D}{m}$$

式中　ρ——由校准曲线查得的测定液中铅、镉的浓度,μg·mL⁻¹;

　　　V——测定液体积,mL;

　　　D——分取倍数,镉为 1,铅为 50/5;

　　　m——试样质量,g。

(七)精密度

(1)试验回收率,铅为 95% ~ 110%,镉为 95% ~ 107%。

(2)土壤铅消解液最低检测限 0.001 mg·L⁻¹;土壤镉消解液最低检测限 0.0002 mg·L⁻¹。

(3)平行测定结果允许相对误差,铅、镉均为 10%。

(八)注意事项

(1)加磷酸做抑制剂的目的是提高灰化温度以消除基体干扰的影响。因为加入磷酸能使低熔点的铅、镉与之形成难溶的磷酸盐,具有高熔点、难挥发、难解离的特点。

(2)提高灰化温度,既可阻止铅、镉的损失,又能消除基体干扰,从而达到提高分析质量的目的。

实验十　土壤汞的测定

一、冷原子吸收光谱法

(一)方法提要

土壤在高锰酸钾或五氧化二钒存在下,经硝酸、硫酸加热消化,使样品中无机汞和有机汞的化合物转变为离子态汞，用氯化亚锡将离子态汞还原成元素汞，用冷原子吸收光谱法测定其含量。

（二）适用范围

本方法适用于各类型土壤中汞的测定。

（三）主要仪器设备

（1）测汞仪；

（2）电热多孔水浴；

（3）电沙浴；

（4）氮气钢瓶及流量计；

（5）20～50 mL 汞反应瓶。

（四）试　剂

（1）硝酸：优级纯，密度 1.42 g·cm^{-3}。

（2）硫酸：优级纯，密度 1.84 g·cm^{-3}。

（3）五氧化二钒：优级纯。

（4）高锰酸钾溶液[ρ(KMnO$_4$)=50 g·L^{-1}]：称取 5.00 g 高锰酸钾（优级纯），溶于 1 mol L^{-1} 硫酸中，稀释至 100 mL。

（5）氯化亚锡溶液[ρ(SnCl$_2$·2H$_2$O)=300 g·L^{-1}]：称取 30 g 氯化亚锡（SnCl$_2$·2H$_2$O，优级纯），加热溶于 5 mL 浓盐酸中，用去离子水稀释至 100 mL。临用时配制，通入氮气 30 min 或放置半天后使用。

（6）盐酸羟胺溶液[ρ(HONH$_3$Cl)=100 g·L^{-1}]：称取 10 g 盐酸羟胺，溶于去离子水中，稀释至 100 mL。

（7）硝酸[φ(HNO$_3$)=5%]-重铬酸钾[ρ(K$_2$Cr$_2$O$_7$)=0.5 g·L^{-1}] 溶液：称取 0.5 g 重铬酸钾（优级纯），用去离子水溶解，加入 50 mL 浓硝酸（优级纯），用去离子水稀释至 1 L。

（8）硫酸$\left[c\left(\dfrac{1}{2}\text{H}_2\text{SO}_4\right)=1\,\text{mol·L}^{-1}\right]$：吸取 30 mL 浓硫酸（优级纯），缓缓加入去离子水中，冷却后稀释至 1 L。

（9）汞标准贮备液：称取 0.1354 g 氯化汞（优级纯），用 5%硝酸-0.5 g·L^{-1} 重铬酸钾溶液溶解，转入 1 L 容量瓶中，用硝酸-重铬酸钾溶液定容，即为 100 μg·mL^{-1} 汞标准贮备液。将此贮备液用硝酸-重铬酸钾溶液稀释成 10 μg·mL^{-1} 汞标准溶液。

（五）分析步骤

1. 样品的预处理

可选用下述方法中任一种。

（1）硝酸-硫酸-高锰酸钾消化法：称取通过 0.149 mm 孔径尼龙筛风干试样 0.5～2.0 g（精确至 0.001 g），置于 100 mL 容量瓶中，加入 20 mL 硝酸-硫酸（1：1）混合液；在 70～80 ℃ 电热水浴上消化 1～2 h。消化过程中将容量瓶适当摇动数次，使消化液和土壤充分作用。消化完全后取下，加入 20 mL 去离子水，再加入 5～10 mL 高锰酸钾溶液。高锰酸钾紫红色在 1 h 内不应褪色，否则应再加入高锰酸钾溶液。放置 4 h 或过夜后，逐滴加入 100 g·L⁻¹ 盐酸羟胺溶液，边加边摇动容量瓶，直至高锰酸钾刚褪色，放置片刻，用水稀释至刻度，混匀备测。同时作空白试验。

（2）硝酸-硫酸-五氧化二钒消化法：称取通过 0.149 mm 孔径尼龙筛的风干试样 0.5～2.0 g（精确至 0.001 g）于 100 mL 三角瓶中，加入约 40 mg 五氧化二钒，加入 10 mL 浓硝酸，瓶口插一小漏斗，在电热沙浴加热至微沸（约 140 ℃），约 10 min 后，取下冷却，加 10 mL 浓硝酸，再置于电热沙浴上加热，此时温度可升至 160～180 ℃，直至二氧化硫冒白烟，并赶尽大量棕色二氧化氮气体，试样呈灰白色。取下稍冷，用 10 mL 1 mol·L⁻¹ 硫酸冲洗小漏斗及瓶内壁，加热煮沸 10 min，冷却摇匀，放置使残渣沉降，将上层清液转入 100 mL 容量瓶中，用水定容，备测。同时作空白试验。

2. 试液测定

吸取消化液 10.0 mL（视汞含量而定）于反应瓶中，加入 2 mL 300 g·L⁻¹ 氯化亚锡溶液，立即盖上瓶塞，接测汞仪，按仪器说明书操作步骤进行测定，记下电流表上显示的最大峰值。

3. 校准曲线的绘制

先将 10 μg·mL⁻¹ 汞标准溶液用硝酸-重铬酸钾溶液稀释成 0.1 μg·mL⁻¹ 汞标准溶液。再分别吸取 0.00，2.00，4.00，6.00，8.00，10.00 mL 此标准溶液于 6 个 10 mL 反应瓶中，用 1 mol·L⁻¹ 硫酸补足至刻线，即为含 0.0，0.2，0.4，0.6，0.8，1.0 μg 汞标准系列溶液。按试液测定步骤操作，与试液同条件测定，读取吸收值。绘制校准曲线。

（六）结果计算

$$汞(Hg)(mg \cdot kg^{-1}) = \frac{m_1 \times D}{m}$$

式中　m_1——从校准曲线查得测定液汞含量，μg；

D——分取倍数，本操作为 $\dfrac{100}{10}$；

m——试样质量，g。

（七）精密度

（1）硝酸-硫酸-高锰酸钾消化法回收率 95%～105%；硝酸-硫酸-五氧化二钒消化法回收率 92%～95%。

（2）土壤汞消解液最低检测限 0.002 mg·L⁻¹。

（3）平行测定结果允许相对误差 ≤15%。

（八）注意事项

（1）玻璃器皿对汞有吸附作用，因此全部玻璃仪器预先需在 1∶3 硝酸中浸泡，洗净后备用。

（2）每批样品需同时作空白试验，以检查所用试剂是否纯净，引起空白值过高的试剂不能使用，需精制提纯或更换。

二、双硫腙比色法

（一）方法提要

土壤样品经硫酸、高锰酸钾消化处理后，各种形态的汞都转变为离子态汞，在硫酸中，两价汞离子与双硫腙生成橙色配合物，再用碱液洗去过量的双硫腙，在 485 nm 处进行比色测定。

（二）适用范围

本方法适用于含汞量较高的各类型土壤中汞的测定。

（三）主要仪器设备

（1）分光光度计。

（2）多孔电热水浴。

（3）分液漏斗：50 mL、100 mL、250 mL。

（四）试　剂

（1）1∶1 硫酸。

（2）盐酸：优级纯，密度 1.19 g·cm^{-3}。

（3）高锰酸钾溶液[ρ(KMnO$_4$)=50 g·L^{-1}]：同一、（四）（4）。

（4）盐酸羟胺溶液[ρ(HONH$_3$)=100 g·L^{-1}]：同一、（四）（6）。

（5）氨水-乙二胺四乙酸二钠溶液：用 1∶1 氨水溶液和 50 g·L^{-1} 乙二胺四乙酸二钠溶液按 9∶1 混合。

（6）双硫腙四氯化碳溶液：称取 50 mg 双硫腙溶于 100 mL 四氯化碳中，用玻璃棉滤去不溶物，移入分液漏斗，用 1∶100 氨水溶液反萃取三次，每次用 20 mL 溶液并振摇约 1 min，合并水相于另一个分液漏斗中，用 1 mol·L^{-1} 硫酸仔细中和水相开始出现绿色沉淀，加 100 mL 四氯化碳萃取双硫腙，弃去水相，得到纯净的双硫腙四氯化碳溶液，贮于棕色瓶并保存于冰箱中，使用时用四氯化碳稀释 7~8 倍，使之波长在 505 nm 处，吸光值约为 0.20。

（7）乙酸[φ(CH$_3$COOH)=36%]。

（8）硫氰酸胺溶液（10 g·L^{-1}）：称取 1 g 硫氰酸胺溶于水中，稀释至 100 mL。

（9）硫酸$\left[c\left(\dfrac{1}{2}H_2SO_4\right)=1\ mol·L^{-1}\right]$：同一、（四）（8）。

（10）汞标准液 [ρ(Hg)=10 μg·mL^{-1}]：称取 0.1354 g 氯化亚汞溶于 1 mol·L^{-1} 硫酸，转入 1 L 容量瓶并以其定容。临用时再用 1 mol·L^{-1} 硫酸稀释为 10 μg·mL^{-1} 汞标准溶液。

（五）分析步骤

1. 样品预处理

称取通过 0.149 mm 孔径尼龙筛的风干试样 1~5 g（精确至 0.001 g）置于 150 mL 三角瓶

中，分别加入 40 mL 去离子水、10 mL 1∶1 硫酸、20 mL 50 g·L^{-1} 高锰酸钾溶液，摇匀，瓶口放小漏斗，置沸水浴上加热消化 1 h（消化液温度 75～80 ℃）。消化过程中，每隔 5 min 左右充分摇动三角瓶 1 次，使消化液和土壤充分作用，如高锰酸钾紫色褪去，可补加 5～10 mL 高锰酸钾溶液，在明显紫色情况下消化 1 h，取下冷却，滴加盐酸羟胺溶液，边滴边摇，至紫红色和棕色褪尽，转入 100 mL 容量瓶中用水定容，取上层清液测定，同时作空白试验。

2. 样液测定及校准曲线的绘制

吸取上述消化试样溶液 5.00 mL（含汞 1～25 μg）置于 1000 mL 分液漏斗中，约加 100 mL 1 mol·L^{-1} 硫酸，加入 1 mL 硫氰酸胺溶液和 1 mL 盐酸羟胺溶液，再加 2 滴 36% 乙酸，混匀，放置 30 min。分别吸取 10 μg·mL^{-1} 汞标准溶液 0、0.10、1.50、1.00、1.50、2.00 及 5.00 mL 于 7 个 100 mL 分液漏斗中，用 1 mol·L^{-1} 硫酸稀释至约 100 mL，加入 1 mL 10 g·L^{-1} 硫氰酸胺溶液及 1 mL 100 g·L^{-1} 盐酸羟胺溶液，再加 2 滴 36% 乙酸，混匀，放置 30 min。向分别盛有试样和汞 标准系列溶液的分液漏斗中，准确加入 10 mL 双硫腙四氯化碳溶液，剧烈振摇 1 min，静置分层。另取 50 mL 分液漏斗，加入 10 mL 氨水-乙二胺四乙酸二钠溶液，将双硫腙萃取液放至此分液漏斗内，振摇 1 min，按此操作再洗涤一次，将有机相通过少许脱脂棉过滤于 1 cm 比色皿中，于波长 485 nm 处以试剂空白调零，测定吸光度，绘制校准曲线，由试样吸光度查对校准曲线，求得汞含量。

（六）结果计算

$$汞（Hg）（mg·kg^{-1}）=\frac{m_1 \times D}{m}$$

式中　　m_1——由校准曲线查得测定液汞含量，μg；

D——分取倍数，试液总体积/分取试液体积；

m——试样质量，g。

（七）注意事项

（1）三价铁、高锰酸钾及其他氧化剂能氧化双硫腙，干扰测定，故加盐酸羟胺还原。

（2）银、金、钯、铂和铜能随汞一起被萃取，使结果偏高，加硫氰酸盐可掩蔽上述元素的双硫腙配盐，用氨水-乙二胺四乙酸二钠溶液洗涤时，可分解除去。

（3）双硫腙汞配合物在有机溶剂中对光敏感，使颜色减弱，因此萃取前滴加几滴乙酸，由于乙酸进入有机相，能抑制双硫腙汞光化分解。

实验十一　土壤砷的测定

一、二乙基二硫代氨基甲酸银比色法

（一）方法提要

土壤中各种形态砷的化合物，经硝酸-高氯酸消解后，转变成砷酸或砷酸盐，五价砷在酸性溶液中经碘化钾与氯化亚锡还原为三价砷，与新生态氢生成砷化氢气体，经乙酸铅棉花除去硫化氢后，用二乙基二硫代氨基甲酸银-三乙胺-氯仿溶液吸收，生成红色配合物，颜色深度与三价砷离子成正比，比色测定。

（二）适用范围

本方法适用于各类型土壤中砷的测定。

（三）主要仪器设备

（1）分光光度计。

（2）电热板。

（3）砷化氢发生器。

（四）试　剂

（1）硝酸：优级纯，密度 1.42 g·cm⁻³。

（2）硫酸：优级纯，密度 1.84 g·cm⁻³。

（3）高氯酸：优级纯，70%～72%。

（4）氯化亚锡溶液[$\rho(SnCl_2 \cdot 2H_2O)$=400 g·L⁻¹]：称取 40 g 氯化亚锡（$SnCl_2 \cdot 2H_2O$），溶于 100 mL 浓盐酸中，保存时加入几粒锡粒。

（5）乙酸铅棉花：称取乙酸铅 10 g，溶于 20 mL 6 mol·L⁻¹乙酸中，用水稀释至 100 mL，将脱脂棉在此溶液中浸渍 1 h，取出自然晾干。

（6）锌粒：无砷，10～20 目蜂窝状细粒。

（7）二乙基二硫代氨基甲酸银-三乙胺-氯仿吸收液：称取 1.0 g 二乙基二硫代氨基甲酸银，加入 100 mL 氯仿及 4 mL 三乙胺，摇匀，以氯仿稀释至 1000 mL，放置过夜，用脱脂棉过滤后使用。

（8）碘化钾溶液 [$\rho(KI)$=150 g·L⁻¹]：称取 15.0 g 碘化钾溶于水中，稀释至 10 mL，贮于棕色瓶。

（9）砷标准贮备液[$\rho(As)$=100 μg·mL⁻¹]：准确称取于 110 ℃ 烘干 2 h 的 0.1320 g 三氧化二砷，置于 100 mL 烧杯中，加 5 mL 200 g·L⁻¹氢氧化钠溶液，温热至三氧化二砷全部溶解，以酚酞做指示剂，用 1 mol·L⁻¹硫酸中和溶液至无色，再过量 10 mL，转入 1000 mL 容量瓶中，用水定容。再分级稀释成 1.0 μg·mL⁻¹砷标准溶液。

（五）分析步骤

1. 样品处理

称取通过 0.149 mm 孔径筛的风干试样 0.2～0.5 g（精确至 0.0001 g）于砷化氢发生器的三角瓶中，加少量水润湿样品，再加入 10 mL 硝酸，盖上小漏斗，在电热板上加热数分钟后，取下冷却。然后加入 2.5 mL 硫酸和 8～10 滴高氯酸，继续加热，逐渐升温至冒大量白烟（200 ℃左右），保持此温度继续消解，直至试样完全变白，溶液近无色，取下冷却至室温，加 1 mL 浓硫酸，加水至 36 mL，摇匀。加 2 mL 150 g·L⁻¹碘化钾溶液，摇匀，放置 4 min，加 2 mL 400 g·L⁻¹

氯化亚锡溶液，摇匀，放置 15 min，加 5 g 锌粒，迅速塞上装有乙酸铅棉花导气管的瓶塞，将发生的砷化氢气体导入盛有 5 mL 吸收液的吸收管中，在室温下反应 1 h。取下吸收管，用氯仿将吸收液补足至 5 mL。在分光光度计上波长 520 nm 处，用 1 cm 比色皿，以氯仿为参比进行比色，读取吸光度。同时作空白试验。查对校准曲线，求得砷含量。

2. 校准曲线的绘制

准确吸取 1.0 μg·mL⁻¹ 砷标准溶液 0.0，1.00，2.00，3.00，4.00，6.00，8.00，10.00 mL 别置于 8 个砷化氢发生器的三角瓶中，加 5 mL 1∶1 硫酸，以水补至 36 mL。以下操作同样品测定，即为含 0.0，1.0，2.0，3.0，4.0，6.0，8.0，10.0 μg 砷标准系列。以砷标准含量为横坐标、测得的吸光值为纵坐标，绘制校准曲线。

（六）结果计算

$$汞（Hg）(mg·kg^{-1}) = \frac{m_1}{m}$$

式中　　m_1——由校准曲线查得测定液中砷含量，μg；

　　　　m——试样质量，g。

（七）精密度

（1）砷回收率 90%～101%。

（2）平行测定结果允许相对误差 ≤10%。

（八）注意事项

（1）有机质含量低的土壤，土样消化时可不必加硝酸。

（2）土样消解后，溶液应透明无色，如溶液呈棕色或黄色，说明有机质分解不完全，或硝酸分解不彻底，将对测定产生不良影响。

（3）锌粒的粒度对砷化氢的发生有强烈影响，要求粒度均一。

（4）土壤砷消解液最低检出限为 0.002 mg·L⁻¹。

二、氢化物发生-原子吸收分光光度法

（一）方法提要

在盐酸中，加入硼氢化钠还原剂，将砷还原为砷化氢，砷在光谱法石英管中原子化，用原子吸收分光光度计测定。

（二）适用范围

本方法适用于各类型土壤砷的测定，砷的最低检出限为 0.02 μg。

（三）主要仪器设备

（1）原子吸收分光光度计。

（2）砷空心阴极灯。

（3）氢化物发生装置。

（4）电热沙浴。

（5）1 mL 注射器。

（6）调压变压器。

（四）试　剂

（1）砷标准溶液[$\rho(As)=1\ \mu g \cdot mL^{-1}$]：称取 0.1320 g 三氧化二砷于 100 mL 烧杯中，加入 5 mL 盐酸溶解，转移到 100 mL 容量瓶中，用水定容，即得 1000 $\mu g \cdot mL^{-1}$ 砷标准贮备液，将此液稀释成 1 $\mu g \cdot mL^{-1}$ 砷标准溶液。

（2）硼氢化钠溶液[$p(NaBH_4)=20\ g \cdot L^{-1}$]：称取 1.0 g 硼氢化钠（优级纯），溶于 50 mL 3 $g \cdot L^{-1}$ 氢氧化钠溶液中。

（3）混合酸：用优级纯的硝酸、高氯酸、硫酸以 4∶1∶0.5 的体积比配制而成。

（4）碘化钾。

（五）分析步骤

1. 样品预处理

称取通过 0.149 mm 孔径筛的风干试样 0.2 g（精确至 0.0001 g）于 100 mL 烧杯中，用水湿润，加入 10 mL 硝酸、高氯酸、硫酸的混合酸，盖上表面皿，在电沙浴上加热，微沸 1.5 h 后，打开表面皿继续加热至高氯酸烟冒尽、硫酸白烟明显可见时，取下冷却，加入 10 mL 水稀释过滤，将滤液转移到 25 mL 容量瓶中，加入 8.3 mL 浓盐酸，以水定容。

2. 砷的仪器测定条件

见表 4-10。

表 4-10　砷的仪器测定条件

元素	砷
波长	193.7 nm
光源	砷空心阴极灯
灯电流	8 mA
盐酸浓度	4 $mol \cdot L^{-1}$
氮气流量	1 L min^{-1}
吸收管温度	850 ℃

3. 样液测定

接通原子吸收分光光度计，调节砷空心阴极灯和石英吸收管（管径 8 mm，长 17 cm）位于光轴上，使空心阴极灯以最大光强通过石英管进入单色器，用调压变压器调节石英管加热的温度，等达到原子化温度后，于样品溶液中加入 0.25 g 碘化砷，摇匀。几分钟后准确吸取 5 mL 样液（使砷的吸光值在 0.05～0.10），放入氢化物发生装置的发生器中，将发生装置连接好，以氮气排除系统中的空气。用注射器将 1 mL 20 g·L⁻¹ 硼氢化钠溶液经发生器侧管注入发生器中，此时即出现一个吸收信号，由吸光度从砷的校准曲线上查得砷含量。

4. 校准曲线的绘制

先用 1 μg·mL⁻¹ 砷标准溶液稀释配成含 0，0.02，0.04，0.06，0.08，0.10 μg 砷标准系列溶液，以浓盐酸调至 4 mol·L⁻¹ 盐酸酸度。分别吸取 5 mL 砷标准系列溶液放入氢化物发生器中，按照上述样品待测液的分析方法测定，并绘制校准曲线。

（六）结果计算

$$砷（As）（mg\cdot kg^{-1}）=\frac{m_1\cdot D}{m}$$

式中　　m_1——从校准曲线查得测定液砷含量，μg；

D——分取倍数，本操作为 $\dfrac{25}{5}$；

m——试样质量，g。

（七）精密度

（1）回收试验得到的回收率在 95% 以上。
（2）平行测定结果允许相对误差 ≤10%。

实验十二　土壤铬的测定

一、二苯碳酸二肼比色法

（一）方法提要

土样经硫酸、硝酸、磷酸消化，铬化合物变成可溶性，用高锰酸钾氧化成六价铬，用叠氮化钠除去溶液中过量的高锰酸钾，在酸性条件下，六价铬与二苯碳酰二肼（DPC）反应生成紫红色铬合物，于波长 540 nm 处测定吸光度。

（二）适用范围

本方法适用于各类型土壤中铬的测定。

（三）主要仪器设备

（1）分光光度计。
（2）离心机。
（3）电热板。
（4）电热水浴。

（四）试　剂

（1）浓硝酸：优级纯，密度 1.42 g·cm^{-3}。

（2）浓硫酸：优级纯，密度 1.84 g·cm^{-3}。

（3）浓磷酸：优级纯，85%。

（4）高锰酸钾溶液[ρ(KMnO$_4$)=5 g·L^{-1}]：称取 0.5 g 高锰酸钾（优级纯），溶于水中，稀释至 100 mL，贮于棕色瓶中。

（5）叠氮化钠溶液[ρ(NaN$_3$)=5 g·L^{-1}]：称取 0.5 g 叠氮化钠（优级纯），溶于水中，稀释至 100 mL。

（6）二苯碳酰二肼丙酮溶液（2.5 g·L^{-1}）：称取 0.25 g 二苯碳酰二肼，溶于丙酮中，并稀释至 100 mL。临用前配制。

（7）磷酸（1:1）：加热至沸，并滴加稀高锰酸钾至微红色。

（8）硫酸[ρ(H$_2$SO$_4$)=5%]-磷酸[φ(H$_3$PO$_4$)=5%]混合液：吸取硫酸、磷酸各 5 mL，慢慢加入水中，稀释至 100 mL，加热至沸，并加稀高锰酸钾溶液至微红色。

（9）铬标准贮备液[ρ(Cr)=100 μg·mL^{-1}]：准确称取经 110~120 ℃ 烘过 2 h 的重铬酸钾（优级纯）0.2829 g，溶于水后转移到 1 L 容量瓶中，用水定容。

（10）铬标准溶液[ρ(Cr)=1.0 μg·mL^{-1}]：准确吸取铬标准贮备液 10.00 mL 于 1 L 容量瓶中，用水定容。

（五）分析步骤

1. 样品预处理

称取通过 0.149 mm 孔径尼龙筛的风干试样 0.5 g（精确至 0.0001 g）于 100 mL 三角瓶中，加少量水湿润，再加入浓硫酸、浓磷酸各 1.5 mL，浓硝酸 1 mL，摇匀，放上小漏斗，置于电热板上加热消解（电热板表面温度控制在 220 ℃ 以下）至冒大量白烟，试样变白，否则应加入 1 mL 浓硝酸，继续加热直至试样变白为止。取下三角瓶冷却，用水冲洗小漏斗及瓶内壁，将消化液及残渣转移入 50 mL 容量瓶中，加水至刻度，摇匀，放置至溶液澄清或用干滤纸过滤，也可用离心机离心后待测。同时进行空白试验。

2. 样液测定

吸取 5.00 mL 清液或滤液置于 25 mL 容量瓶中，滴加 5 g·L^{-1} 高锰酸钾溶液至呈紫红色，放入沸水浴加热 15 min，若紫红色褪去，再加高锰酸钾溶液至紫红色不褪，趁热滴加 5 g·L^{-1} 叠氮化钠溶液，并不断摇动至红色刚好褪去，自水浴中取出容量瓶，加入 1 mL 1:1 磷酸，加水至约 20 mL，混匀，加 1 mL 二苯碳酰二肼丙酮溶液，用水定容，放置 10 min 后，用 3 cm 光径比色皿于波长 540 nm 处，以试剂空白调零进行比色，读取吸光度。

3. 校准曲线的绘制

吸取 1.0 μg·mL^{-1} 铬标准溶液 0.00，1.00，2.00，4.00，6.00，8.00，10.00 mL，分别放于 25 mL 容量瓶中，加 2.5 mL 5%硫酸-磷酸混合液、1 mL 1:1 磷酸，加水至约达 20 mL，混匀，再加 1 mL 二苯碳酰二肼丙酮溶液，用稀释至刻度，迅速摇匀，即为 0.00，1.00，2.00，4.00，6.00，8.00，10.00 g·mL^{-1} 铬标准系列溶液。10 min 后，与样液同条件比色测定。以吸光度为

纵坐标、相应浓度值为横坐标，绘制校准曲线。

（六）结果计算

$$铬（Cr）（mg \cdot kg^{-1}）= \frac{\rho \times V \times D}{m}$$

式中　ρ——由校准曲线查得测定液铬的质量浓度，$\mu g \cdot mL^{-1}$；

　　　V——测定液体积，mL，本试验为 25 mL；

　　　D——分取倍数，为样液定容总体积/分取溶液体积，本试验为 50/5=10；

　　　m——土样质量，g。

（七）精密度

（1）回收率 90%～103%。

（2）土壤铬消解液最低检测限 0.01 mg·L^{-1}。

（3）平行测定结果允许相对误差≤8%。

（八）注意事项

（1）加入显色剂后，要立即摇匀，以防局部丙酮浓度过高，引起六价铬的还原，使测定结果偏低。

（2）用叠氮化钠使高锰酸钾褪色时，要逐滴加入，每加 1 滴充分摇动，至红色刚好褪去，切不可过量。

（3）本法用磷酸掩蔽铁，使之形成无色配合物，同时还可与其他金属离子配合，避免一些盐类的析出而产生浑浊。

（4）亦可用尿素-亚硝酸钠代替叠氮化钠。

二、原子吸收分光光度法

（一）方法提要

土壤经硝酸-过氧化氢消解后，各种价态铬化合物转变为可溶性的六价铬离子，以焦硫酸钾做抑制剂，用原子吸收分光光度计测定。

（二）适用范围

本方法适用于各种土壤类型中铬总量的测定。

（三）主要仪器设备

（1）原子吸收分光光度计。

（2）铬空心阴极灯。

（3）电热板或电热沙浴。

（四）试　剂

（1）浓硝酸：优级纯，密度 1.42 g·cm^{-3}。

（2）过氧化氢：优级纯，30%。

（3）焦硫酸钾溶液（100 g·L^{-1}）：称取焦硫酸钾（优级纯）100 g 溶于水中，并稀释至 1 L。

（4）铬标准贮备液：同一、（四）（9）。

（五）分析步骤

1. 测定条件

见表 4-11。

表 4-11　铬的测定条件

灯电流/mA	25
测定波长/nm	357.9
空气流量/L·min^{-1}	12
乙炔流量/L·min^{-1}	4
进样量/mL·min^{-1}	3~4
校准曲线浓度范围/μg·mL^{-1}	0.5~10

2. 样品预处理

称取通过 0.149 mm 孔径尼龙筛的风干试样 0.1~2.0 g（精确至 0.0001 g），置于 250 mL 高型烧杯中，加少许水湿润，加 15 mL 浓硝酸，摇匀，盖上表面皿放置过夜。将样品放在电热板上微沸加热 1 h，冷却后加入 5 mL 过氧化氢，摇匀，再加热微沸 30 min，加热时，每间隔一段时间应缓缓旋转烧杯，使受热均匀以防迸溅，最后取下表面皿，继续加热至干，加 20 mL 水溶解，煮沸过滤，用水洗残渣 3~4 次，合并滤液于 100 mL 容量瓶中，以水定容，备用。同时做空白试验。

3. 样液测定

吸取消解好的试液 5.00~25.00 mL（含铬 25~500 μg）于 50 mL 容量瓶中，加 10 mL 100 g·L^{-1} 焦硫酸钾溶液，加水定容，用原子吸收分光光度计测吸光度。

4. 校准曲线的绘制

分别吸取 100 μg·mL^{-1} 铬标准贮备液 0.00，0.25，0.50，1.00，2.00，3.00，4.00，5.00 mL，置于 8 个 50 mL 容量瓶中，加 10 mL 100 g·L^{-1} 焦硫酸钾溶液，以 0.1 mol·L^{-1} 硝酸定容，用原子吸收光谱法测吸光度，绘制校准曲线。

（六）结果计算

$$铬（Cr）（mg·kg^{-1}）=\frac{\rho \times V \times D}{m}$$

式中　ρ——由校准曲线查出测定液铬的质量浓度，μg·mL^{-1}；

V——测定液体积，mL；

D——分取倍数为消解液定容总体积/分取液体积，100/5～25；

m——试样质量，g。

（七）注意事项

（1）硝酸-过氧化氢对有机质具有强的氧化能力，过氧化氢与有机物质常发生强烈反应，所以用硝酸预先消化时，在消化过程中温度不宜太高，保持内容物微沸即可。

（2）加焦硫酸钾溶液做抑制剂可消除钼、铅、钴、铝、铁、钒、镍和镁等离子对铬测定的干扰。

（3）所使用的玻璃器皿，不得使用重铬酸钾-硫酸洗涤，以防铬的污染。

参考文献

[1] 张颖，伍钧. 土壤污染与防治[M]. 北京：中国林业出版社，2012：20-44.

[2] 洪坚平. 土壤污染与防治[M]. 北京：中国农业出版社，2011：120-175.

[3] 杨甜莉，黎金标，陈功新. 不同淋洗剂对重金属镉污染土壤有效镉的去除[J]. 有色金属（冶炼部分），2023（11）：128-134.

[4] 徐国良，文雅，蔡少燕，等. 城市表层土壤对生态健康影响研究述评[J]. 地理研究，2019，38（12）：2941-2956.

[5] 徐振鹏，袁珂月，钱雅慧，等. 典型煤矿区土壤中多环芳烃类化合物的污染特征[J]. 中国环境科学，2023，43（07）：3582-3591.

[6] 张永江，李璐，马双，等. 典型锰矿区周边农田土壤重金属污染风险评价及其来源分析[J]. 有色金属（冶炼部分），2023（10）：138-148.

[7] 宋静，许根焰，骆永明，等. 对农用地土壤环境质量类别划分的思考：以贵州马铃薯产区Cd 风险管控为例[J]. 地学前缘，2019，26（06）：192-198.

[8] 李洪伟，邓一荣，肖荣波，等. 固化稳定化技术修复汞污染土壤的中试试验研究[J]. 环境污染与防治，2019，41（10）：1156-1159.

[9] 吴运金，周艳，杨敏，等. 国内外土壤环境背景值应用现状分析及对策建议[J]. 生态与农村环境学报，2021，37（12）：1524-1531.

[10] 魏潇淑，柏杨巍，王晓伟，等. 国内外土壤污染防治法律法规与技术规范概述及思考[J]. 环境工程技术学报，2023，13（05）：1643-1651.

[11] 仪小梅. 国土空间生态修复背景下的重金属污染土壤植物修复及联合技术研究进展[J]. 现代化工，2023，43（09）：76-79.

[12] 马妍，史鹏飞，彭政，等. 国外污染场地制度控制及对我国场地风险管控的启示[J]. 环境工程学报，2022，16（12）：4095-4107.

[13] 吴凯杰. 环境健康风险的法典化应对[J]. 环球法律评论，2023，45（05）：124-140.

[14] 张玉，宋光卫，刘海红，等. 某大型化工场地土壤中多环芳烃（PAHs）污染现状与风险评价[J]. 生态学杂志，2019，38（11）：3408-3415.

[15] 肖作义，赵鑫，孟庆学，等. 内蒙古某尾矿库土壤重金属污染健康风险评价与来源解析[J]. 有色金属工程，2020，10（12）：135-142.

[16] 周际海，郜茹茹，吴雪艳，等. 铅镉、石油污染和黑麦草种植对土壤微生物活性的影响差异[J]. 土壤通报，2019，50（06）：1447-1454.

[17] 韩瑞芳，吕黎，李世远，等. 热处理对土壤重金属形态的影响及健康风险[J]. 环境工程学报，2021，15（11）：3623-3631.

[18] 任二慧，李海侠，张小凌，等. 人为 Pb，Cd 污染条件下土壤磁性与重金属的关系[J]. 有

色金属工程，2021，11（12）：122-128.

[19] 丁贞玉，徐怒潮，宋琳璐，等. 砷氟复合污染土壤的稳定化研究[J]. 环境污染与防治，2020，42（12）：1449-1454.

[20] 杜兆林，陈洪安，姚彦坡，等. 生物炭固定化微生物修复污染土壤研究进展[J]. 农业环境科学学报，2022，41（12）：2584-2592.

[21] 杨文浩，李佩，周碧青，等. 生物炭缓解污染土壤中植物的重金属胁迫研究进展[J]. 福建农林大学学报（自然科学版），2019，48（06）：695-705.

[22] 鲁洪娟，周德林，叶文玲，等. 生物有机肥在土壤改良和重金属污染修复中的研究进展[J]. 环境污染与防治，2019，41（11）：1378-1383.

[23] 李克，丁文娟，王芳，等. 石油开采行业土壤污染防治对策与建议[J]. 化工环保，2019，39（06）：603-607.

[24] 马娇阳，保欣晨，王坤，等. 土壤镉污染的人体健康风险评价研究：生物有效性与毒性效应[J]. 生态毒理学报，2021，16（06）：120-132.

[25] 陈昱坤，胡容，史秋萍，等. 土壤理化性质对 TPH 污染土壤氧化修复的影响研究[J]. 石油与天然气化工，2022，51（06）：147-152.

[26] 熊敏先，吴迪，许向宁，等. 土壤重金属镉对高等植物的毒性效应研究进展[J]. 生态毒理学报，2021，16（06）：133-149.

[27] 包海宁，熊杰，张超艳，等. 污染地块土壤砷与苯并[a]芘生物可给性影响因素研究与模型预测[J]. 环境工程学报，2023（10）：1-8.

[28] 梁宗正，胡碧峰，谢模典，等. 长江经济带土壤重金属污染分布特征及影响因素[J]. 经济地理，2023，43（09）：148-159.

[29] 宋雷蕾，何佳宝，刘可为. 重金属复合污染菜地土壤的生物矿化修复研究[J]. 吉林农业大学学报，2019，41（06）：713-718.